酚苷酯酶法合成及其生物活性

许争明　著

化学工业出版社
·北京·

内容简介

本书针对酚苷化合物的低脂溶性与低生物利用度，开发了基于固定化脂肪酶催化的绿色酶法酰化技术。优化反应条件后实现了月桂酸乙烯酯对熊果苷、红景天苷、白藜芦醇苷和根皮苷的高效酰化修饰，微波辅助技术进一步将酰化反应转化率提升，成功合成了 6′-O-月桂酰熊果苷、6′-O-月桂酰红景天苷、6″-O-月桂酰白藜芦醇苷和 6″-O-月桂酰根皮苷新型衍生物，它们的脂溶性得到改善且具有较好的抗氧化活性。

本书可供绿色化工、农业与食品化工、食品科学与工程专业的科研人员参阅。

图书在版编目（CIP）数据

酚苷酯酶法合成及其生物活性 / 许争明著. -- 北京：化学工业出版社，2025. 11. -- ISBN 978-7-122-49164-0

Ⅰ. O625.31；Q55

中国国家版本馆 CIP 数据核字第 2025ML2833 号

责任编辑：尤彩霞　　文字编辑：白华霞
责任校对：宋　夏　　装帧设计：韩　飞

出版发行：化学工业出版社
（北京市东城区青年湖南街 13 号　邮政编码 100011）
印　　装：北京捷迅佳彩印刷有限公司
710mm×1000mm　1/16　印张 15½　字数 271 千字
2026 年 3 月北京第 1 版第 1 次印刷

购书咨询：010-64518888　　售后服务：010-64518899
网　　址：http://www.cip.com.cn
凡购买本书，如有缺损质量问题，本社销售中心负责调换。

定　　价：89.00 元　

前言

熊果苷、红景天苷、白藜芦醇苷和根皮苷作为酚苷化合物的典型代表，均含有活性酚羟基和一个葡萄糖苷结构。这些化合物在植物中广泛存在，并表现出显著的生理活性，包括抗氧化、抗癌、降血糖和抗衰老等。然而，低脂溶性和光、热敏感性导致其较低的跨生物膜吸收度和较低的生物利用度，从而限制了它们在食品、医药和化妆品领域的应用。我们在“绿色溶剂”中采用脂肪酶催化不同烷基链长的脂肪酸乙烯酯，对这些化合物进行酰化修饰，建立了一种绿色、高效的酶催化合成酚苷酯衍生物的方法。此外，我们通过体外和体内实验全面评估了改性后化合物的理化性质、肠道吸收能力和生物活性，酚苷酯衍生物相较其母体酚苷化合物具有更好的脂溶性、细胞吸收度和生物活性；酚苷酯衍生物还表现出更好的肠道吸收度和体内抗氧化活性，这表明其具有更高的生物利用度。总体而言，本书的研究结果为扩大酚苷化合物的应用范围提供了重要的理论指导。

白藜芦醇苷和 6″-*O*-月桂酰白藜芦醇苷分别通过可逆的非竞争性抑制和反竞争性抑制发挥酪氨酸酶抑制作用，且 6″-*O*-月桂酰白藜芦醇苷的抗褐变和胞内酪氨酸酶抑制活性更强。酰化修饰显著提高了根皮苷和白藜芦醇苷对 α-葡萄糖苷酶的抑制活性，6″-*O*-月桂酰白藜芦醇苷和 6″-*O*-月桂酰根皮苷的抑制能力约为阿卡波糖的 35 倍和 45 倍，二者通过可逆的混合型抑制发挥作用，且能抑制葡萄糖在肠道上皮细胞的跨膜运输。酚苷酯衍生物具有更好的肠道吸收和良好的体内抗氧化活性，基于秀丽隐杆线虫模型研究，发现 6″-*O*-月桂酰白藜芦醇苷通过抑制 IIS 通路、激活 JNK 通路及调节线粒体功能，提高线虫抗压能力，显著延长其寿命。

本书建立的绿色合成工艺为酚苷化合物的结构优化提供了创新路径，其衍生物在医药、食品及化妆品领域具有广阔的应用前景。

本书由广州工商学院工学院许争明撰写，是在作者博士期间研究内容的基础上，深入探索整理而成的。

虽然作者已经全心全力投入整理此书，但科学发展与技术更新日新月异，且作者水平有限，书中难免有疏漏之处，敬请广大读者批评指正。

著者

2025 年 3 月

目录

第 3 章 微波辅助酶促合成月桂酰酚苷酯及其亲脂性、抗氧化活性、细胞吸收能力和毒性 // 059

第 4 章 酚苷化合物及其月桂酰衍生物的酪氨酸酶和黑色素抑制活性 // 079

第1章 绪论

1.1 引言

随着经济的飞速发展，人民生活水平的大幅提高，人口老龄化的加剧，人们的健康意识逐渐增强，饮食观念已从“食饱”到“食好”转变。越来越多的人开始重视食物中的营养物质及其对身体健康的影响，市场和消费者对膳食营养补充剂、保健或功能型食品的供给和需求与日俱增[1]。与此同时，根据Web of Science（WOS）网站的检索结果，近20年来相关学者聚焦于功能食品（functional foods）的文献数量逐年攀升（图1-1）。因此，发掘新型的食品

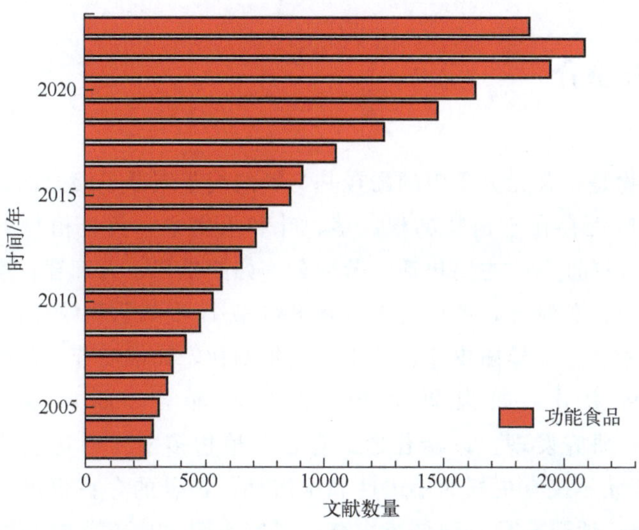

图1-1 WOS网站检索“functional foods”相关的每年（2003～2023）出版的文献数量

功能因子不仅对促进人类健康具有重要意义，也是科学研究的大势所趋。

大量流行病学研究和临床数据表明，饮食中摄入丰富的水果、蔬菜及谷物对预防诸多慢性疾病（如心血管疾病、糖尿病、癌症），以及延缓机体衰老发挥关键作用，这主要归功于植物中的天然活性化学物质[2-5]。这些活性成分主要指“植物次生代谢产物”，即代谢过程中产生的一类在细胞生命活动或植物正常生长发育中非必需的小分子有机化合物，包括天然色素和各种植物多酚，如类胡萝卜素、甜菜红素、花青素、黄酮类化合物、酚酸类化合物、芪类化合物、蒽醌类化合物、木脂素类化合物，以及它们的糖苷类化合物等[6-9]。这些天然活性化合物来源广泛，不仅能提供多彩鲜艳的色泽，且大部分表现出良好的抗氧化活性，以及抗肿瘤、抗炎、抗衰老、降血脂、降血糖和美白等药理作用[10-13]，因此，它们在食品、医药和化妆品领域具有极大的应用潜力。然而，天然植物色素的化学结构十分不稳定，容易受到光照、高温和酸碱环境的影响而降解[14-16]。此外，多酚类化合物的酚羟基结构导致其具有较高的极性，不易透过磷脂双分子层被细胞吸收，且在体内不稳定，这些缺陷严重影响了它们在体内的生物活性和生物利用度[17,18]。研究表明，通过对天然活性化合物进行结构修饰，可以改善其理化性质，并提高它们的生物活性和体内生物利用度[19-22]。因此，探索高效且绿色的改性方法，促进天然活性化合物的实际应用，是近年来国内外的研究热点。

1.2 酚苷化合物简介

酚苷化合物是指苷元分子中的酚羟基与糖的端基碳原子缩合而成的糖苷类化合物，它们广泛存在于植物的根、茎、叶和果实中，负责植物的品质、风味、色泽以及抗逆性等，主要包括：苯酚苷，如熊果苷、天麻苷；萘酚苷，如小红参萘酚苷 A；蒽醌苷，如芦荟大黄素-8-*O*-*β*-D-吡喃葡萄糖苷；香豆素苷，如茵芋苷；黄酮苷，如异槲皮苷、芦丁；查尔酮苷，如根皮苷、新橙皮苷二氢查尔酮；木脂素苷，如肉果草苷；二苯乙烯苷，如白藜芦醇苷等(图 1-2)[23-27]。研究发现，以糖苷形式存在的植物多酚（如花色苷、异槲皮苷），相比其苷元不仅有更好的稳定性和水溶性，糖苷的存在也赋予其特殊的生物活性[28,29]。地锦草是一种传统中药，研究表明，地锦草提取物具有良好的抗乙型肝炎病毒（HBV）的活性，且表现出活血、利湿和通乳的功效，而其主要成分是多种不同结构的芹菜苷[30]。Valentová 等[31] 报道，异槲皮苷比槲皮素有更高的生物利用度，且其在体内外均对氧化应激、癌症、心血管疾病、糖尿病和过敏反应具有保护和预防作用。Katayama 等[32,33] 也报道在小鼠模型中，鼠李糖基化阿魏酸通过激发调节 T 细胞的分泌来减轻食物过敏和结肠炎症反应；此外，鼠李糖基化修饰增强了香草酸、芥子酸、阿魏酸和咖啡酸在细胞水平上对猫型杯状病毒（FCV）感染的抵抗能力。但是，多羟基结构和糖苷使酚苷化合物的极性较大，限制了其在脂溶性体系的应用。几种结构典型的酚苷化合物，如熊果苷、红景天苷、白藜芦醇苷和根皮苷，均含有活性酚羟基和一个葡萄糖苷结构，它们天然无毒、来源丰富且价格低廉，且因具有良好的抗氧化、抗癌、抑菌、抗炎和降血糖活性得到广泛关注[34-36]，然而，如何改善其脂溶性、增强其肠道吸收度和体内生物利用度是目前亟待解决的问题。

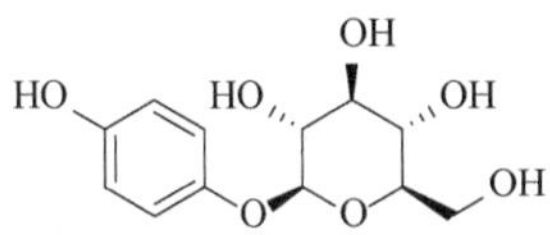

熊果苷(arbutin)

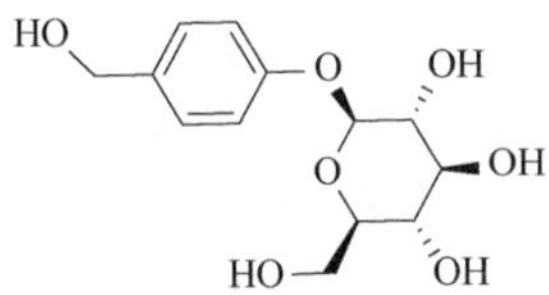

天麻苷(gastrodin)

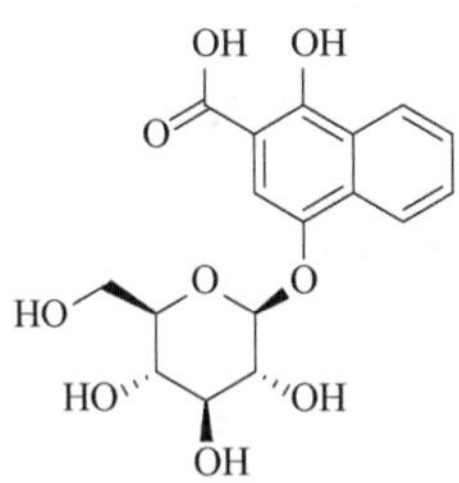

小红参萘酚苷A(rubinaphthin A)

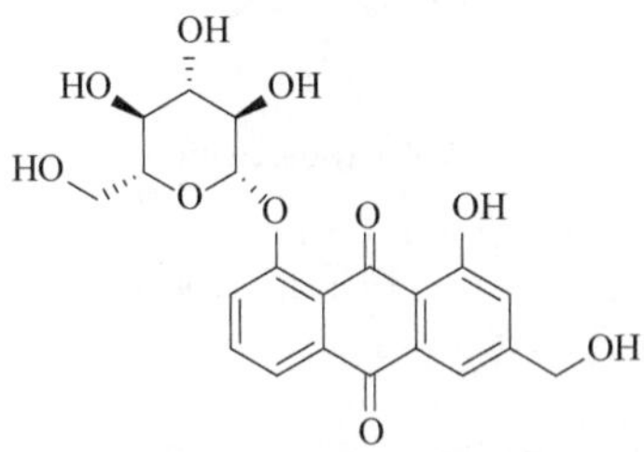

芦荟大黄素-8-*O*-*β*-D-吡喃葡萄糖苷
(aloe-emodin-8-*O*-*β*-D-glucopyranoside)

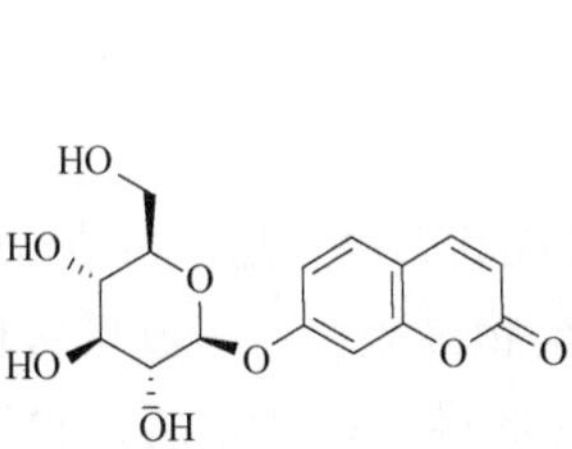

茵芋苷（skimmin)

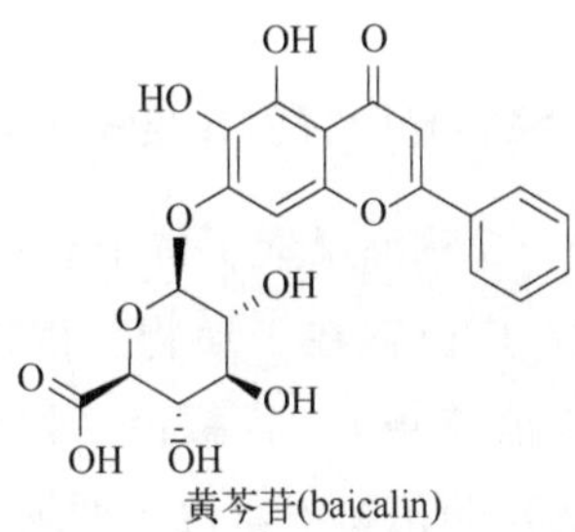

黄芩苷(baicalin)

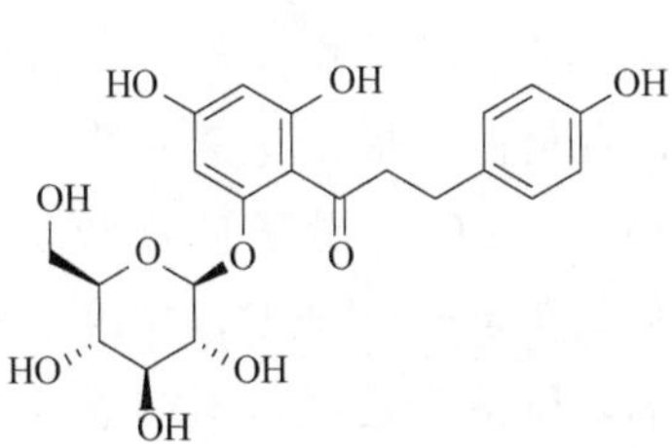

根皮苷(phlorizin)

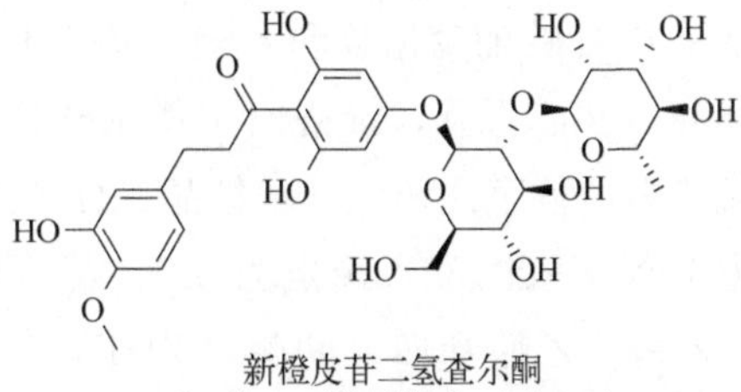

新橙皮苷二氢查尔酮
(neohesperidin dihydrochalcone)

图 1-2

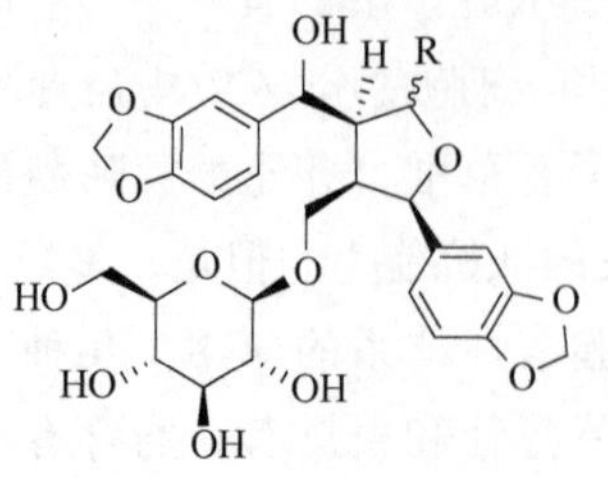

1a:R=β-OH; 1b:R=α-OH

肉果草苷

[(7*R*,8*R*,8′*S*,9′*S*)-9′-hydroxyl tibeticoside,1a]

[(7*R*,8*R*,8′*S*,9′*R*)-9′-hydroxyl tibeticoside,1b]

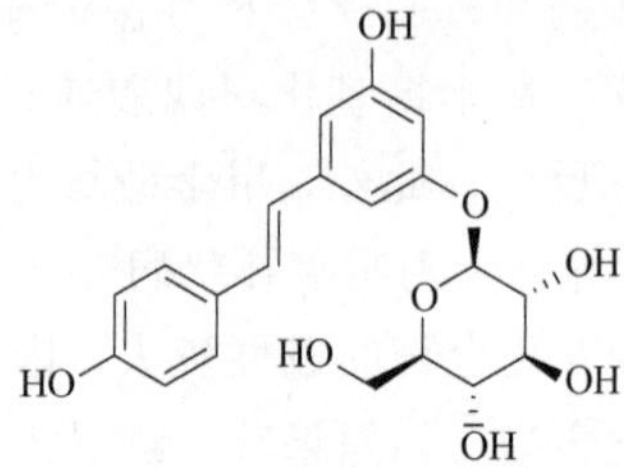

白藜芦醇苷(polydatin)

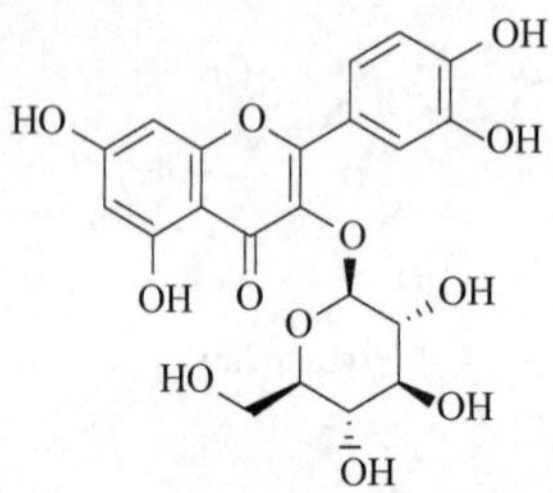

异槲皮苷(isoquercitrin)

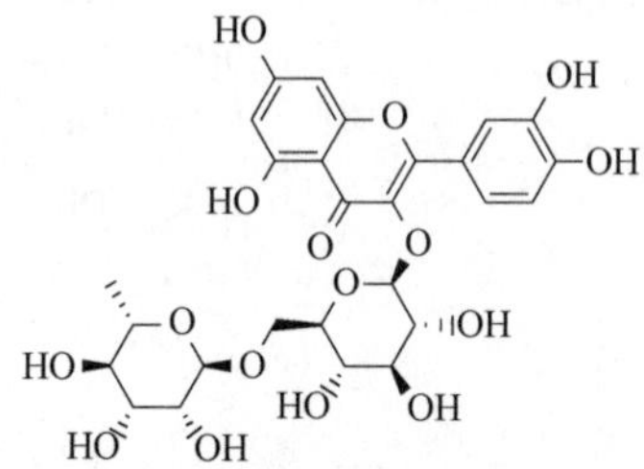

芦丁(rutin)

图 1-2　常见酚苷化合物及其化学结构式[23-27]

1.3 熊果苷

1.3.1　熊果苷的结构和理化性质

熊果苷，又称熊果素，属于氢醌葡萄糖苷类化合物，是一种结构最简单的酚苷化合物，广泛存在于动物、植物以及微生物细胞中，一般可从杜鹃花科（如越橘属、熊果属）、蔷薇科（如梨属）、唇形科（如牛至属）和桃金娘科（如桃金娘属）等植物中获得。熊果苷有 α 和 β 两种差向异构体，分别是 4-羟苯基-α-D-吡喃葡萄糖苷和 4-羟苯基-β-D-吡喃葡萄糖苷（图 1-3）。市售熊果苷大部分为 β-熊果苷，价格比 α-熊果苷便宜，且美白效果是 α-熊果苷的 15 倍。熊果苷为白色至浅灰色针状结晶，分子式为 $C_{12}H_{16}O_7$，分子量为 272.25，熔点为 199.0～201℃，沸点为 561.6℃，比旋光度为－64°±1°，易溶于水、甲醇、乙醇、乙腈和四氢呋喃（THF）等溶剂，微溶于乙醚，不溶于苯、氯仿和石油醚等有机溶剂[37]。

熊果苷在水溶液和强酸性条件下不稳定，易被水解为氢醌，随后被氧化为苯醌。熊果苷不耐高温，且对光高度敏感，在紫外线照射下极易发生降解[38]。熊果苷无明显毒副作用，几乎无耐药性，已被作为美白原料应用于化妆品行业中[39]。此外，熊果苷的多种药理活性在国内外得到广泛研究。

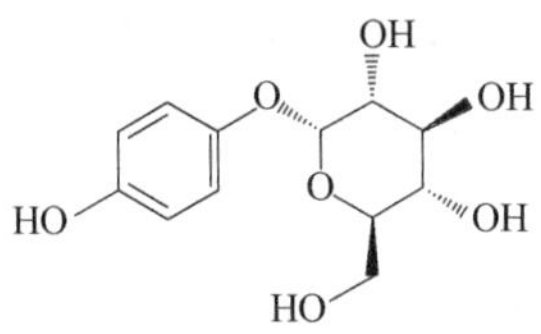

α-熊果苷

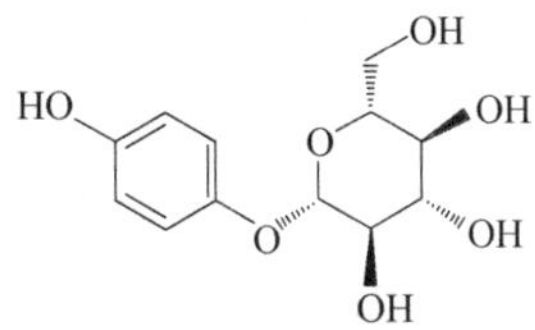

β-熊果苷

图 1-3　α-熊果苷和 β-熊果苷的化学结构式

1.3.2　熊果苷的生物活性

1.3.2.1　抗氧化作用

熊果苷的抗氧化活性主要归因于酚羟基，Takebayashi 等[40] 早在 2010 年即用 1,1-二苯基-2-三硝基苯肼（DPPH）、ABTS 和氧自由基吸收能力（ORAC）等方法测定了熊果苷的自由基清除能力。Bonifacio 等[41] 研究表明，熊果苷能保护成骨细胞样细胞 Saos-2 和骨膜来源的祖细胞 PDPC 免受氧化应激损伤，维持细胞活力和分化，即使在氧化压力下也能促进 PDPC 细胞分化标记物的表达。此外，在链脲佐菌素诱导神经损伤的大鼠实验模型中，熊果苷能够保护大脑免受记忆损伤和海马体氧化损伤，这可能是由熊果苷的抗氧化和自由基清除作用介导的[42]。

1.3.2.2　抗癌作用

熊果苷对膀胱癌、乳腺癌、宫颈癌、胃癌、结肠癌、肝癌、前列腺癌、骨肉瘤和恶性黑色素瘤等均具有潜在的抗癌活性，并表现出低水平的急性或慢性毒性[43]。乳腺癌是最常见的癌症类型之一，β-熊果苷能激活促凋亡因子 Caspase-3，以及雌激素受体 α 信号通路，进而诱导乳腺癌细胞 MCF-7 凋亡[44]。此外，骨肉瘤是最多见的一种骨癌，是间质细胞系发展而来的恶性骨肿瘤，一般发生于 20 岁以下的儿童和青少年。Wang 等[45] 研究发现，熊果苷能够以时间和剂量依赖性地阻滞骨肉瘤细胞系 MG-63 和 SW1353 的生长进程，并能通过下调 MTHFD1L 蛋白表达和抑制 AKT/mTOR 信号通路活性来抑制骨肉瘤细胞的增殖、迁移和侵袭。

1.3.2.3 抗炎作用

炎症是机体对伤害的一种生理反应，可保护宿主免受生物体的入侵，并促进愈合以恢复体内稳态，然而，由病原体感染引起的炎症反应若不经调节，可能导致组织损伤[46]。Alruhaimi 等[47] 研究表明，熊果苷对环磷酰胺诱导的大鼠肝损伤具有保护作用，熊果苷可通过调节炎症因子白细胞介素（IL)-6、IL-10 和肿瘤坏死因子-α（TNF-α）以及抑制丙二醛（MDA）、NO 和 NF-κB p65 等的分泌或表达来发挥抗炎作用。此外，熊果苷还可以通过抑制炎症反应来减轻大鼠模型中脂多糖诱导的急性肾损伤[48]。睾丸扭转是由精索沿其纵轴旋转引起的一种泌尿系统紧急情况，可导致供血于睾丸的血管阻塞。Demir 等[49] 研究发现，在睾丸扭转/去扭转诱导损伤的大鼠模型中，相比于对照组，损伤组的氧化应激水平、内质网应激、炎症介质 HMGB1 以及促炎因子 NF-κB p65、TNF-α 和髓过氧化物酶（MPO）均升高，而给药熊果苷可以抑制炎症反应，且可剂量依赖性地恢复睾丸缺血/再灌注损伤。

1.3.2.4 抑菌作用

熊果苷本身不具有抑菌作用，但其苷元对苯二酚具有良好的抑菌活性。Jurica 等[50] 研究表明，熊果苷是草莓树叶提取物中含量最丰富的活性化合物，其代谢物对苯二酚对尿路病原菌（包括大肠杆菌、铜绿假单胞菌、肺炎克雷伯菌和粪肠球菌）均具有抑制作用，尤其对粪肠球菌的最低抑菌浓度低至 0.2mg/mL。此外，对苯二酚对金黄色葡萄球菌、耐甲氧西林金黄色葡萄球菌和产 β-内酰胺酶金黄色葡萄球菌均具有较强的抑菌活性。对苯二酚可以破坏细菌的细胞壁和细胞膜，增加通透性，使胞内物质外泄，从而影响基因表达和蛋白质的合成[51]。熊果苷在体内的抑菌活性取决于 β-葡萄糖苷酶对其的分解，存在于泌尿系统中的对苯二酚对尿路病原菌有抑制功效。因此，熊果苷是尿路感染治疗药物的天然替代物[52]。

1.3.2.5 美白作用

熊果苷的美白亮肤作用通过抗氧化和抑制酪氨酸酶（tyrosinase，TYR）活性，从而阻滞黑色素的生成来实现[53]。黑色素是分布在皮肤、头发、眼睛和其他组织的聚合色素，它在黑素小体中合成，对于维持皮肤稳态和保护其免受紫外线（UV）辐射损伤发挥重要作用。然而，过量的黑色素沉积不仅会造成雀斑、老年斑，甚至会引起皮肤癌[54]。酪氨酸酶首先催化 L-酪氨酸为左旋多巴，随后左旋多巴被氧化为多巴醌，多巴醌经氧化反应转化为真黑素；此外，多巴醌与半胱氨酸作用生成褐色素，最终真黑素和褐色素经一系列反应生成黑色素。其中，酪氨酸酶在真黑素的生成中为关键酶，发挥限速作用（图 1-4）[55]。熊果苷是一种竞争性抑制剂，它与 L-酪氨酸竞争酶活性位点，阻

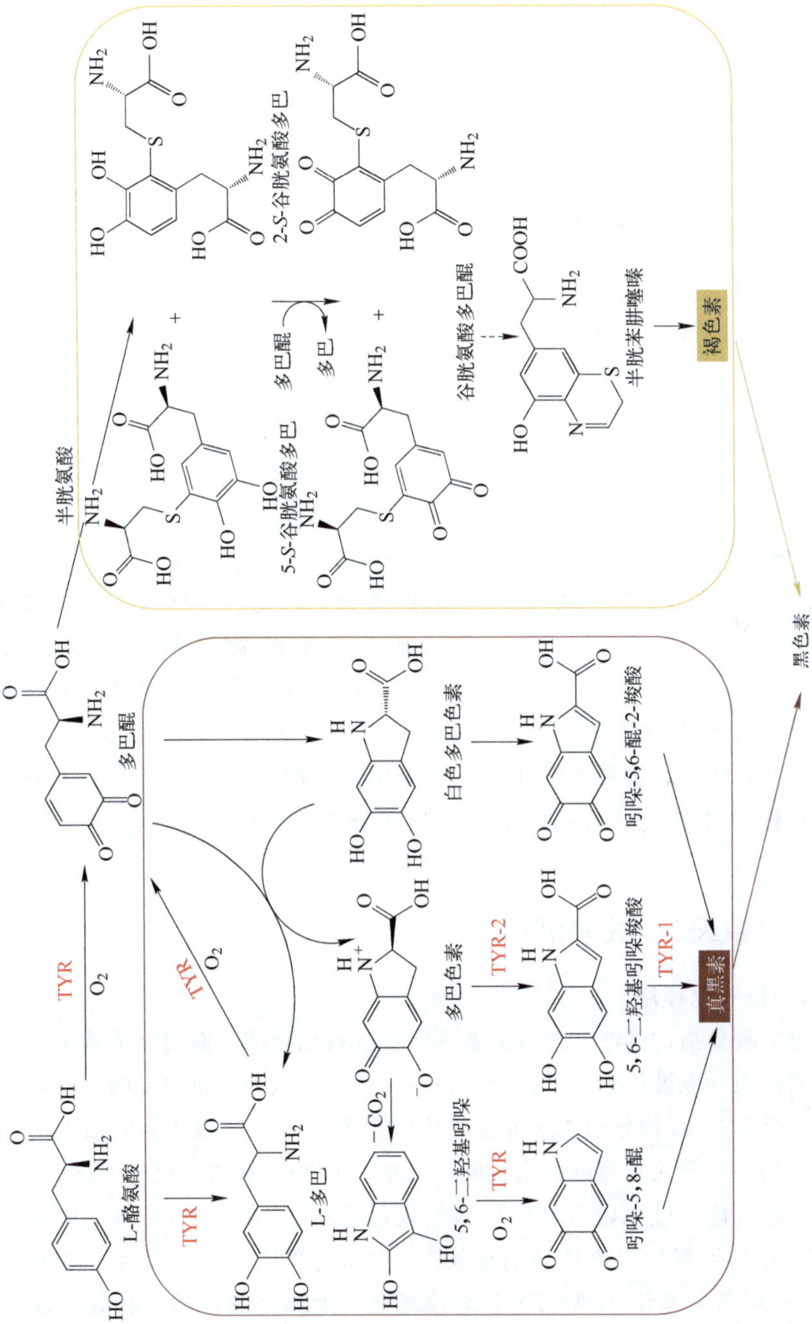

图 1-4 黑色素（包括真黑素和褐色素）的生成路径[55]

碍 L-酪氨酸被酶催化为 L-多巴，从而限制真黑素的合成[56]。此外，熊果苷无毒，没有诱癌特性，常被用于制备皮肤美白剂和治疗色素沉着过度[57]。

1.4 红景天苷

1.4.1 红景天苷的结构和理化性质

红景天是一种珍稀的名贵药用植物，属景天科，多生长在高寒地带，在我国主要分布于东北、甘肃、新疆、四川、云南、贵州和西藏高原地区。红景天对长期寒冷、缺氧、干旱、强紫外线照射等恶劣环境的适应和选择，形成了独特丰富的营养成分，被誉为“高原人参”，主要以根、茎入药。传统中医认为红景天具有抗缺氧、抗炎、抗疲劳和抗衰老的功效[58]。

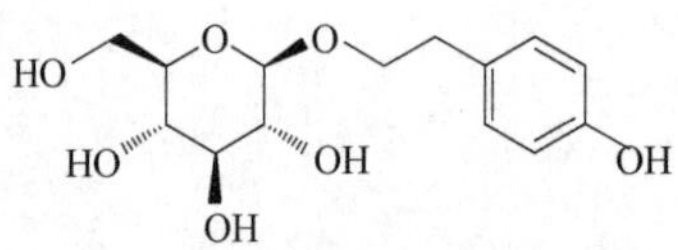

图 1-5　红景天苷的化学结构式

红景天苷（salidroside）是从红景天中提取的水溶性酚苷化合物，是一种苯基丙醇糖苷，化学名称为 2-(4-羟苯基)乙基-β-D-吡喃葡萄糖苷，分子式为 $C_{14}H_{20}O_7$，分子量为 300.30（图 1-5）。红景天苷为白色针状结晶，熔点为 158～160℃，味甜，极易溶于水，易溶于甲醇，溶于乙醇，难溶于乙醚[59]。红景天苷作为红景天属植物中最重要的成分之一，已被证明具有多种药理活性[60]。

1.4.2 红景天苷的生物活性

1.4.2.1 抗氧化作用

氧化应激是指过量产生的自由基不能被抗氧化物清除而失衡的状态，它往往会造成损伤，也被认为是导致衰老和疾病的重要原因。研究表明，红景天苷可能通过激活 Nrf2 信号通路来抑制氧化应激诱导的人脐静脉内皮细胞（HUVEC）损伤。红景天苷可降低细胞间活性氧（ROS）和丙二醛（MDA）的水平，提高超氧化物歧化酶（SOD）和过氧化氢酶（CAT）的活性，从而可保护 HUVEC 免受氧化应激诱导的损伤[61]。Guan 等[62] 研究发现，红景天苷通过 3′,5′-环磷酸腺苷（cAMP）依赖途径显著地抑制胞质游离钙离子浓度和 ROS 的增加，从而减轻了过氧化氢诱导的人正常肝细胞 HL-7702 的损伤。此外，在转基因秀丽隐杆线虫模型中，红景天苷也通过其抗氧化特性有效地抑制了多聚谷氨酰胺介导的神经元死亡和行为功能障碍[63]。

1.4.2.2 抗癌作用

癌症是导致死亡的主要原因之一，也是全世界的公共卫生问题。研究表明，红景天苷可通过两种方式抑制乳腺癌细胞的增殖：一是通过非依赖性雌激素受体模式诱导细胞毒性；二是通过调节 CDK4-cyclin D1 途径诱导癌细胞 G1 期阻滞，或通过调节 Cdc2-cyclin B1 途径诱导癌细胞 G2 期阻滞[64]。此外，氧化应激在癌变和转移过程中起着至关重要的作用。红景天苷能抑制人肉瘤 HT1080 细胞的增殖和转移，且对人肺癌 A549 细胞表现出抗癌作用。前者通过干扰细胞中过量活性氧的产生和下调 ROS-蛋白激酶 C-ERK1/2 信号通路发挥抑癌作用[65]；后者则与红景天苷下调 ROS 的含量，磷酸化 p38 信号通路，并剂量依赖性抑制氧化应激密切相关[66]。

1.4.2.3 抗炎作用

研究表明，红景天苷通过阻断核转录因子 NF-κB 和激活细胞外调节蛋白激酶（ERK）/丝裂原活化蛋白激酶（MAPK）的相关途径显著抑制促炎细胞因子的产生[67]。炎症是由多个细胞因子介导的防御反应，Li 等[68] 研究表明，红景天苷可剂量依赖性地下调脂多糖诱导的 NF-κB 和 MAPKs 信号通路中 p38、ERK 以及 c-Jun 氨基末端激酶（c-JNK）的磷酸化，进而降低乳腺组织髓过氧化物酶活性，降低促炎因子 TNF-α、IL-1β 和 IL-6 的浓度。此外，红景天苷可以减弱 β-淀粉样蛋白（Aβ）对氧化应激的诱导，抑制环氧合酶-2（COX-2）、诱导型一氧化氮合酶（iNOS）、晚期糖基化终产物受体（RAGE）以及 NF-κB 的表达，这表明红景天苷的抗炎作用可部分改善 Aβ 引起的认知障碍[69]。

1.4.2.4 神经保护作用

阿尔茨海默病是一种进行性发展且致命的神经退行性疾病，其特征是 Aβ 的积累和脑实质内神经原纤维缠结的沉积。研究表明，红景天苷可以通过上调 PI3K/Akt 信号通路来预防 Aβ 诱导的神经毒性[70]。在人神经母细胞瘤 SH-SY5Y 细胞中，红景天苷可能通过调节内源性抗氧化酶和凋亡相关蛋白的表达，以及恢复基质金属蛋白酶（MMP）和 ROS 的正常水平来保护神经细胞[71]。此外，Zhao 等[72] 研究表明，红景天苷可以抑制间充质干细胞的增殖，红景天苷通过下调 Notch 信号通路，上调骨形态生成蛋白（BMP）信号通路，显著改善小鼠间充质干细胞的分化，从而有效补偿帕金森病模型中多巴胺能（DA）神经元的损失。

1.5 白藜芦醇苷

1.5.1 白藜芦醇苷的结构和理化性质

白藜芦醇苷（polydatin），又称虎杖苷，是一种苯乙烯糖苷类化合物，存在于多种植物中，如葡萄、花生和桑葚等。作为传统中药蓼科植物虎杖的主要活性成分，白藜芦醇苷主要从其根和茎中提取。白藜芦醇苷的化学名称为3,4′,5-三羟基二苯乙烯-3-β-D-吡喃葡萄糖苷，分子式为$C_{20}H_{22}O_8$，分子量为390.39（图1-6）。白藜芦醇苷为白色针状结晶粉末，熔点为223～226℃，易溶于甲醇、乙醇，微溶于水、乙酸乙酯和丙酮等[73]。酚羟基赋予了白藜芦醇苷良好的抗氧化活性，此外，白藜芦醇苷还具有多种药理作用。

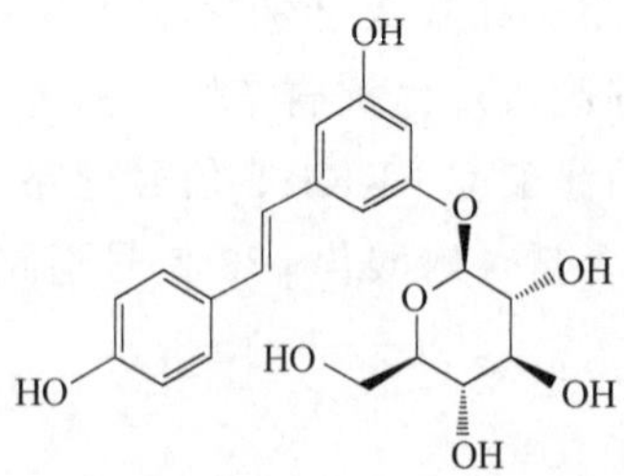

图1-6 白藜芦醇苷的化学结构式

1.5.2 白藜芦醇苷的生物活性

1.5.2.1 抗氧化作用

Uesugi等[74]早已证实白藜芦醇苷及其苷元白藜芦醇的体外抗氧化活性，白藜芦醇苷的氧自由基吸收能力（ORAC）值为（4.89±0.79）μmol TE/μmol，略低于白藜芦醇的ORAC值（5.26±0.26）μmol TE/μmol。Xu等[75]研究表明，白藜芦醇苷通过抗氧化、抗炎和抗凋亡作用，减轻D-半乳糖诱导的小鼠肝和脑损伤。对乙酰氨基酚在临床中通常用于缓解疼痛和退热，但其过度使用可导致严重的肝毒性。Liu等[76]进一步利用对乙酰氨基酚诱导小鼠肝毒性模型，而给药白藜芦醇苷后，白藜芦醇苷显著提高了肝毒性小鼠的存活率，且呈剂量依赖性地降低了氧化谷胱甘肽（GSSG）、ROS、一氧化氮和丙二醛的含量，同时提高了谷胱甘肽（GSH）、谷胱甘肽过氧化物酶（GSH-Px）的含量和GSH/GSSG的比值，从而降低了氧化应激。

1.5.2.2 抗癌作用

研究表明，白藜芦醇苷可通过诱导结直肠癌模型中的细胞凋亡来抑制肿瘤生长，还可通过骨形态生成蛋白信号通路提高放射敏感性[77]。此外，白藜芦醇苷对喉癌、鼻咽癌、卵巢癌、肺癌和多形性胶质母细胞瘤的治疗也很有效[78]。动物实验数据表明，白藜芦醇苷通过抑制葡萄糖-6-磷酸脱氢酶

(G6PD)，降低肿瘤大小、淋巴结大小并抑制淋巴结转移，对原位转移性舌癌小鼠模型有治疗作用[79]。骨肉瘤是一种恶性骨肿瘤，体外实验表明白藜芦醇苷能抑制骨肉瘤细胞的增殖和迁移[80]，白藜芦醇苷可通过不同的机制诱导细胞凋亡，包括降低 STAT3 的表达/磷酸化，增加自噬相关基因的表达和促凋亡因子 Caspase-3 的活性[81]。

1.5.2.3 抗炎作用

慢性炎症被认为是人类疾病（如动脉粥样硬化、关节炎、糖尿病、神经退行性疾病和癌症）的重要诱因[82]。研究表明，白藜芦醇苷可以通过抑制 Toll 样受体和 NF-κB 通路，减少细胞促炎因子（如 TNF-α、IL-1β 和 IL-6）的释放。同时，白藜芦醇苷通过 MAPK 和 NF-κB 通路抑制肥大细胞脱颗粒，通过降低 Lyn 激酶和 Syk 激酶的活性，下调 PI3K/AKT，上调 Nrf2/HO-1 等多种信号通路，抑制炎症反应[75,83]。Chen 等[84] 研究证实，白藜芦醇苷对脂多糖诱导的巨噬细胞具有抗炎和抗氧化作用，并且可以改善葡聚糖硫酸钠诱导的小鼠结肠炎症。此外，白藜芦醇苷对果糖诱导的尿酸炎症小鼠的毒性较小，可显著改善肾功能。白藜芦醇苷的肾保护活性不仅显著减弱了尿酸引起的氧化应激，而且显著抑制了氧化应激相关的炎症级联反应，包括减少 NF-κB p65、COX-2 和 iNOS 的蛋白表达，以及抑制促炎因子 TNF-α、前列腺素 E_2(PGE_2）和 IL-1β 的产生[85]。

1.5.2.4 抗糖尿病作用

炎症在 2 型糖尿病（T2DM）的发病机制中起着至关重要的作用，炎症生物标志物水平与糖尿病及其并发症有关[86]。研究表明，白藜芦醇苷可以抑制炎症反应，增加胰岛素受体底物 2 的表达，从而提高胰岛素敏感性并促进胰岛素分泌，保护大鼠免受高脂肪喂养诱导的胰岛素抵抗和肝脂肪变性[87]。在糖尿病大鼠中，白藜芦醇苷治疗可显著降低促炎因子和急性期蛋白的表达，如白细胞介素-1β(IL-1β)、单核细胞趋化蛋白-1(MCP-1)、C-反应蛋白（CRP）和肿瘤坏死因子-α(TNF-α)。此外，白藜芦醇苷显著抑制钠-葡萄糖协同转运蛋白 1/2(SGLT1/2)，并对葡萄糖转运蛋白（GLUT）1 和 GLUT4 表现出高选择性，可呈剂量依赖性地增强糖尿病大鼠的葡萄糖尿排泄，降低其血糖水平[88]。脂肪代谢受损是糖尿病患者继糖代谢受损的另一个问题，白藜芦醇苷通过调节 PCSK-9[89] 和 Akt 信号通路改善葡萄糖、脂肪代谢，白藜芦醇苷治疗可降低空腹血糖、糖化血红蛋白、糖化血清蛋白、总胆固醇（TC）、甘油三酯（TG）和低密度脂蛋白（LDL）等指标，同时可提高糖尿病大鼠的血清胰岛素水平[90]。

1.6 根皮苷

1.6.1 根皮苷的结构和理化性质

根皮苷（phlorizin），又称根皮素-2′-*O*-葡萄糖苷，是一种二氢查尔酮糖苷类化合物，广泛存在于多种植物中，如多穗石栎、狗蔷薇、大果越橘、草莓和山茶等。根皮苷在苹果属植物中大量积累，其主要从苹果、苹果树皮及叶中提取得到。根皮苷为微黄色针状结晶，分子式为 $C_{21}H_{24}O_{10}$，分子量为 436.41，熔点为 113～114℃（图 1-7）。根皮苷在水中的溶解度约为 1.85g，其易溶于甲醇、乙醇等极性溶剂，不溶于醚、氯仿等有机溶剂[91]。根皮苷是苹果中含量最高的根皮素衍生物，也是研究最多、生物活性最广的化合物。

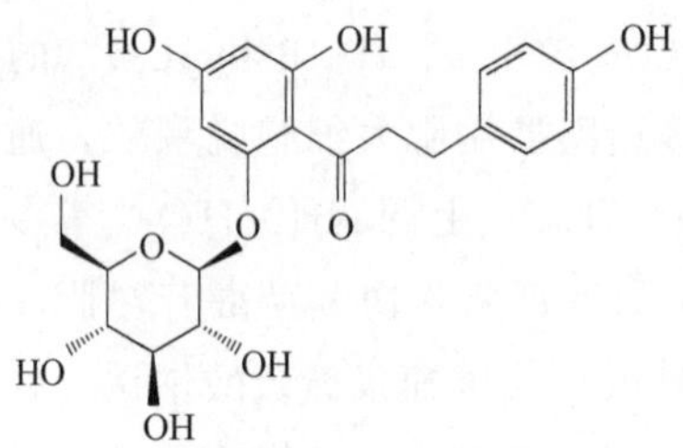

图 1-7　根皮苷的化学结构式

1.6.2 根皮苷的生物活性

1.6.2.1 抗氧化作用

已有大量研究证实根皮苷的抗氧化作用，根皮苷对 DPPH·、$ABTS^{+}$·、超氧阴离子（$\cdot O_2^-$）和羟基自由基（·OH）等均有清除作用，其还表现出铁离子还原能力和氧自由基吸收能力[92,93]。研究表明，根皮苷可以抑制细胞内 ROS 产生，减轻过氧化氢诱导的肝癌细胞凋亡和 DNA 损伤[94]。Wang 等[95] 研究表明，根皮苷可以作为 Nrf2 激活剂，通过干扰 Keap1 和 Nrf2 的结合，在黑腹果蝇体内发挥抗氧化和延长寿命的作用，这可能是通过与内源性应激防御系统的合作来实现的。此外，Liu 等[96] 利用 D-半乳糖诱导 PC12 细胞和小鼠衰老模型，研究表明根皮苷可以增加体内抗氧化酶的活性，如超氧化物歧化酶（SOD）、过氧化氢酶（CAT）、谷胱甘肽过氧化物酶（GSH-Px）、谷胱甘肽还原酶（GR），从而减少氧化应激，延缓衰老。

1.6.2.2 抗癌作用

食管癌是消化道常见的恶性肿瘤，根据 2018 年全球癌症统计，食管癌的发病率排第 7，死亡率排第 6。研究表明，根皮苷可以通过拮抗 JAK2/STAT3 信号通路来抑制食管癌的发生和进展[97]。此外，根皮苷对多种癌细胞的生长有抑制作用，包括人肺癌细胞 A549、人乳腺癌细胞 MCF-7 和 MDA-MB-

231[98]。Perumal 等[99] 研究发现，根皮苷显著降低了二乙基亚硝胺和四氯化碳诱导的肝癌小鼠的恶性肿瘤，同时也使血液生化指标正常化，显示了根皮苷良好的体内抗癌活性。根皮苷还可以抑制十四烷酰佛波醇乙酸酯（TPA）诱导的小鼠皮肤癌变，呈剂量依赖性地降低 COX-2 表达，并通过胞外信号调节激酶（ERK）和 NF-κB 信号通路的调节发挥肿瘤抑制作用[100]。

1.6.2.3 抗糖尿病作用

根皮苷是第一个被发现的钠-葡萄糖协同转运蛋白 1(SGLT1) 抑制剂，它选择性地且竞争性地抑制 SGLT1 和 SGLT2，导致葡萄糖尿排泄增加，血糖水平降低。根皮苷可以显著降低链脲佐菌素诱导的糖尿病大鼠的血糖水平，改善脂质代谢。研究表明，根皮苷能调节糖尿病动物模型的肠道菌群和肾脏葡萄糖吸收，增加胰岛素敏感性，使血糖水平恢复至正常[101]。Zhang 等[102] 通过高脂饮食和腹腔注射链脲佐菌素建立糖尿病大鼠模型，发现根皮苷治疗改善了糖尿病症状。此外，根皮苷还具有降低空腹血糖、改善血脂水平、保护胰岛免受损伤、减少肝细胞内脂肪积累的作用。Lu 等[103] 的体内实验也表明，根皮苷可显著降低糖尿病模型小鼠的体重，同时可降低血液中葡萄糖、甘油三酯和总胆固醇水平。

1.6.2.4 肝保护作用

非酒精性脂肪性肝病（NAFLD）是一种在西方国家比较常见的慢性肝病。在 2 型糖尿病模型小鼠中，NAFLD 伴随着肝脏葡萄糖代谢的改变，而 SGLT1/2 双抑制剂根皮苷的短期治疗不仅可以缓解肝脏炎症标志物的升高，还能恢复肝脏葡萄糖代谢[104]。炎症是非酒精性脂肪性肝炎（NASH）的一个特征，它有可能进展为肝硬化和肝癌。E-Se 茶的主要成分是根皮素和根皮苷，组织病理学分析显示，E-Se 茶提取物可抑制对乙酰氨基酚诱导的肝组织中肝细胞的炎症浸润、坏死和细胞空泡化。富含根皮素和根皮苷的 E-Se 茶提取物可显著改善肝损伤，抑制炎症反应[105]。

1.7 异槲皮苷

1.7.1 异槲皮苷的结构和理化性质

异槲皮苷（isoquercitrin)，又称槲皮素-3-*O*-*β*-D-吡喃葡萄糖苷，分子式为 $C_{21}H_{20}O_{12}$，分子量为 464.38，其结构如图 1-8 所示。异槲皮苷是植物中常见的天然类黄酮，存在于锦葵科植物草棉的花中，以及夹竹桃科植

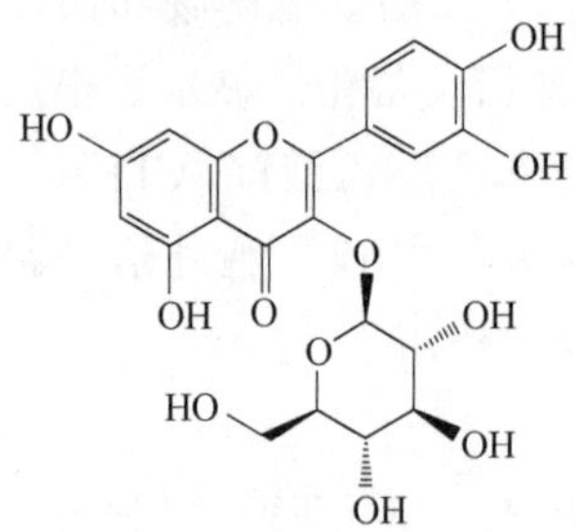

图 1-8 异槲皮苷的化学结构式

物红麻的叶中，在多穗石柯甜茶、罗布麻叶、茶叶、水果、蔬菜等中也有存在。但是异槲皮苷在天然植物中含量较低，一般采用合成方法制得。异槲皮苷的熔点为226℃，在室温下呈黄色针状结晶，几乎不溶于冷水，微溶于沸水，易溶于甲醇、乙醇等有机溶剂[106]。异槲皮苷具有广泛的药理活性，包括抗氧化、抗炎、降血糖、降血脂、抗肿瘤、抑菌、抗病毒以及抗抑郁等[31]，已作为天然着色剂、抗氧化剂和功能食品原料被应用于食品和医药领域。

1.7.2 异槲皮苷的生物活性

1.7.2.1 抗氧化作用

异槲皮苷能有效地清除DPPH·、超氧阴离子和羟基自由基，且表现出较强的 Fe^{2+} 结合能力，能够通过螯合亚铁离子间接清除ROS。在氧化损伤的间充质干细胞模型中，异槲皮苷作为细胞保护剂的效果优于槲皮苷，能够更有效地保护细胞免受ROS诱导的损伤[107,108]。异槲皮苷显著减轻了 H_2O_2 诱导的视网膜神经节RGC-5细胞凋亡，通过调节凋亡相关蛋白（包括cleaved PARP、AIF、p53）的上调和Bcl-2的下调实现。异槲皮苷显著抑制了一氧化氮引发的大鼠脑匀浆脂质过氧化，其 IC_{50} 值低至1.04μmol/L，显示出强大的抗脂质过氧化能力[109]。此外，异槲皮苷能以剂量依赖性的方式保护大鼠嗜铬细胞瘤PC12细胞免受6-羟基多巴胺诱导的氧化损伤，异槲皮苷显著提高了细胞内抗氧化酶（SOD、CAT、GSH-Px）和谷胱甘肽的水平，增强了细胞的抗氧化防御能力[110]。

1.7.2.2 抗炎作用

异槲皮苷可以通过多靶点抑制炎症介质和信号通路，具有显著的抗炎和抗过敏活性。Li等[111]研究了异槲皮苷在人嗜碱性粒细胞KU812细胞中的调节作用，发现异槲皮苷能显著降低佛波醇-12-肉豆蔻酸酯-13-乙酸酯（PMA）联合钙离子载体A23187（PMACI）刺激的KU812细胞中组胺、IL-16、IL-8、IL-1β和TNF-α等促炎因子的水平。异槲皮苷能减少ERK的磷酸化，抑制ERK/MAPK信号通路的活化。此外，异槲皮苷能阻断PMACI介导的NF-κB活化，从而减轻炎症反应。Lee等[112]从苹果皮中分离出异槲皮苷，并在脂多糖（LPS）诱导的巨噬细胞RAW 264.7模型中证实了其抗炎活性。异槲皮苷能剂量依赖性地减少一氧化氮（NO）、前列腺素 E_2（PGE_2）、诱导型一氧化氮合酶（iNOS）和环氧合酶（COX-2）的表达，并通过降低 NF-κB p65 蛋白的表达，抑制 NF-κB 信号通路活化。此外，异槲皮苷在小鼠皮肤免受紫外线 B（UVB）照射引起的损伤中也发挥保护作用，这也归因于异槲皮苷的抗氧化和抗炎活性，异槲皮苷能降低 ROS 和 MDA 水平，并能降低促炎因子的水平，从而可发挥抗炎作用[113]。

1.7.2.3 抗癌作用

异槲皮苷能通过多靶点在癌症预防和治疗中发挥作用，研究表明，异槲皮苷的抗癌作用主要通过抑制脂质过氧化、调控 Wnt 信号通路，以及影响混合谱系蛋白激酶 3（MLK3）、丝裂原活化蛋白激酶（MAPK）和凋亡通路等机制实现。此外，异槲皮苷还能抑制促炎蛋白信号，减少肿瘤细胞的增殖和转移[114]。Fan 等[115] 用异槲皮苷处理人肺癌细胞并建立 A549 荷瘤小鼠模型，以探究其体内抗癌效果，结果表明，异槲皮苷呈剂量依赖性地抑制肺癌细胞活性，对正常肺上皮 BEAS-2B 细胞无毒性。异槲皮苷通过三重死亡诱导发挥抗癌活性：一是直接通过 ROS 积累触发线粒体凋亡通路；二是激活 NLRP3 炎症小体，促进 Caspase-1 依赖性焦亡；三是通过 ROS 介导的脂质过氧化诱导铁依赖性细胞死亡。此外，异槲皮苷能显著抑制 A549 荷瘤小鼠体内肿瘤的生长，且无全身毒性。Won 等[116] 也证实异槲皮苷在 25μmol/L 浓度时对 SK-MEL-2 黑色素瘤细胞展现出独特的抗增殖机制，且对正常角质细胞无毒性。异槲皮苷通过经典线粒体凋亡通路和非经典 Caspase 非依赖通路，以及阻滞细胞周期于 G1 期等多途径抑制黑色素瘤细胞增殖。

1.7.2.4 抗糖尿病作用

胰高血糖素样肽-1(GLP-1) 是一种由肠道 L 细胞释放的强效葡萄糖依赖性促胰岛素肠道激素，能够促进胰岛素分泌并改善胰岛素敏感性。Zhang 等[117] 研究发现，异槲皮苷是二肽基肽酶Ⅳ（DPP-Ⅳ）的竞争性抑制剂，其通过抑制 DPP-Ⅳ的活性，减少 GLP-1 的降解。在 2 型糖尿病小鼠模型中，异槲皮苷可显著降低空腹血糖水平，并抑制餐后血糖升高，表现出剂量依赖性的降血糖效果。此外，异槲皮苷还能提高血清胰岛素水平，进一步改善血糖控制。在小鼠原代肝细胞的培养中，利用异槲皮苷处理 24h 后，肝细胞培养上清液中的葡萄糖浓度显著下降，其作用与二甲双胍类似。这是因为异槲皮苷能上调 LKB1 和促进 AMPKα Thr172 磷酸化，抑制肝细胞糖异生关键酶磷酸烯醇式丙酮酸羧激酶（PEPCK）和葡萄糖-6-磷酸酶（G6Pase）的表达，从而减少葡萄糖生成[118]。此外，异槲皮苷能通过多靶点机制改善 2 型糖尿病（T2DM）相关的肝损伤和血糖控制。让 T2DM 诱导肝损伤的大鼠经口摄入异槲皮苷 21d，结果显示，异槲皮苷能显著降低空腹血糖，改善葡萄糖耐量，并降低血清丙氨酸转氨酶（ALT）、天门冬氨酸转氨酶（AST）和胰岛素抵抗（IR）水平，同时提高抗氧化酶（SOD、GSH-Px）、高密度脂蛋白胆固醇（HDL-C）、胰岛素（INS）和 GLP-1 的水平[119]。

1.7.2.5 其他作用

异槲皮苷可调节肝脏脂代谢并抑制脂肪细胞分化，Jin 等[120] 采用胰岛素抵抗 HepG2 细胞模型评估异槲皮苷对半乳糖凝集素-3 介导的葡萄糖/脂代谢调控能力，结果显示异槲皮苷通过下调半乳糖凝集素-3 改善胰岛素抵抗及脂代谢紊乱，且在高脂饮食诱导的 C57BL/6J 小鼠 20 周非酒精性脂肪性肝炎模型中，异槲皮苷可降低高脂饮食小鼠肝脏甘油三酯和总胆固醇水平，并可维持溶血磷脂酰胆碱等保护性脂质稳态。异槲皮苷对自发性高血压大鼠具有显著的降血压作用，经口摄入异槲皮苷可显著降低血清血管紧张素转换酶（ACE）的活性，阻断血管紧张素Ⅰ向Ⅱ转化，减少血管收缩因子生成[121]。异槲皮苷还有抗流感病毒作用，其靶向病毒复制周期的关键步骤，可有效抑制 A/B 型流感病毒复制，在小鼠模型中可显著降低肺内病毒载量并改善病理损伤[122]。

1.8 芦丁

1.8.1 芦丁的结构和理化性质

芦丁（rutin），化学名称为 5,7,3′,4′-四羟基-3-芸香糖黄酮，因其最早由德国药学家在 1942 年从芸香中分离出来，故又称芸香苷，分子式为 $C_{27}H_{30}O_{16}$，分子量为 610.52，是一种天然的黄酮苷化合物（图 1-9）[123]。芦丁存在于多种植物中，如芸香、烟草、荞麦、槐等植物的根、茎、叶、花、果实和种子中都含有芦丁，但不同植物中的含量有较大差异，如槐米中芦丁含量高达 20% 以上，而其他植物叶片中含量极微[124]。芦丁在常温下为淡黄色或淡绿色结晶性粉末，熔点在 195℃左右，带强负电荷，在碱性水溶液中溶解度较高，在酸性和中性环境中水溶性较差，其易溶于甲醇和吡啶，微溶于乙醇、丙酮和乙酸乙酯，几乎不溶于氯仿、醚、苯、二硫化碳

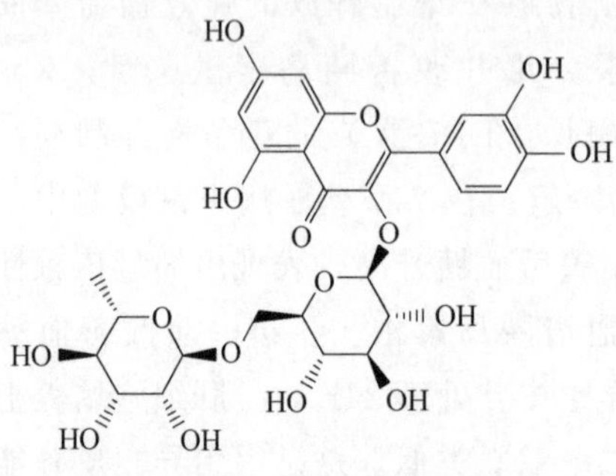

图 1-9 芦丁的化学结构式

和石油醚等有机溶剂[125]。芦丁已被证实具有多种药理活性，包括抗氧化、抗炎、抗癌、抑菌和降血糖、降血脂等[126]。

1.8.2 芦丁的生物活性

1.8.2.1 抗氧化作用

芦丁具有4个活性酚羟基，早已有数据证实芦丁的体外抗氧化能力，其在0.05mg/mL浓度下对DPPH自由基清除率高达90.4%，在蛋黄作为富脂基质的实验中表现出良好的抑制脂质过氧化作用[127]。芦丁对肝脏、肾脏及脑功能异常具有保护作用，脂多糖和D-半乳糖胺诱导损伤的大鼠组织样本的谷胱甘肽水平及SOD、CAT酶活性下降，脂质过氧化、甘油三酯和胆固醇水平升高，而芦丁预处理组的上述指标均趋于对照组[128]。Lue等[129]通过酰化修饰制备得到多种芦丁衍生物，酰化芦丁的还原力和金属离子螯合能力较未修饰芦丁有所下降，但在体外低密度脂蛋白（LDL）氧化模型中，月桂酰芦丁表现出最好的抗氧化效果，可显著延长LDL氧化滞后时间。此外，芦丁作为强抗氧化剂，在多种神经退行性疾病（如阿尔茨海默病、帕金森病、亨廷顿病等）中可通过抗氧化、抗炎、抗凋亡等多靶点发挥神经保护功能[130]。

1.8.2.2 抗炎作用

Choi等[131]通过酶法糖基化制备了芦丁单糖苷和芦丁双糖苷，并在小鼠巨噬细胞RAW 264.7模型中评估了其抗炎活性，结果显示芦丁及芦丁糖苷均能显著降低细胞中NO、PGE_2及促炎因子TNF-α和IL-6的水平。除了RAW264.7以外，在其他细胞模型中也检测到芦丁可改善不良促炎反应，其可以降低暴露于脂多糖的骨骼肌C2C12细胞中IL-6、TNF-α、诱导型一氧化氮合酶（iNOS）的水平，并下调NF-κB[132]。这与芦丁通过降低嘌呤能P2X7离子型受体（P2X7r）、NLR家族含pyrin结构域蛋白3（NLRP3）、IL-1α的表达水平来减轻炎症，并保护HSC-T6细胞或原代大鼠肝细胞免受纤维化是一致的[133]。此外，Hassan等[134]利用非离子表面活性剂和非离子聚合物等多种稳定剂制备了芦丁纳米晶体，并在角叉菜胶诱导的大鼠足爪肿胀模型中探究其抗炎效果，结果显示芦丁纳米晶体水凝胶对肿胀有显著的抑制效果。在脂多糖诱导的小鼠乳腺炎模型中，芦丁通过抑制NF-κB通路激活及缓解内质网应激，展现出显著的抗炎效果[135]。

1.8.2.3 抗癌作用

芦丁已被证实对多种癌细胞具有抗增殖作用，包括人乳腺癌MCF-7细胞、人宫颈癌Hela细胞、人肝癌SMMC-7721细胞和人卵巢癌SKOV3细胞等，其主要通过诱导癌细胞周期阻滞和促进细胞凋亡发挥抗增殖活性[136]。芦丁在多种动物模型中表现出化学预防作用，包括抑制偶氮甲烷（AOM）诱导的大鼠结肠癌变、*N*-亚硝基二乙胺诱导和苯巴比妥促进的肝细胞癌变，以及7,12-二甲基苯并［a］蒽诱导和巴豆油促进的皮肤癌变。其作用机制包括抑制异常隐窝病灶形成、诱导细胞凋亡、减少局灶性异型增生（FAD）、恢复肝脏特异性酶至正常水平以及抑制脂质过氧化酶活性。此外，芦丁还对三氧化铬诱导的小鼠毒性表现出抗基因毒性作用[137]。Dutta等[138]研究发现，芦丁与鬼臼毒素联合用药还能减轻放疗对肠道造成的损伤，联合用药预处理方式能显著提高小鼠肠道黏膜的完整性，并且能显著增加绒毛和隐窝数量。

1.8.2.4 抗糖尿病作用

芦丁在治疗或预防糖尿病相关病理中具有很大潜力，其抗高血糖作用机制包括减少小肠对糖类（又称碳水化合物）的吸收、抑制组织糖异生、增加组织葡萄糖摄取、刺激β细胞分泌胰岛素以及保护胰岛免受退化损伤[139]。芦丁通过抑制碳水化合物消化酶（包括α-葡萄糖苷酶和α-淀粉酶）减少肠道对葡萄糖的吸收，其对麦芽糖酶和葡萄糖淀粉酶活性的抑制作用弱于阿卡波糖，但对异麦芽糖酶的抑制效果强于阿卡波糖[140-142]。糖尿病患者的高血糖与糖异生速率增加密切相关，而胰岛素主要通过抑制关键糖异生酶葡萄糖-6-磷酸酶（G6Pase）和磷酸烯醇式丙酮酸羧激酶（PEPCK）的基因表达来抑制肝脏葡萄糖输出[139]。Ahmed等[143]在糖尿病大鼠模型中的研究表明，芦丁在50mg/kg剂量下能降低肝脏G6Pase和糖原磷酸化酶的活性。此外，芦丁还能降低另一种主要糖异生酶果糖-1，6-二磷酸酶的活性，在肝脏、肾脏和肌肉中均观察到这一效果[144]。芦丁能改善胰岛的组织结构，抑制胰岛β细胞退化。用50mg/kg和100mg/kg剂量的芦丁治疗链脲佐菌素（STZ）诱导的糖尿病大鼠，可防止大鼠胰腺萎缩以及胰岛数量和体积的减少[144,145]。

1.8.2.5 抗菌作用

芦丁的抗菌活性已得到广泛证实。研究表明，芦丁对肺炎克雷伯菌ATCC700603的最低抑菌浓度为1024μg/mL，对大肠杆菌ATCC25922的最低抑菌浓度为512μg/mL，虽然未找到它们的最低杀菌浓度，但芦丁对其生长曲线有强抑制能力。芦丁能显著抑制肺炎克雷伯菌的生物膜形成，可下调生物膜细胞中*luxS*基因和*wabG*基因的表达水平[146]。Almuhanna等[147]利用患有切除性伤口且感染了多重耐药铜绿假单胞菌的糖尿病小鼠，探究了芦丁的抗菌和抗生物膜活性。在较高浓度下，芦丁对多重耐药铜绿假单胞菌表现出良好的抑制效果，并通过阻止生物膜的形成，有效促进糖尿病伤口的愈合。Ivanov 等[148] 的研究也表明，芦丁对多种耐药菌株都有抑制作用，是一种有前景的抗菌剂。芦丁对铜绿假单胞菌 IBRS P001、铜绿假单胞菌 MMA83 和耐甲氧西林金黄色葡萄球菌 IBRS MRSA 011 的最低抑菌浓度均为 0.5mg/mL，芦丁能破坏铜绿假单胞菌和耐甲氧西林金黄色葡萄球菌的细胞膜完整性，能显著减少生物膜的形成，降低生物膜生物量、细胞活力、胞外多糖和 eDNA 水平。

1.8.2.6 其他作用

芦丁还具有抗病毒的作用，研究表明，芦丁联合奥司他韦可发挥出协同抑制 H1N1 流感病毒的神经氨酸酶活性的作用。芦丁能够剂量依赖性地抑制流感病毒的释放和扩散[149,150]。芦丁可以促进骨细胞和成骨细胞相关基因的表达，并降低酸性磷酸酶的水平，从而预防和治疗年龄增长和激素紊乱导致的骨质疏松症状[151,152]。内质网是蛋白质合成和成熟过程中发挥关键作用的细胞器，也是维持细胞内钙稳态和钙库的细胞器，能接受各种紧急刺激并传导舒张信号，但当其功能受损时，则会发生内质网应激[153,154]。在高糖诱导 H9C2 成肌细胞损伤模型的研究中发现，芦丁处理能显著抑制 HSP50、IRE1、ATF6 和 CHOP 蛋白表达水平，而内质网应激激活剂处理细胞会逆转芦丁对 H9C2 细胞损伤的抗凋亡和抗内质网应激作用，这表明芦丁可能通过抑制细胞凋亡和内质网应激来减轻高糖诱导的心肌细胞损伤[155]。在大鼠体内的研究也表明，芦丁能显著降低氯化镉诱导大鼠脑组织内的 *GRP78*、*ATF6*、*CHOP* 和 *Xbp-1* 等基因的表达水平，抑制内质网应激，从而降低大鼠脑细胞凋亡[156]。

1.9 天麻苷

1.9.1 天麻苷的结构和理化性质

天麻苷（gastrodin），又称天麻素，是兰科植物天麻块茎中最有效的成分之一，其化学名称为 4-羟甲基苯基-β-D-吡喃葡萄糖苷，分子式为 $C_{13}H_{18}O_7$，分子量为 286.28（图 1-10）。天麻苷为无色针状结晶，易溶于水、甲醇和乙醇，难溶于氯仿和乙醚，其熔点为 154～156℃。天麻苷在肠道吸收较快，进入血液后被分解为天麻苷元及葡萄糖，因此，其在体内以天麻苷元的形

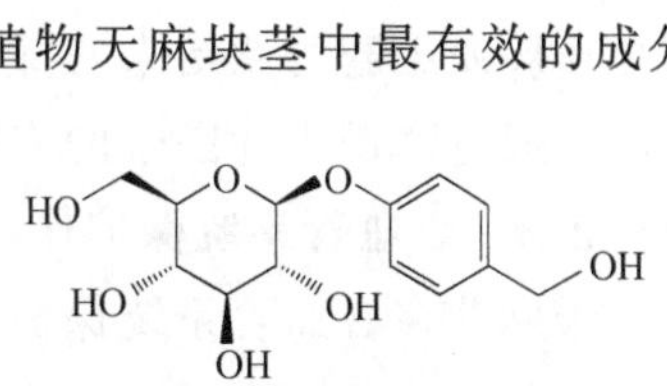

图 1-10 天麻苷的化学结构式

式发挥多种药理作用。

1.9.2 天麻苷的生物活性

1.9.2.1 神经保护作用

神经保护作用是天麻苷最显著的药理作用之一，其主要通过影响氧化应激酶类等增强神经细胞对氧化损伤的抵抗能力，还可通过抑制胶质细胞产生神经炎症因子等发挥作用[157]。研究表明，天麻苷对皮质酮、脂多糖和过氧化氢等诱导的神经细胞损伤都具有保护作用，其通过清除氧自由基和抑制细胞凋亡等机制提高细胞的存活率[158]。天麻苷处理可通过激活 AMPK/Nrf2 信号通路减轻 MPC5 细胞经高糖诱导的氧化应激损伤和细胞凋亡[159]。此外，天麻苷干预能降低 SH-SY5Y 细胞内 ROS 水平，并可抑制过氧化氢诱导的细胞凋亡和 SOD、GSH-Px 表达水平的下调[160]。天麻苷还可以通过影响细胞中 Bcl-2 蛋白、天冬氨酸半胱氨酸蛋白酶和细胞色素 c 蛋白表达水平，以及调控线粒体膜电位对缺氧缺糖星形胶质细胞发挥保护作用[161,162]。诸多体内实验也证实天麻苷对神经元损伤的保护作用，例如，天麻苷处理后大鼠海马中突触素Ⅰ（synapsin Ⅰ，Syn Ⅰ）和脑源性神经营养因子（brain-derived neurotrophic factor，BDNF）的 mRNA 表达水平上调，这对大鼠认知功能的恢复起着重要作用[163]。天麻苷可以改善阿尔茨海默病大鼠的莫里斯（Morris）水迷宫表现，并且提高大鼠的空间学习记忆能力；在血管性痴呆大鼠模型中的研究也表明，天麻苷可减轻学习记忆功能障碍和神经元损伤，减少脑组织中 Aβ 沉积和磷酸化 Tau 蛋白的积累[164,165]。

1.9.2.2 镇痛、抗炎作用

天麻苷对治疗头痛症状（包括血管性头痛、偏头痛、三叉神经痛和坐骨神经痛等）有显著的效果[166]。神经性头痛可能是由神经元的异常兴奋导致的，而天麻苷能阻断酸敏感性离子通道，恢复大脑皮层兴奋和抑制的平衡，进而发挥镇静和镇痛的作用[167]。星形胶质细胞的激活与疼痛的产生密切相关，天麻苷处理可以显著减少星形胶质细胞的特异性标志物，这表明天麻苷可能通过抑制星形胶质细胞的激活来发挥镇痛作用。此外，天麻苷能够调控炎症反应信号通路，通过降低炎症因子的表达来抑制炎症发生[168]。

1.9.2.3 心血管系统保护作用

天麻苷在心血管系统保护中起着重要作用。天麻苷能够影响生物体内的脂代谢，其通过促进合成高密度脂蛋白来降低总胆固醇的含量，并抑制低密度脂蛋白的产生，进而能够减少动脉粥样硬化斑块的形成，对血液循环系统有很大的改善作用[169]。Qian 等[170] 利用天麻苷治疗高血压的研究表明，天麻苷可以通过扩张血管和增加血管弹性来发挥降低血管阻力和改善血液循环的作用。此外，天麻苷还可以抑制血小板聚集。在体外血小板聚集实验中，天麻苷通过抑制血小板活化因子发挥作用，在体内实验中，天麻苷对 ADP 诱导的血栓形成有一定的抑制作用。

1.10 非水相酶催化体系的应用

Zaks 等[171] 于 1984 年首次提出在有机溶剂中利用脂肪酶催化合成酯的反应，经过四十多年的发展，非水相酶催化反应已在有机合成等领域广泛应用。相比于水相中的催化反应，非水介质体系具有诸多优势：①非水介质提高了水或脂溶性差的底物的溶解度；②非水介质减少了水对底物和产物的抑制，尤其是对有水生成的反应的抑制；③非水介质抑制了水引起的副反应；④合适的非水介质可以改善反应的选择性和转化率；⑤非水介质有利于产物的分离纯化；⑥非水介质抑制了微生物在溶剂中的繁殖污染。此外，相比于化学法，酶催化反应条件更温和，且具有操作简单、效率高、产物单一、无毒和对环境友好等优点。非水相体系一般包括无溶剂体系、有机溶剂体系、离子液体反应体系、超临界流体体系、气体体系以及深度共熔溶剂体系等。

1.10.1 有机溶剂体系

单相有机溶剂体系分为两类，一类是与水互溶的单相有机溶剂体系，是由水和极性较强的有机溶剂组成的体系，如吡啶、二甲基亚砜（DMSO）、乙腈和 N，N-二甲基甲酰胺（DMF）等，该体系有助于提高底物在单一溶剂中的溶解度和反应速率。另一类是与水不互溶的单相有机溶剂体系，其含有小于2%的水和疏水性有机溶剂，常见的有烷烃类（如异辛烷）、醚类（如石油醚）、芳香族类（如甲苯）以及卤代烃类等有机溶剂，这类反应体系适用于亲脂性化合物的生物转化。

此外，混合有机溶剂是指亲水性有机溶剂和疏水性有机溶剂混合的双溶剂体系。一般来说，酶在亲水的强极性溶剂中容易失活或稳定性降低，而许多亲水的多羟基化合物，如黄酮类化合物、核苷类化合物和碳水化合物等，它们在疏水性溶剂中的溶解度低，这种矛盾使酶催化反应的转化率低，不利于反应向产物生成的方向进行。许多研究表明，全细胞催化反应在混合有机溶剂体系中的转化率高于单相有机溶剂体系[172,173]。

由于生产成本的控制，有机溶剂仍然是目前催化反应中普遍使用的溶剂体系。然而，毒性有机溶剂对环境的污染和对研究人员身体的危害不容忽视。因此，发掘绿色、无毒、可持续，且与高酶活相容的反应介质对酶催化反应意义重大。

1.10.2 离子液体体系

离子液体（ionic liquids，IL）是指在室温或室温附近由离子构成的呈液态的物质，它是一种环境友好的绿色溶剂。离子液体的理化性质随不同阴离子和阳离子的结合而变化[174]。与分子溶剂相比，离子液体有许多独特的优势，如熔点低、热稳定性较好、无显著蒸气压、不易挥发，且对大多数的有机、无机和高分子化合物具有良好的溶解性等。离子液体的低熔点归因于其结构中某些取代基的不对称性使离子不能规则地堆积成晶体。组成离子液体的常见阳离子有季铵盐离子、季鳞盐离子、咪唑盐离子和吡咯盐离子等，阴离子有卤素离子、四氟硼酸根离子和六氟硼酸根离子等。采用［BMIm］Cl 和［BMIm］［BF_4］的混合离子液体作为反应溶剂，在固定化脂肪酶 Novozym 435 催化下可以实现淀粉的月桂酸酯化，最大取代度达到 0.171，且反应结束后的混合离子液体可以多次循环使用[175]。离子液体可以改变细胞表面形态，提高渗透率，有助于底物与微生物催化剂之间的传质。Yang 等[176] 在离子液体体系中用荧光假单胞菌催化核苷酰化，可获得 81.1%的产率。

1.10.3 深度共熔溶剂体系

深度共熔溶剂（deep eutectic solvent，DES）又称低共熔溶剂，也是一种新型的绿色溶剂。它一般由氢键供体（如羧酸、酰胺和多元醇）和氢键受体季铵盐（如氯化胆碱等）按一定摩尔比混合，加热到一定时间后形成均一的熔融混合物。DES 也具有蒸气压低、无毒、电化学稳定和可生物降解的优点[177]。Gorke 等[178] 首次将 DES 用作脂肪酶 CALB 催化水解的反应介质，发现 DES 显著提高了反应效率，远高于离子液体和传统有机溶剂，此后 DES 逐渐被应用于各种催化反应中。Zhao 等[179] 将氯化胆碱/甘油组成的 DES 作为脂肪酶催化生成生物柴油的溶剂，该反应在 24 h 即可达到 88%的转化率。此外，Durand 等[180] 构建了不同的 DES 溶剂体系，发现在氯化胆碱与甘油（1∶2）组成的 DES 中，固定化酶 CALB 催化不同链长的醇与乙烯酯的酯化反应转化率和选择性最好，几乎不发生副反应，且在 DES 体系中醇对酶活的影响比在甲苯中小。然而，DES 的黏度或高或低，传质阻力也会影响酶催化反应进程。

1.10.4 生物基溶剂体系

近年来，生物基溶剂（biomass-based solvent）得到了很大的发展，它来源于可再生原料，如糠醛、甘油以及植物油等有机溶剂。生物基溶剂具有低毒和可生物降解性，其良好的兼容性使酶具有更好的稳定性和催化活性。目前，商品化的生物基溶剂有乳酸、乳酸乙酯、柠檬烯、甘油及甘油衍生物（如甘油醋酸酯、丙酮缩甘油和甘油缩甲醛等）、脂肪酸酯、2-甲基四氢呋喃（2-MeTHF）、γ-戊内酯、葡萄糖酸水溶液以及碳水化合物低共熔混合物等[181]。尽管部分生物基溶剂（包括甘油、乳酸、2-甲基四氢呋喃和γ-戊内酯）已被应用于各种化学反应中[182,183]，但是，生物基溶剂并不一定意味着"绿色溶剂"，在实际应用中还要考虑许多其他参数，如价格、可回收性和稳定性。尤其是在酶催化反应中，溶剂的种类、极性、pH 值、黏度以及介电常数等都会对催化效率产生影响。

1.10.5 其他溶剂体系

无溶剂体系指的是反应体系只含有底物和催化剂，无需其他溶剂的加入。无溶剂反应体系相对简单，减少了有机溶剂的污染，且底物浓度高，有助于反应较快进行。Chen 等[20] 将根皮苷和乙酸乙烯酯作为底物，在固定化脂肪酶 CALB 催化下，得到 4,3″,6″-三乙酰化根皮苷酯衍生物，转化率可达到 100%。

超临界流体体系指的是在高于其临界温度下，具有液体的溶解度以及气体的扩散性能的一种流体，该特性有利于反应过程中底物或产物之间的传质。目前应用较多的超临界 CO_2 流体，具有低成本、无毒性、不燃性、惰性、可回收、环境友好和中等临界性质（临界压力 $P_c=7.38$MPa，临界温度 $T_c=304.2$K）等优点，因而被用于生物催化反应中。Liaw 等[184] 在超临界流体体系中以 α-松油醇和乙酸酐为底物，在脂肪酶的催化作用下成功合成了乙酸松油酯。

1.11 酚苷化合物的生物利用度研究进展

1.11.1 体外小肠吸收模型

小肠是人体吸收营养物质的主要器官，肠道黏液、小肠微绒毛、肠上皮细胞紧密连接、肠道代谢酶以及多种转运蛋白等都是影响其吸收过程的重要因素[185]。评估小肠吸收情况的模型包括在体法和离体法。在体法通常评价化合物流经体肠段后从灌流液中减少的量，该法操作复杂，且样本间差异很大。离体法则以人或动物体的离体肠组织或人源性细胞构建肠吸收模型。但是，离体的肠组织维持活性的时间短，且难以从细胞和分子水平阐明营养物质的吸收机制，而构建体外肠细胞模型不仅可以弥补这个缺点，而且成本更低。体外肠细胞模型主要包括 Caco-2、HT29、TC7、MDCK、LLC-PK1、Raji B、IEC-18 以及它们的共培养细胞模型[185]。它们都有各自的优缺点，如人结肠癌细胞 HT29 能分泌黏液，可表达多种转运蛋白，但是不能单独分化；犬肾上皮细胞 MDCK 虽然能分化，但是转运蛋白表达少；大鼠源肠细胞 IEC-18 和猪肾小管上皮细胞 LLC-PK1 缺乏转运蛋白或转运蛋白表达少；而 B 淋巴细胞有较强的吞噬能力，一般用于纳米粒子的转运研究。

目前，Caco-2 细胞单层是公认的研究营养物质转运机制的理想体外模型（图 1-11）。研究表明，完全分化的 Caco-2 细胞具备与小肠上皮相似的微绒毛结构、细胞极性、紧密连接、代谢酶、转运蛋白和核受体等。连续 21d 培养在可渗透聚碳酸酯膜上的 Caco-2 细胞会形成致密的单层膜，由腔道顶膜（apical membrane，AP）及血液侧基底侧膜（basolateral membrane，BL）组成，营养物质经肠道吸收必须跨过这两层生物膜[186]。与小肠上皮细胞一样，Caco-2 细胞单层表达多种转运蛋白［包括 P-糖蛋白（P-gp）、多药耐药相关蛋白（MRP）、乳腺癌耐药相关蛋白（BCRP）、有机阴离子转运蛋白（OATP）、有机阳离子转运体（OCT）、新型有机阳离子转运体（OCTN）、一元羧酸转运体（MCT）、小肽转运体（PEPT）、钠-葡萄糖协同转运蛋白（SGLT1）等］，多种肠道代谢酶［包括蔗糖酶、Ⅰ相代谢酶（细胞色素酶 P450）、Ⅱ相代谢酶（β-葡萄糖醛酸酶、谷胱甘肽-*S*-转移酶、*N*-乙酰基转移酶）、磺基转移酶以及羧酸酯酶等］，以及核受体［包括肝脏受体（LRH-1）、过氧化物酶增殖物激活受体（PPAR）和糖皮质激素受体（GR）等］[187,188]。

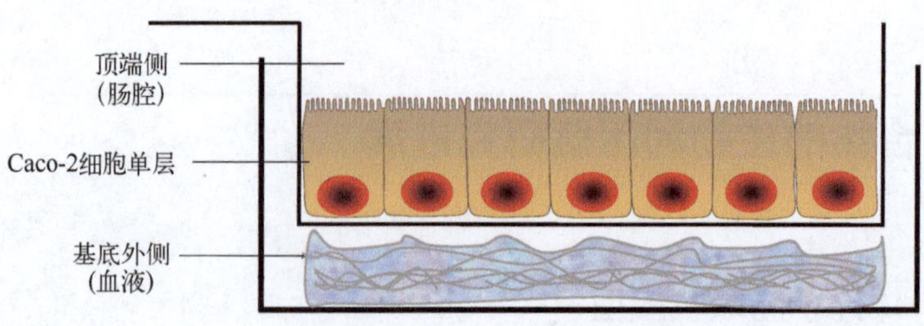

图 1-11　Caco-2 细胞单层模型

1.11.2 酚苷化合物的肠道吸收

近年来，已有许多研究报道酚苷化合物在 Caco-2 细胞单层的跨膜转运。Wu 等[189] 采用 Caco-2 细胞单层模型测定了黄芩苷在肠道的跨膜转运，结果显示其表观渗透系数仅为 0.037×10^{-6}cm/s，远低于 0.1×10^{-6}cm/s，这表明黄芩苷是难吸收物质[190]。Antunes-Ricardo 等[191] 通过体外构建的 Caco-2 细胞单层模型比较了异鼠李素和其糖苷衍生物的跨膜转运，结果显示异鼠李素的表观渗透系数是其双糖苷和三糖苷衍生物的 2.6 倍和 4.6 倍，而这可能归因于异鼠李素比其糖苷化合物有更好的亲脂性。Yasuda 等[192] 通过分化的 Caco-2 细胞单层模型探究了木犀草素和木犀草素-7-*O*-葡萄糖苷的肠道渗透特性，木犀草素从基顶侧呈时间依赖性地被转运至基底侧，而木犀草素-7-*O*-葡萄糖苷会被胞内人乳糖酶根皮苷水解酶（LPH）水解，导致苷元木犀草素和葡萄糖被肠上皮细胞吸收并转运至下室。此外，许多研究报道黄酮类化合物的跨膜运输，Chabane 等[193] 探究了槲皮素和柚皮素基于 Caco-2 细胞单层的肠渗透特性，研究表明，槲皮素的转运方式为被动扩散和有机阴离子转运蛋白 B（OATP-B）介导的 pH 依赖机制。槲皮素不是多药耐药相关蛋白 1（MRP1）的底物，而是外排转运蛋白 MRP2 的底物。一部分柚皮素通过被动扩散转运，它是 MRP1 介导的 ATP 依赖的转运底物，但柚皮素会被外排转运体 P-gp 和 MRP2 主动外排，且柚皮素的表观渗透系数高于槲皮素。此外，Tian 等[194] 利用 Caco-2 细胞单层模型探究了 36 种黄酮或糖苷类化合物的肠道通透性。对于异黄酮、黄酮和二氢黄酮，亲脂性是 Caco-2 跨膜渗透的决定因素，而黄酮醇的渗透性更复杂。总体而言，化合物的母体骨架结构、游离羟基的数量和位置，以及其在 Caco-2 细胞的积累和外排均能影响其跨膜转运。

1.11.3 提高生物利用度的方法

生物利用度（bioavailability）是功能食品领域中评价营养物质的有效性的一个关键指标，它主要包括生物可及性（bioaccessibility）和生物活性（bioactivity）两方面的内容（图 1-12）[195]。口服摄入生物活性成分是普遍接受的途径，这是因为口服方式价格低廉、方便，且符合给药计划的灵活性。因此，活性物质必须克服口服途径的消化，然后到达肠壁，再由高度极化的肠上皮细胞完成目标物的跨膜转运吸收，主要包括细胞旁路转运、被动运输、主动运输和胞吞作用等方式。

1.11.3.1 构建运载体系

近年来，许多研究通过构建运载体系荷载活性物质以改善它们的稳定性和

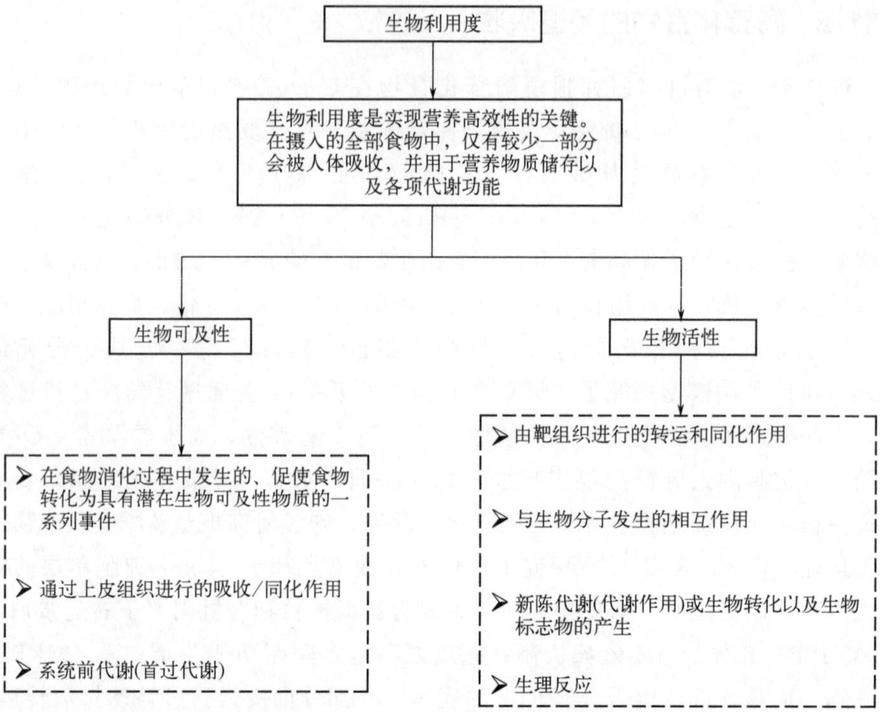

图 1-12　生物利用度的定义，包括生物可及性和生物活性[130]

肠道给药浓度，从而提高其体内生物利用度。已开发的新型运载体系主要包括纳米乳液、纳米颗粒、脂质体、包合物以及颗粒稳定的皮克林（Pickering）乳液等[196,197]。Guo 等[198] 为了提高杨梅素的生物活性和口服生物利用度，成功开发了一种微乳液配方，杨梅素微乳液显著提高了杨梅素的溶解度、抗氧化能力和抗肝癌细胞增殖能力。此外，大鼠体内的药代动力学数据表明，微乳液提高了杨梅素的口服生物利用度。Ma 等[199] 构建了玉米醇溶蛋白基 Pickering 乳液荷载槲皮素，并采用体外消化模拟和 Caco-2 细胞单层模型证实槲皮素口服生物利用度得到改善，肠道吸收率得到提高。Hao 等[200] 利用硬脂酸碱性盐为基质，通过凝胶法制备固体脂质体荷载黄芩苷，饲喂大鼠后的药代动力学数据表明，黄芩苷的药时曲线下面积（AUC）和最大血药浓度（C_{max}）分别提高了 2.58 倍和 1.61 倍。此外，Tang 等[201] 利用蜂蜡和结冷胶提供的外部和内部网络结构，并结合甘油单硬脂酸酯的界面稳定作用，制备了双凝胶油包水高内相乳液，该乳液对甜菜苷的包埋可改善其储藏稳定性，并可显著抑制甜菜苷在强酸性（pH =2）环境中的降解。以上研究表明，通过运载体系改善酚苷化合物的溶解度、稳定性和酸碱耐受性等以克服口服途径的消化，是提高其生物利用度的有效方式。

1.11.3.2 结构修饰

经口服途径达到肠壁后，影响活性物质跨膜运输的物理化学因素包括溶解度、解离常数、脂溶性、稳定性、极性表面积、分子形状和晶体形式等[185]。此外，分子量大小也与被动扩散速率密切相关。分子量小于 500D 的化合物一般进行细胞跨膜转运，分子量更小的低于 300D 的化合物可以通过紧密连接进行细胞旁路转运。研究表明，通过酯化或酰化对酚苷化合物进行结构修饰可以提高其脂溶性，从而增强其跨膜转运能力[202]。Zhang 等[18] 通过脂肪酶催化不同链长的脂肪酸乙烯酯对秦皮甲素进行酰化，得到 5 种脂溶性的秦皮甲素衍生物，结果表明，酰化衍生物的抗氧化能力下降，而亲脂性秦皮甲素衍生物的跨膜转运能力显著提高。Xin 等[203] 利用微生物施氏假单胞菌和铜绿假单胞菌作为全细胞催化剂，以丙酸乙烯酯作为酰基供体，对曲克芦丁进行酰化，反应得到单酰化和双酰化两种曲克芦丁衍生物，2，2′-偶氮二异丁基脒二盐酸盐（AAPH）诱导的红细胞溶血实验显示，曲克芦丁衍生物具有更好的自由基清除能力。基于 Caco-2 细胞单层的转运结果，曲克芦丁酰化修饰后的跨膜转运渗透系数从 0.34×10^{-6}cm/s 显著提高到 0.99×10^{-6}cm/s 和 1.51×10^{-6}cm/s，这表明酰化修饰增强了曲克芦丁的肠道吸收。此外，Xiao 等[204] 通过化学法催化合成四乙酰化葛根素衍生物，葛根素衍生物的脂溶性得到显著提升；四乙酰化葛根素保留了葛根素的生物活性，其在体内、体外均可显著提高 SOD 酶活性，降低 MDA 水平，同时还可提高 GSH-Px 水平和体内总抗氧化能力。四乙酰化葛根素能显著抑制脂多糖诱导的 RAW264.7 细胞分泌炎症因子 TNF-α 的水平，且在骨关节炎大鼠模型体内发挥出较葛根素更好的抗炎效果。因此，合理改性后的酚苷酯衍生物保留了原有的生物活性，且亲脂性衍生物具有更好的肠道吸收能力和生物利用度。

1.11.4 酰化修饰的重要性

1.11.4.1 酰化修饰对肠道吸收的影响

生物药剂学分类系统（biopharmaceutics classification system，BCS）按照渗透性和溶解度将药物分为四类：Ⅰ类是高溶解性-高渗透性；Ⅱ类是低溶解性-高渗透性；Ⅲ类是高溶解性-低渗透性；Ⅳ类是低溶解性-低渗透性[205]。一般来讲，化合物具有较好的溶解度和亲脂性时容易被细胞吸收，通常表现出高生物利用度。已有诸多研究表明，酰化修饰后的酚苷衍生物具有更好的脂溶性和肠渗透性。Mo 等[206] 利用固定化脂肪酶 Novozyme 435 催化葛根素和脂肪碳链长度为 2～14 的酰基供体反应，成功制备了 7 种葛根素酰化衍生物，葛根素和其衍生物均能抵抗胃相的消化而保持稳定，脂肪碳链长度低于 12 的衍生物易在肠相被水解，而碳链长度高于 12 的葛根素衍生物对水解作用具有更好的抵抗能力。此外，Caco-2 细胞单层跨膜转运实验表明，葛根素的表观渗透系数为 1.62×10^{-6}cm/s，而葛根素酰化衍生物的表观渗透系数均显著提高。Li 等[207] 通过全细胞催化法合成了一系列柚皮苷酯衍生物，抗氧化实验结果显示柚皮苷酯衍生物表现出比柚皮苷更高的 DPPH 自由基和 ABTS 自由基清除能力。柚皮苷酯衍生物具有更高的正辛醇-水分配系数（lg *P*）值，因此，酰化修饰的柚皮苷酯在肠 Caco-2 细胞单层膜中的跨膜转运也显著增强。Zhang 等[208] 利用荧光假单胞菌作为全细胞催化剂，高效制备了亲脂性黄芩苷脂肪酸酯衍生物，且衍生物跨膜转运的表观渗透系数均显著高于黄芩苷；此外，基于人肝细胞 L02、前脂肪细胞 3T3-L1 和小鼠巨噬细胞 RAW264.7 诱导的高脂模型，黄芩苷酯衍生物表现出更强的降脂活性。Hu 等[209] 则采用化学催化法对槲皮素的 3-OH、3′-OH、4′-OH 和 7-OH 进行酯化，最终得到槲皮素四酯衍生物，基于 Caco-2 细胞单层的跨膜转运结果证实，槲皮素四酯衍生物的表观渗透系数（5.23×10^{-6}cm/s）远高于槲皮素（2.82×10^{-6}cm/s）。

1.11.4.2 酰化修饰对生物活性的影响

酰化修饰除了能改善酚苷化合物的稳定性和脂溶性，也会对母体化合物的生物活性产生促进作用。Xu 等[210] 在斑马鱼模型中比较了熊果苷和 6′-*O*-咖啡酰熊果苷的抗黑色素生成活性，结果表明，6′-*O*-咖啡酰熊果苷呈剂量依赖性地抑制黑色素生成，且抑制活性是熊果苷的 2 倍。Chen 等[20] 在无溶剂体系中催化根皮苷进行酰化反应，成功制备了 4，3″，6″-三乙酰化根皮苷，其对肿瘤细胞 HepG2 的抗增殖能力远高于根皮苷。Yu 等[211] 采用固定化酶催化合成了一系列白藜芦醇苷酰化衍生物，结果证实白藜芦醇苷酯的脂溶性和 pH 稳定性相比白藜芦醇苷都得到显著增强，且衍生物对人子宫颈鳞癌 SiHa 细胞的抗增殖能力更强。Salem 等[212] 采用不同链长烷基链（$C_4\sim C_{16}$）酰化修饰异槲皮苷，结果表明酰化作用显著增强了异槲皮苷对黄嘌呤氧化酶的抑制活性，且与酰基供体的链长成正比。此外，还有研究表明，酰化修饰改善了酚苷化合物的抗氧化和抑菌活性[212,213]。

基于以上研究，酰化修饰无疑是一种简便且有效的提高酚苷化合物稳定性和脂溶性的方式。研究者通过构建 Caco-2 细胞单层模拟小肠上皮细胞对酚苷化合物及其衍生物的吸收、代谢和转运，并结合体内、外生物活性评估，以在一定程度上反映其体内生物利用度。

低脂溶性和光、热敏感性导致酚苷化合物较差的生物利用度，这也限制了它们在食品、医药和化妆品领域的应用。研究表明，对酚苷化合物的非活性羟基进行酰化修饰可以改善其脂溶性和肠道吸收率，并且不破坏其生物活性。目前报道的酚苷化合物的酰化反应大多需要有毒溶剂的参与，且转化率低，区域选择性差；此外，鲜有对熊果苷、红景天苷、白藜芦醇苷和根皮苷酰化衍生物的生物利用度的研究。因此，亟待建立一种高效、绿色且特异性强的酶催化方法对酚苷化合物进行改性，以扩大它们的应用范围。

基于以上背景，本书以熊果苷、红景天苷、白藜芦醇苷和根皮苷为模式化合物，通过高效绿色的酶催化方法制备脂溶性酚苷酯衍生物，以探究酰化反应规律和酰化修饰对酚苷化合物理化性质的影响，并基于体外肠 Caco-2 细胞单层吸收模型探究酚苷化合物及其衍生物的肠道吸收、代谢和转运特性，以及从细胞水平和体内动物模型探究酚苷酯衍生物的生物活性。本书不仅为酚苷化合物的结构衍生化开辟新的研究思路和方法，而且科学地诠释酰化修饰对酚苷化合物的理化性质、肠道吸收和生物活性的独特贡献，这对扩大其应用范围具有十分重要的理论指导意义。

第2章　酚苷化合物的酶法酰化修饰

2.1 引言

酚苷化合物不仅具有较好的抗氧化活性，还因多种药理作用在食品、医药和日化等行业有广泛的应用前景。然而，酚苷化合物的多羟基结构导致其在脂溶性体系中溶解度低，在机体内不稳定和生物利用度低，这限制了其应用范围。通过合成脂溶性的抗氧化酚苷酯前体物，可以改善这些缺点。

近年来，对天然产物进行酶促酰化修饰以合成有价值的产品已成为研究热点[214]。酶法修饰相比化学法具有高效、特异性强、副产物少、反应条件温和以及对环境友好等优点，且活性固定化酶通常可以重复使用。研究显示，脂肪酶催化矢车菊素-3-*O*-葡萄糖苷酰化反应[22]，酰化产物在呈色效果、亲脂性、稳定性、抗氧化和抗肿瘤活性方面具有明显优势，且因酰基的种类、数目、结合位点的差异而具有不同的性质。然而，酶在大多数极性溶剂中的活性下降或失活，导致许多非水相酶催化反应转化率低，而且还存在有机溶剂（如叔丁醇、叔戊醇、乙腈和吡啶等）的毒性问题[215-217]。因此，发掘绿色溶剂和建立可持续、高酶活相容性的反应体系对酚苷化合物的酶促酰化反应至关重要。

2-甲基四氢呋喃和 γ-戊内酯是由可再生生物质产生的新兴环保、可持续且无毒的溶剂，在绿色合成中具有广泛的应用潜力[181]。特别是，2-甲基四氢呋喃有低沸点（79.9℃），便于在后续产物纯化过程中去除。通常认为，酰化反应的位点受酶种类的影响，而对于特定酶，酰化反应的转化率受反应溶剂、温度、底物溶解度、底物摩尔比和酰基供体等因素影响。

本章以熊果苷、红景天苷、白藜芦醇苷和根皮苷为底物，以诺维信的固定化脂肪酶 Lipozyme 435、Novozym 435、Lipozyme TL IM 和 Lipozyme RM IM，日本天野 Amano 的游离脂肪酶 lipase AYS、lipase PS 和 lipase G50，根霉脂肪酶（lipase from *Rhizopus niveus*）和猪胰腺脂肪酶（lipase from porcine pancreas）以及扩展青霉脂肪酶为催化剂，筛选最适脂肪酶；考察不同链长的饱和脂肪酸乙烯酯作为酰基供体，以及常规有机溶剂和绿色溶剂（2-甲基四氢呋喃和 γ-戊内酯）、反应温度、底物摩尔比和脂肪酶剂量对酚苷化合物酰化反应转化率的影响，旨在建立一个绿色、高效的酶促酚苷化合物酰化反应体系。酰化反应过程采用分析型高效液相色谱（HPLC）监测，酰化产物用半制备液相色谱仪分离后纯化。最后，采用质谱仪（MALDI-TOF/MS）、核磁共振（nuclear magnetic resonance，NMR）和傅里叶变换红外光谱（Fourier transform infrared spectroscopy，FTIR）技术鉴定酰化产物的结构。

2.2 实验方法

2.2.1 酚苷化合物的酶促酰化

反应溶剂用 4Å（$1Å=1\times10^{-10}$m）分子筛（2g/10mL）干燥 72h，脂肪酶在 P_2O_5 环境下干燥 72h。酚苷化合物和乙烯酯混溶于 2mL 的干燥溶剂中，加入脂肪酶后酰化反应发生。从反应混合液中定时取 20μL 样品，用色谱甲醇稀释 10 倍，用 0.45μm 有机相滤膜过滤后用于高效液相色谱检测。为了优化反应条件，以根皮苷为反应底物，考察影响酰化反应的重要因素，包括脂肪酶种类、底物摩尔比、温度、反应溶剂、脂肪酶剂量和酰基供体链长。实验遵循单因素设计原则。

2.2.2 高效液相色谱检测

所有的酚苷化合物及其酰化衍生物的检测在相同环境下进行，包括 Agilent 1260 Infinity LC 系统，配备反相色谱柱 YMC ODS-A C_{18} 柱（4.6mm×250mm），二极管阵列检测器设置在 280nm 波长下检测。柱温为 30℃，流动相 A 为含 0.1% TFA 的超纯水，流动相 B 为色谱甲醇，流速为 1mL/min。洗脱程序为：0～3min，90% B；3～7min，90%～65% B；7～12min，65%～42% B；12～15min，42%～40% B；15～21min，40%～10% B；21～27min，10%～90% B；27～30min，90% B。进样体积为 15μL，重复 3 次检测。酰化反应转化率计算如下：

$$转化率(\%)=\frac{A_0-A_t}{A_0}\times100\% \tag{2-1}$$

式中，A_0 和 A_t 分别是酚苷化合物在初始时间 0 和反应时间 t 时的峰面积。

初始反应速率的计算如下：

$$初始反应速率[mmol/(L\cdot h)]=(c_0-c_1)/t \tag{2-2}$$

式中，c_0 和 c_1 分别为酚苷化合物在初始时间 0 和反应时间 1h 时的浓度；t 为 1h。

区域选择性的计算如下：

$$6'/6''\text{-区域选择性}=\frac{A_p}{A_{tp}}\times 100\% \tag{2-3}$$

式中，A_p 是目标酚苷衍生物的峰面积；A_{tp} 是所有酰化产物的总峰面积。

2.2.3 酰化衍生物的纯化

反应结束后的溶剂在 12000g 下高速离心，经过 0.45μm 的有机相滤膜过滤除去脂肪酶。在真空离心浓缩仪中于 45℃下干燥除去有机溶剂，剩余的固体混合物中含有未反应的酚苷化合物和酚苷酯衍生物，将其复溶于乙腈/正己烷（2∶5，体积比）混合溶剂中，通过反复萃取除去未反应而残留的乙烯酯。溶解于乙腈中的酰化衍生物通过半制备液相系统配备 YMC ODS-A C_{18} 制备柱（10mm×250mm）进一步分离纯化，其洗脱程序参照分析型 HPLC 的方法。利用 HPLC 对收集的目标产物进行纯度分析，经真空浓缩干燥后置于 4℃备用。

2.2.4 酚苷衍生物的结构鉴定

利用 Bruker Autoflex3 MALDI-TOF/ Mass Spectrometer 对产物进行质谱分析。产物溶于氘代甲醇后，利用 Bruker Avance Ⅲ HD 600 MHz NMR 对其进行^{1}H 和^{13}C 谱图测定。利用 Nicolet IS50 傅里叶变换红外光谱仪测定酰化产物在 400～4000cm^{-1} 波数的谱图。

2.3 结果分析

2.3.1 脂肪酶的筛选

脂肪酶因具有良好的稳定性和催化性能，在食品体系中得到广泛的应用，它催化合成了多种抗氧化能力更强的脂溶性食品抗氧剂[218]。为了确定具有最佳活性的脂肪酶，4mmol/L 根皮苷和 200mmol/L 月桂酸乙烯酯混溶于 2mL

的2-甲基四氢呋喃中，脂肪酶用量为20mg/mL，在55℃下反应24h。10种固定化或游离脂肪酶对根皮苷的转化率如图2-1所示。尽管这些脂肪酶在特定条件下都具有较高的酶活力单位，但在本反应体系中的催化酰化转化率表现出很大的差异。相比之下，在固定化酶Novozym 435、Lipozyme 435、Lipozyme RM IM和Lipozyme TL IM催化下，根皮苷的转化率超过60%。固定化脂肪酶Lipozyme 435可以催化根皮苷达到最高的转化率，为89.1%。因此，固定化脂肪酶Lipozyme 435被选为酚苷化合物酰化反应的催化剂。

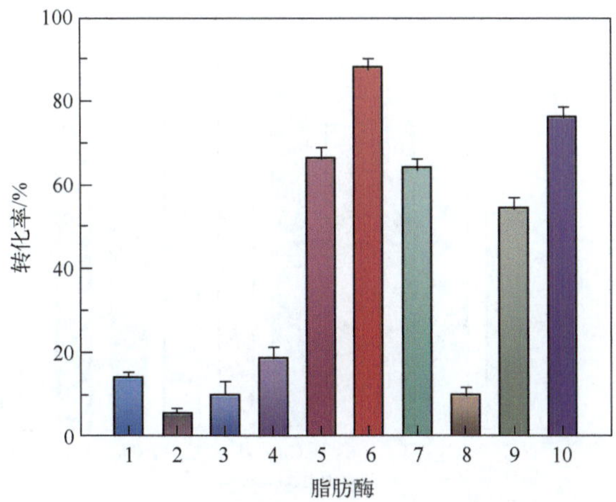

图2-1 不同的脂肪酶催化根皮苷酰化反应的转化率

1—lipase AYS；2—lipase G50；3—lipase PS；4—猪胰腺脂肪酶；5—Novozym 435；6—Lipozyme 435；7—Lipozyme RM IM；8—扩展青霉脂肪酶；9—根霉脂肪酶；10—Lipozyme TL IM

2.3.2 酰基供体的选择

酰基供体对脂肪酶催化的酰化反应的转化率和结合位点都有影响。采用不同碳链长度（C_3～C_{18}）的饱和脂肪酸乙烯酯（包括丙酸乙烯酯、丁酸乙烯酯、己酸乙烯酯、辛酸乙烯酯、癸酸乙烯酯、月桂酸乙烯酯、肉豆蔻酸乙烯酯、棕榈酸乙烯酯和硬脂酸乙烯酯）作为酰基供体。4mmol/L根皮苷和200mmol/L不同链长的酰基供体混溶于2-甲基四氢呋喃中，以脂肪酶Lipozyme 435为催化剂，剂量为20mg/mL，在55℃下反应24h。如图2-2所示，对于中短链脂肪酸乙烯酯的酰基供体，随着碳链长度从C_3到C_{12}增加，根皮苷的酰化转化率逐渐上升，在C_{12}链长时达到最大值。这与之前报道的芦丁酶促酰化反应的结果一致[215]。随着碳链长度的继续增加（C_{14}～C_{18}），转化率逐渐下降。这可能是因为脂肪酶分子的活性口袋边缘是疏水的，并且倾向于与疏水性底物相互作用[219]。随着烷基链长从 C_3 增加到 C_{12}，酰基供体的疏水性变大，因此更容易与活性氨基酸接触并反应。然而，活性口袋的尺寸和形状同样影响催化反应。当烷基链长超过 C_{13} 时，脂肪酶活性口袋的空间位阻，导致反应的发生或产物的形成变得更困难[219]。因此，选择烷基链长为 12 个 C 的月桂酸乙烯酯为酚苷化合物的酰基供体。

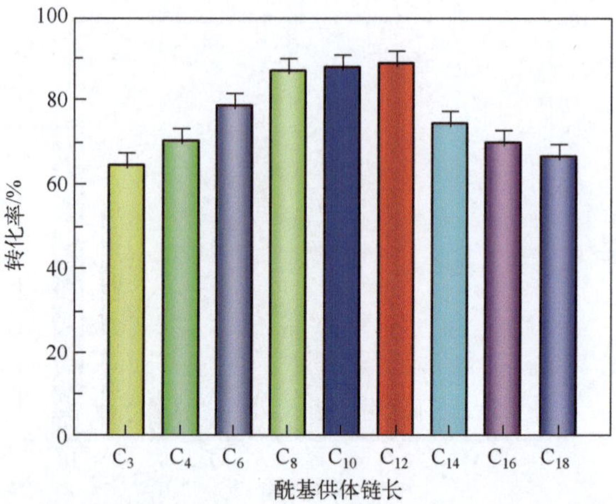

图 2-2　根皮苷与不同烷基链长的酰基供体反应的转化率

2.3.3　反应温度对酶促酰化反应的影响

温度是影响脂肪酶催化活性的重要因素之一。酶催化反应的条件应该温和，因此，考察固定化脂肪酶 Lipozyme 435 在 35～65℃温度范围对根皮苷酰化转化率的影响。底物根皮苷与月桂酸乙烯酯的摩尔比为 1∶50，反应溶剂为 2-甲基四氢呋喃，脂肪酶剂量为 20mg/mL，反应 24h 后，结果如图 2-3 所示。随着温度从 30℃升高到 65℃，初始反应速率从 0.32mmol/(L·h) 增加到 2.42mmol/(L·h)。在反应初始的 1h 内，更高的温度可能通过促进底物分子的碰撞，导致酰化产物快速生成[220]。根皮苷的酰化转化率在 55℃达到最大值，但随着温度继续升高，转化率逐渐下降。这可能是因为根皮苷的糖苷部分与脂肪酸乙烯酯的酰化反应是放热反应，更高的反应温度影响了反应平衡，抑制了反应向产物生成方向的进程。此外，过高的温度也可能引起脂肪酶分子的空间构象变化，导致酶活的损失，这也是考虑的原因之一[216]。因此，选择

55℃为脂肪酶催化酚苷化合物酰化反应的温度。

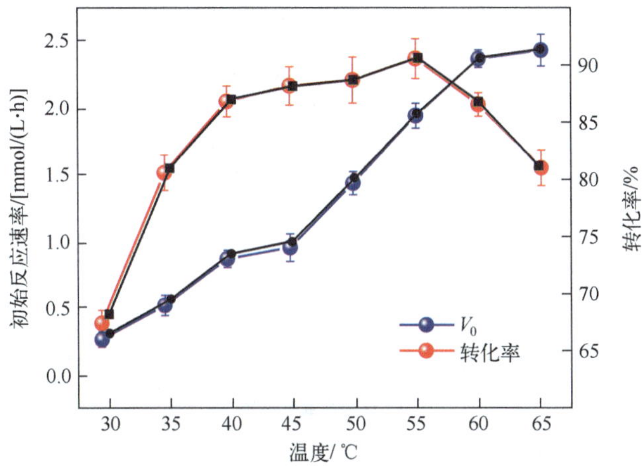

图 2-3　反应温度对根皮苷酰化反应初始反应速率和转化率的影响

2.3.4　脂肪酶剂量对酶促酰化反应的影响

脂肪酶剂量也是影响酶催化酰化转化率的另一重要因素。考察脂肪酶剂量在 5～40mg/mL 范围内对根皮苷酰化转化率的影响。根皮苷与月桂酸乙烯酯以摩尔比 1∶50 混溶于 2-甲基四氢呋喃中，分别加入 5mg/mL、10mg/mL、15mg/mL、20mg/mL、25mg/mL、30mg/mL、35mg/mL 和 40mg/mL 的固定化脂肪酶 Lipozyme 435，在 55℃反应 24h。结果如图 2-4 所示，当脂肪酶剂量从 5mg/mL 升高到 20mg/mL 时，根皮苷的酰化转化率显著增加。这可能是因为充足的酶分子具有大量的催化位点，因此促进了传质效率。然而，当脂肪酶的剂量继续增加到 40mg/mL 时，初始反应速率持续上升，但根皮苷的转化率没有显著增加，这可能是由于 20mg/mL 剂量的脂肪酶已经达到饱和。因此，选择 20mg/mL 为酚苷化合物酶催化酰化反应的脂肪酶剂量。

2.3.5　底物摩尔比对酶促酰化反应的影响

为了确定最佳底物摩尔比，将月桂酸乙烯酯与根皮苷以 10∶1、20∶1、30∶1、40∶1、50∶1、60∶1、70∶1 和 80∶1 混溶于 2-甲基四氢呋喃中，在 55℃下加入 20mg/mL 脂肪酶 Lipozyme 435，催化反应 24h。结果如图 2-5 所示，随着底物摩尔比的逐渐升高，初始反应速率从 0.14mmol/(L·h) 增加到 1.93mmol/(L·h)。当底物摩尔比从 10∶1 增加到 50∶1 时，根皮苷的酰化

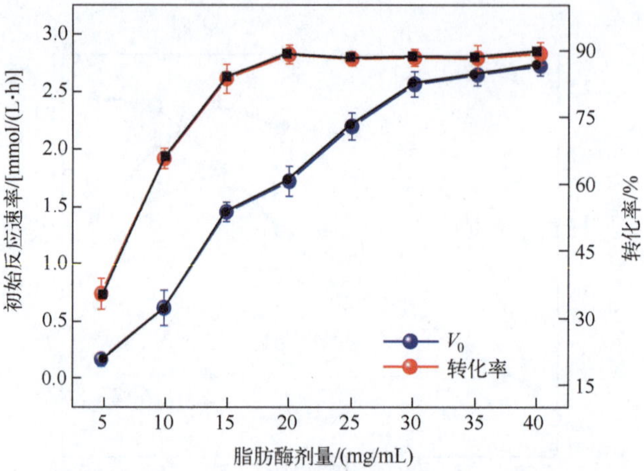

图 2-4　脂肪酶剂量对根皮苷酰化反应初始反应速率和转化率的影响

转化率从 17.2%快速升高到 88.7%，随着月桂酸乙烯酯与根皮苷的摩尔比继续升高，根皮苷的转化率缓慢增加至 93%。这表明更多的酰基供体可以促进反应向酯合成的方向进行。这与之前报道的二氢杨梅素的酶法合成结果一致[221]。因此，选择 50∶1 为酰基供体和酚苷化合物的反应摩尔比。

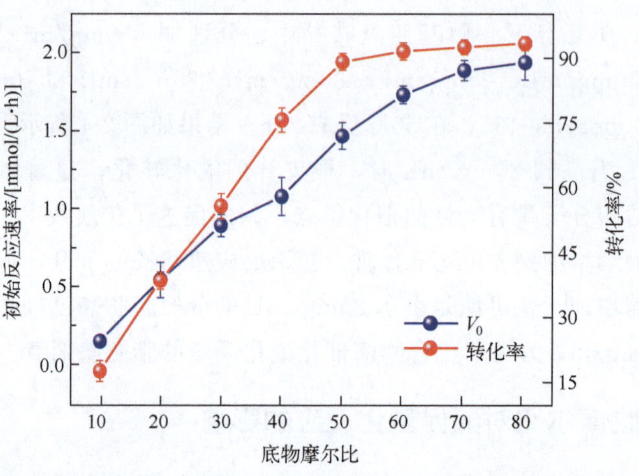

图 2-5　底物摩尔比对根皮苷酰化反应初始反应速率和转化率的影响

2.3.6　反应溶剂对酚苷化合物酰化反应的影响

反应介质是影响酶催化反应转化率和区域选择性的一个关键因素。如表

2-1 所示，根皮苷在 2-甲基四氢呋喃和 γ-戊内酯中的酰化反应转化率分别可达到 89.1%和 88.1%。2-甲基四氢呋喃和 γ-戊内酯是新兴的绿色溶剂，它们衍生于可持续的生物质资源，并且几乎无毒[181]。根皮苷在 2-甲基四氢呋喃和 γ-戊内酯中具有较好的溶解度，分别达到 416.1mg/mL 和 231.0mg/mL。尽管根皮苷在 DMSO、DMF 和甲醇中具有很好的溶解度，分别高达 588.3mg/mL、577.8mg/mL 和 483.2mg/mL，但根皮苷在其中的酰化转化率很低甚至未检测到。这可能是因为 DMSO(lg *P* −1.3)、DMF(lg *P* −1.0) 和甲醇 (lg *P* −0.76) 溶剂的高极性导致脂肪酶失活[221]。

白藜芦醇苷在 2-甲基四氢呋喃和 γ-戊内酯中也可获得很高的酰化转化率，分别达到 99.8%和 95.5%。此外，白藜芦醇苷在 THF 中达到 96.8%的转化率。但是 THF 毒性很大，对人体健康有很大的危害。值得注意的是，白藜芦醇苷在 2-甲基四氢呋喃中仅 3h 几乎可以转化完全，反应时间远低于在 γ-戊内酯中反应所需的 24h。红景天苷在 2-甲基四氢呋喃中的酰化反应可获得最高的转化率，达到 99.5%，熊果苷达到 84.4%的转化率。相比之下，熊果苷在 γ-戊内酯中的酰化反应获得更高的转化率，为 96.5%，然而，γ-戊内酯具有很高的沸点（206.6℃），在后续的产物纯化过程中不易被除去。2-甲基四氢呋喃的沸点仅为 79.9℃，在真空浓缩干燥仪中即可快速挥发去除。图 2-6 为酚苷化合物酰化反应的 HPLC 图谱，可以看到酚苷化合物在固定化脂肪酶 Lipozyme 435 的催化下，区域选择性高于 98%，表明酚苷化合物在 2-甲基四氢呋喃溶剂中的酶催化酰化反应均得到一个主要的酰化产物。

表 2-1 脂肪酶 Lipozyme 435 催化酚苷化合物与月桂酸乙烯酯的非水相酰化反应

化合物	溶剂	lg P	溶解度/(mg/mL)	转化率/%	反应时间/h	6′/6″-OH-区域选择性/%
根皮苷	甲醇	−0.76	483.2±3.4	3.20±0.1a	24	>98
	乙醇	−0.24	343.0±5.7	16.1±0.4e	24	>98
	丙酮	−0.23	338.7±3.8	47.5±1.0k	24	>98
	叔丁醇	0.60	311.5±2.6	44.4±1.6j	24	>98
	叔戊醇	1.15	120.3±4.0	29.3±0.7h	24	>98
	吡啶	0.71	238.8±4.5	23.7±0.3g	24	>98
	THF	0.49	524.6±7.4	66.2±0.9l	24	>98
	2-MeTHF	1.18	416.1±5.0	89.1±0.5n	24	>98
	γ-戊内酯	0.71	213.0±8.7	88.1±0.7n	24	>98
	DMSO	−1.30	588.3±6.6	nd	24	n.d.
	DMF	−1.00	577.8±8.4	nd	24	n.d.

续表

化合物	溶剂	lg P	溶解度 /（mg/mL）	转化率/%	反应时间 /h	6′/6″-OH-区域选择性/%
白藜芦醇苷	2-MeTHF	1.18	10.2±0.6	99.8±0.2q	3	>98
	γ-戊内酯	0.71	124.0±4.0	95.5±0.6p	24	>98
	THF	0.49	25.7±1.8	96.8±0.4p	12	>98
	丙酮	−0.23	358.9±7.7	6.6±0.1c	12	>98
	吡啶	0.71	206.5±4.9	4.4±0.1b	12	>98
熊果苷	2-MeTHF	1.18	1.8±0.2	84.4±0.2m	24	>98
	γ-戊内酯	0.71	16.1±1.6	96.5±0.4p	24	>98
	THF	0.49	27.3±0.8	17.8±0.5f	24	>98
	丙酮	−0.23	272.1±5.6	6.6±0.1c	24	>98
	叔丁醇	0.60	11.61±1.5	nd	24	nd
	叔戊醇	1.15	2.35±0.1	nd	24	nd
红景天苷	2-MeTHF	1.18	2.0±0.2	99.5±0.2q	24	>98
	γ-戊内酯	0.71	12.0±2.4	91.6±0.8o	24	>98
	THF	0.49	3.9±0.2	35.7±0.3i	24	>98
	丙酮	−0.23	60.0±3.2	nd	24	n. d.
	吡啶	0.71	118.9±5.6	nd	24	n. d.
	叔戊醇	1.15	0.9±0.1	10.9±0.3d	24	>98

注：反应条件为 4mmol/L 酚苷化合物，200mmol/L 月桂酸乙烯酯，脂肪酶 Lipozyme 435 剂量为 20mg/mL，温度为 55℃。nd 表示未检测到。每列数据中的不同英文字母表示两组值之间存在显著性差异（$p<0.05$）。

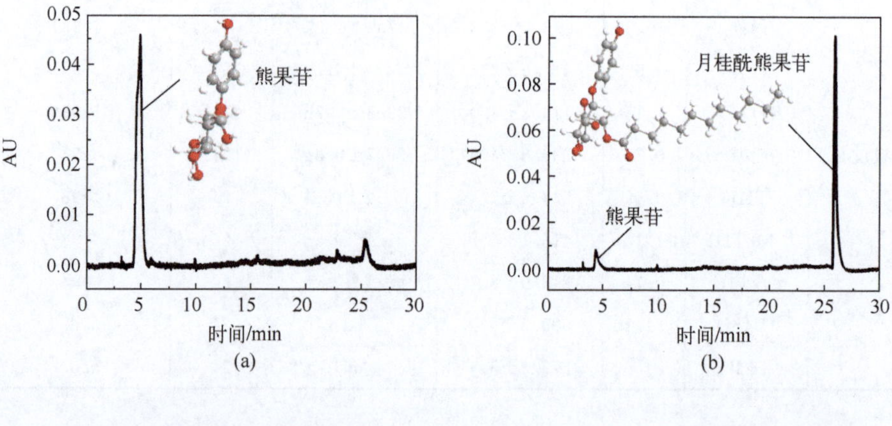

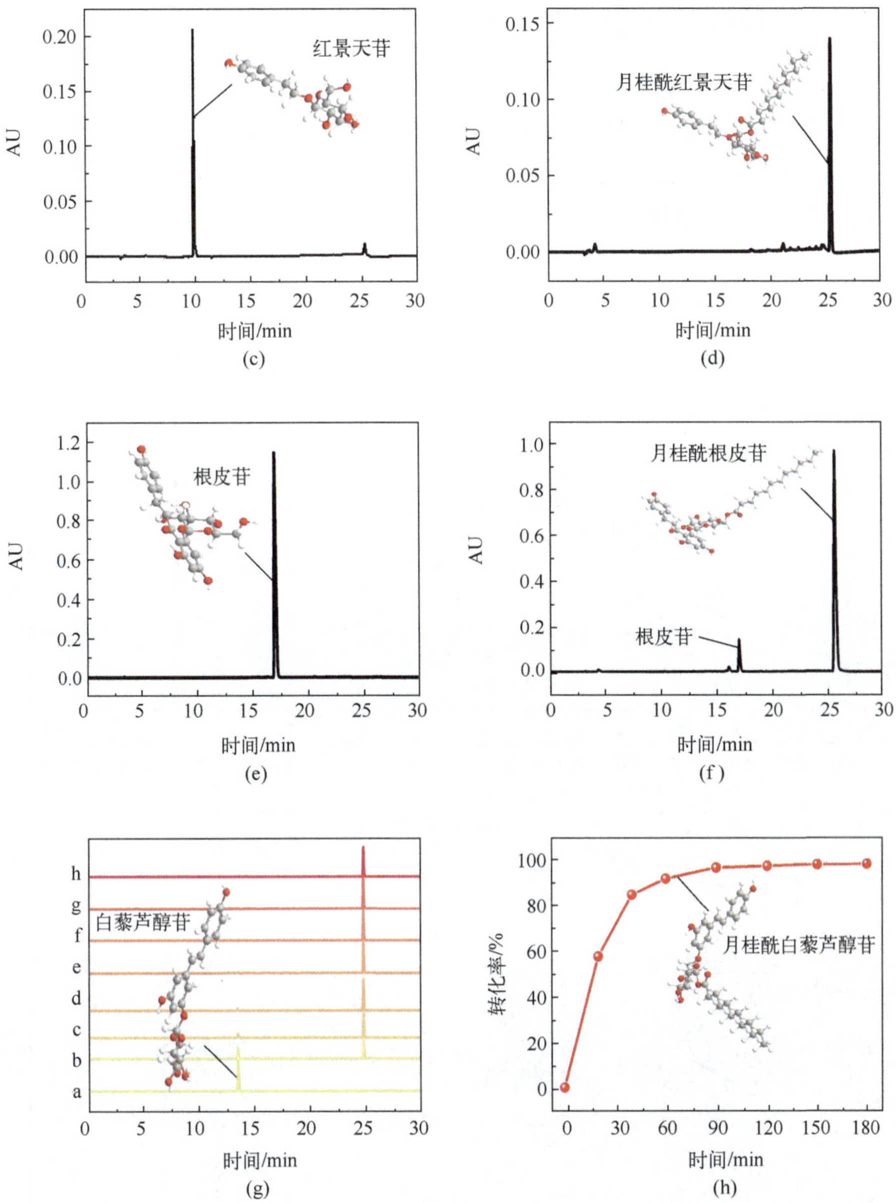

图 2-6 酚苷化合物酶促酰化反应的 HPLC 图谱

(a)、(b) 熊果苷在反应 0h 和 24h 时的液相图；

(c)、(d) 红景天苷在反应 0h 和 24h 时的液相图；

(e)、(f) 根皮苷在反应 0h 和 24h 时的液相图；

(g) 白藜芦醇苷在 30min，60min，90min，120min，150min，180min，210min 和 240min (a～h) 时的液相图；

(h) 白藜芦醇苷的酰化反应过程

2.3.7 酚苷衍生物的结构鉴定

2.3.7.1 酚苷衍生物的质谱（MALDI-TOF/MS）分析

采用高效液相色谱对酚苷酰化衍生物进行纯度检测，如图 2-7 的 HPLC 图谱所示，纯化后的酰化衍生物纯度高于 98%，可用于结构鉴定和后续实验。4 种酰化衍生物的质谱图如图 2-8 所示。

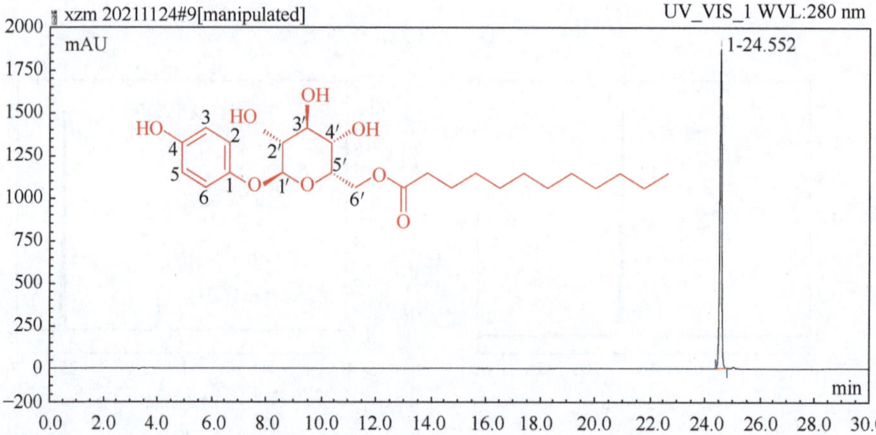

(a) 月桂酰熊果苷

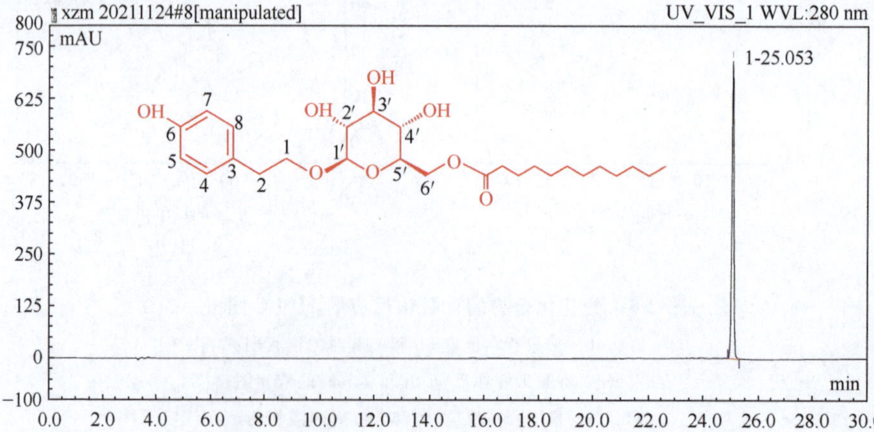

(b) 月桂酰红景天苷

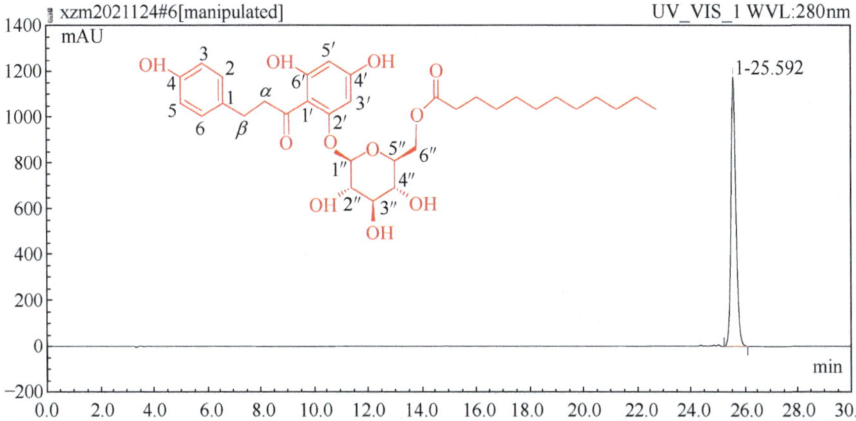

(c) 月桂酰根皮苷

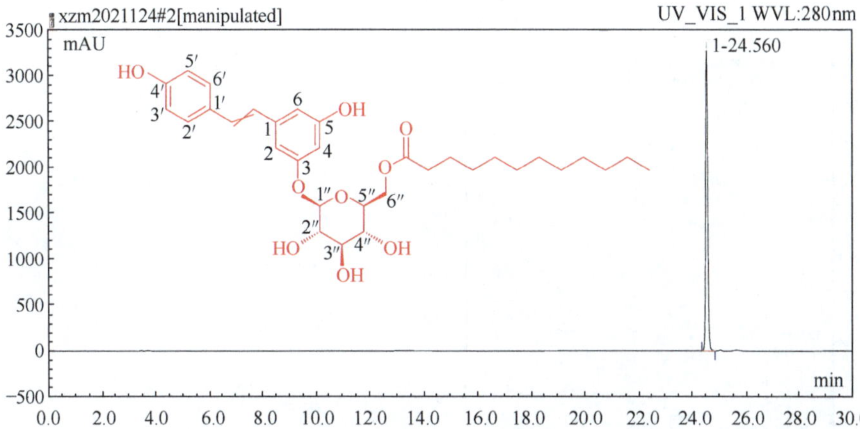

(d) 月桂酰白藜芦醇苷

图 2-7　纯化后的酚苷衍生物的 HPLC 图谱

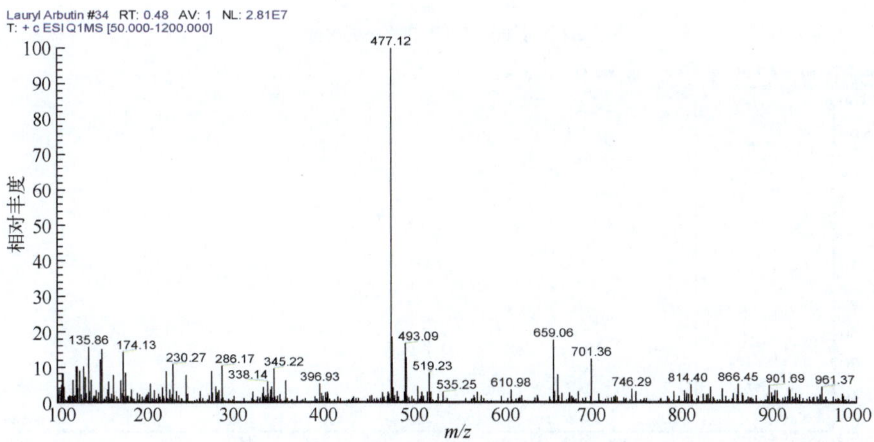

(a) 月桂酰熊果苷的一级质谱

图 2-8

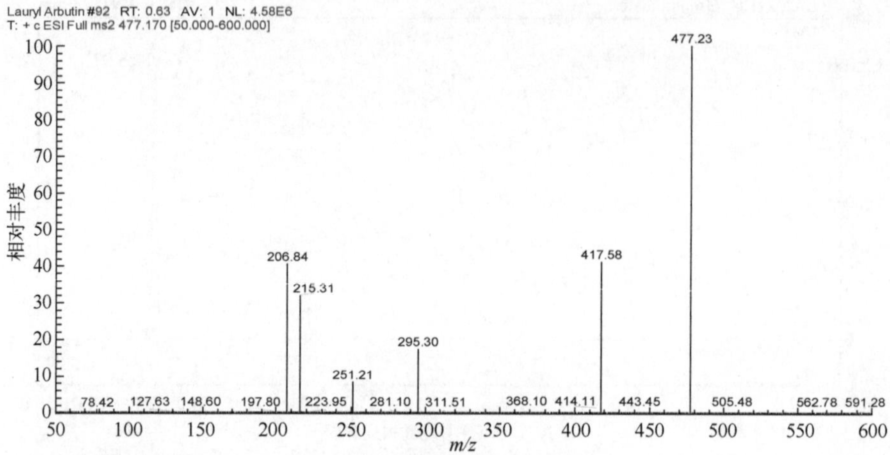

(b) 月桂酰熊果苷的二级质谱

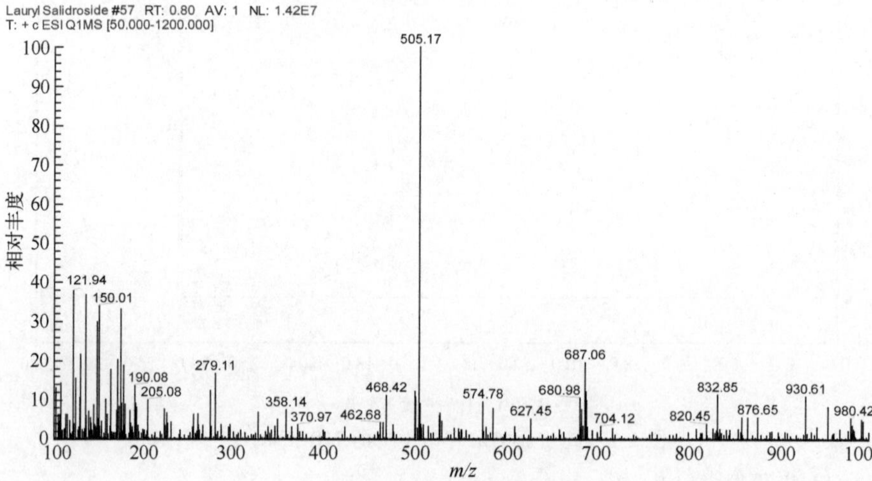

(c) 月桂酰红景天苷的一级质谱

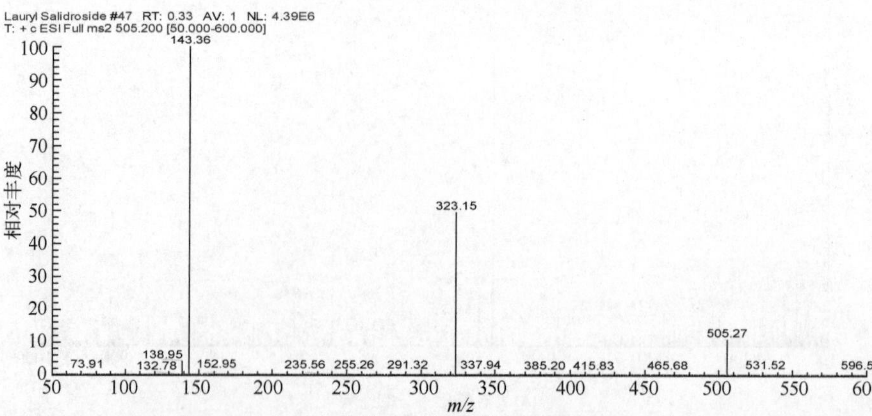

(d) 月桂酰红景天苷的二级质谱

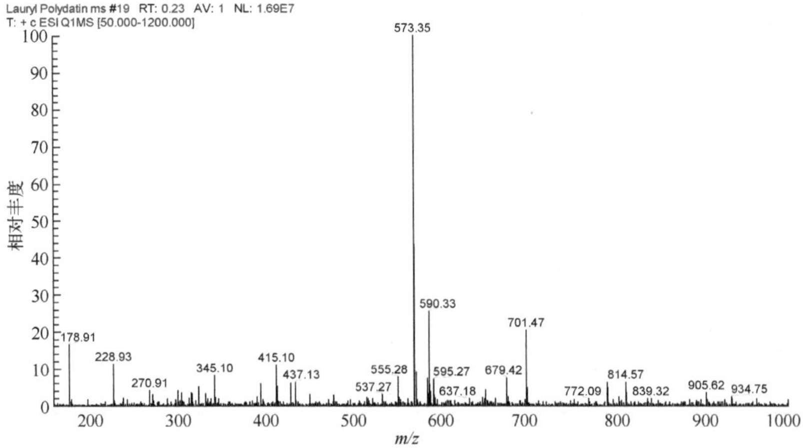

(e) 月桂酰根皮苷的一级质谱

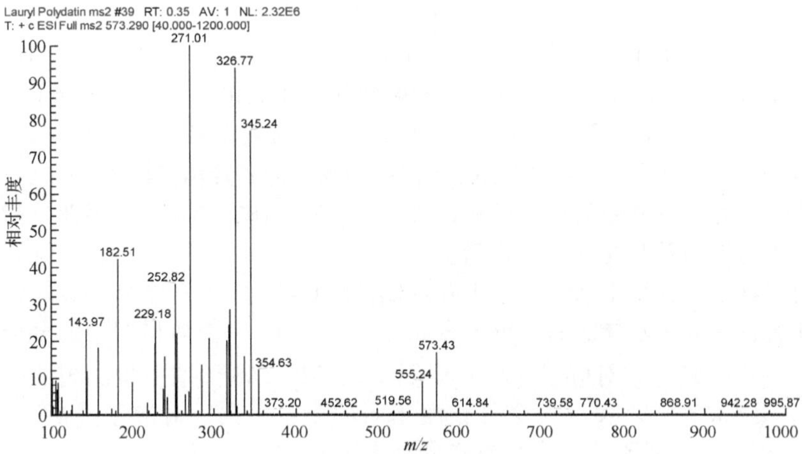

(f) 月桂酰根皮苷的二级质谱

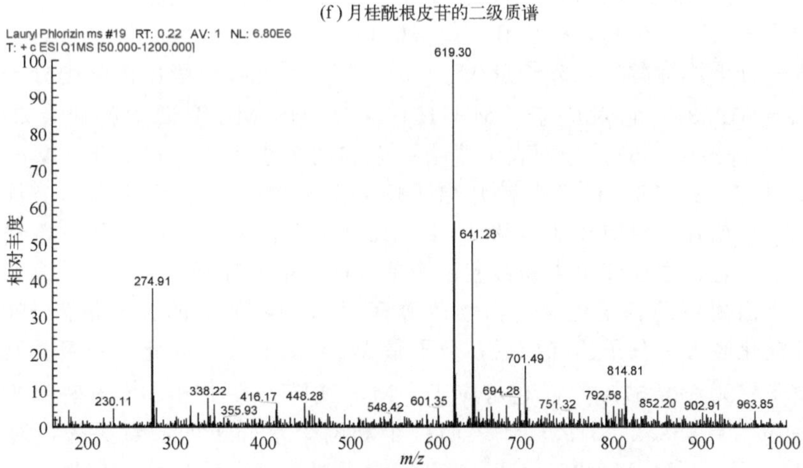

(g) 月桂酰白藜芦醇苷的一级质谱

图 2-8

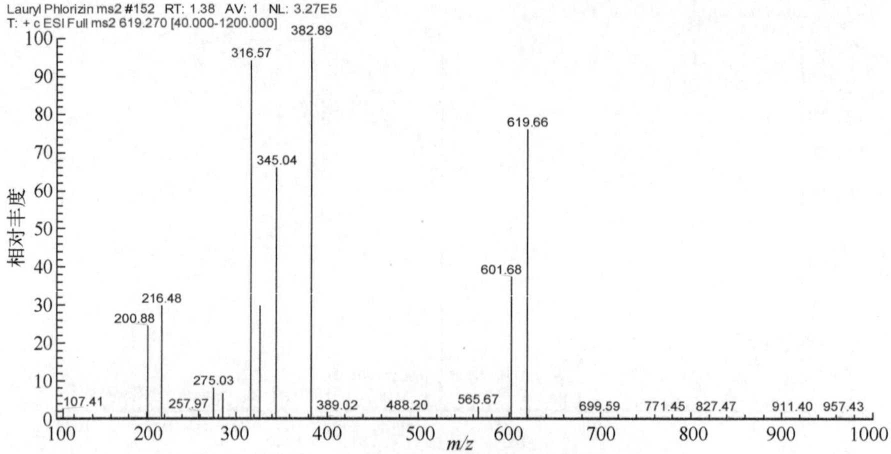

(h) 月桂酰白藜芦醇苷的二级质谱

图 2-8 酚苷酰化衍生物的一级和二级质谱

对于熊果苷衍生物，熊果苷（$C_{12}H_{16}O_7$）和月桂酸乙烯酯（$C_{14}H_{26}O_2$）的分子量分别为 272.25 和 226.36，考虑到其月桂酰化反应脱去一分子乙烯醇后，分子量 M_w=454.61。因此，一级质谱检测到分子离子峰 m/z=477.12，它对应于 $[M+Na]^+$。在 MS/MS 图谱中检测到的碎片离子峰 m/z=295.30，这表明一个月桂酰基团的质量丢失，对应于 $[M-182+Na]^+$。因此，熊果苷衍生物被鉴定为单月桂酰熊果苷酯。

对于红景天苷衍生物，红景天苷（$C_{14}H_{20}O_7$）的分子量为 300.30，其月桂酰化脱去一分子乙烯醇后，分子量 M_w=482.30，一级质谱图中的分子离子峰 m/z=505.17，它对应于 $[M+Na]^+$。在 MS/MS 图谱中检测到的碎片离子峰 m/z=302.15，表示一个月桂酰基团的质量丢失，对应于 $[M-182+Na]^+$。因此，红景天苷衍生物被鉴定为单月桂酰红景天苷酯。

对于根皮苷衍生物，根皮苷（$C_{21}H_{24}O_{10}$）的分子量为 436.41，其月桂酰化脱去一分子乙烯醇后，分子量 M_w=618.77。因此，一级质谱图中分子离子峰 m/z=619.30，它对应于 $[M+H]^+$。在 MS/MS 图谱中的碎片离子峰 m/z=601.68/565.67，分别表示脱去一个和两个水分子，对应于 $[M-18+H]^+$ 和 $[M-2\times18+H]^+$。碎片离子峰 m/z=275.03 表示脱去一个月桂酰基团和一个糖苷，对应于根皮素 $[M-182-162+H]^+$。基于分子离子峰和碎片峰的信息，根皮苷衍生物被鉴定为单月桂酰根皮苷酯。

对于白藜芦醇苷衍生物，白藜芦醇苷（$C_{20}H_{22}O_8$）的分子量为 390.39。其月桂酰化脱去一分子乙烯酯后，分子量 M_w=572.75。因此，一级质谱图中分子离子峰 m/z=573.35，它对应于 $[M+H]^+$。在 MS/MS 图谱中的碎片离子峰 m/z=555.24/519.56，表明一个和两个水分子的质量丢失，对应于 $[M-18+H]^+$ 和 $[M-36+H]^+$。基于分子离子峰和碎片峰的信息，白藜芦醇苷衍生物被鉴定为单月桂酰白藜芦醇苷酯。

2.3.7.2 酚苷衍生物的核磁解析

根据质谱数据判断，酚苷化合物的酰化衍生物为单月桂酰酚苷酯，但是，酚苷化合物含有多个羟基结构，酰化反应位点仍无法确定。利用超导核磁共振波谱仪检测酚苷化合物及其衍生物的^{1}H和^{13}C NMR 谱图，如图 2-9～图 2-16 所示。

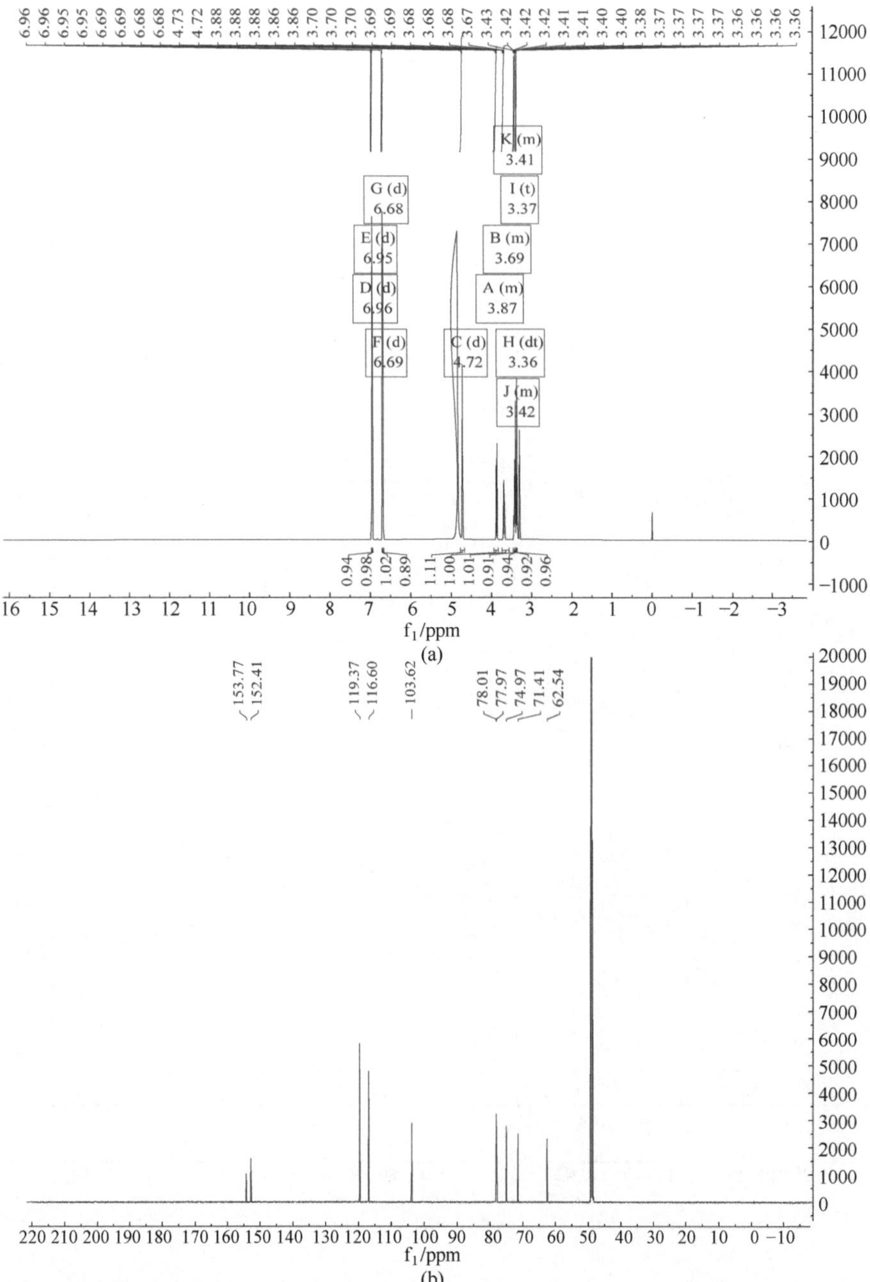

图 2-9 熊果苷的^{1}H NMR（a）和^{13}C NMR（b）（ppm，表示百万分之一）

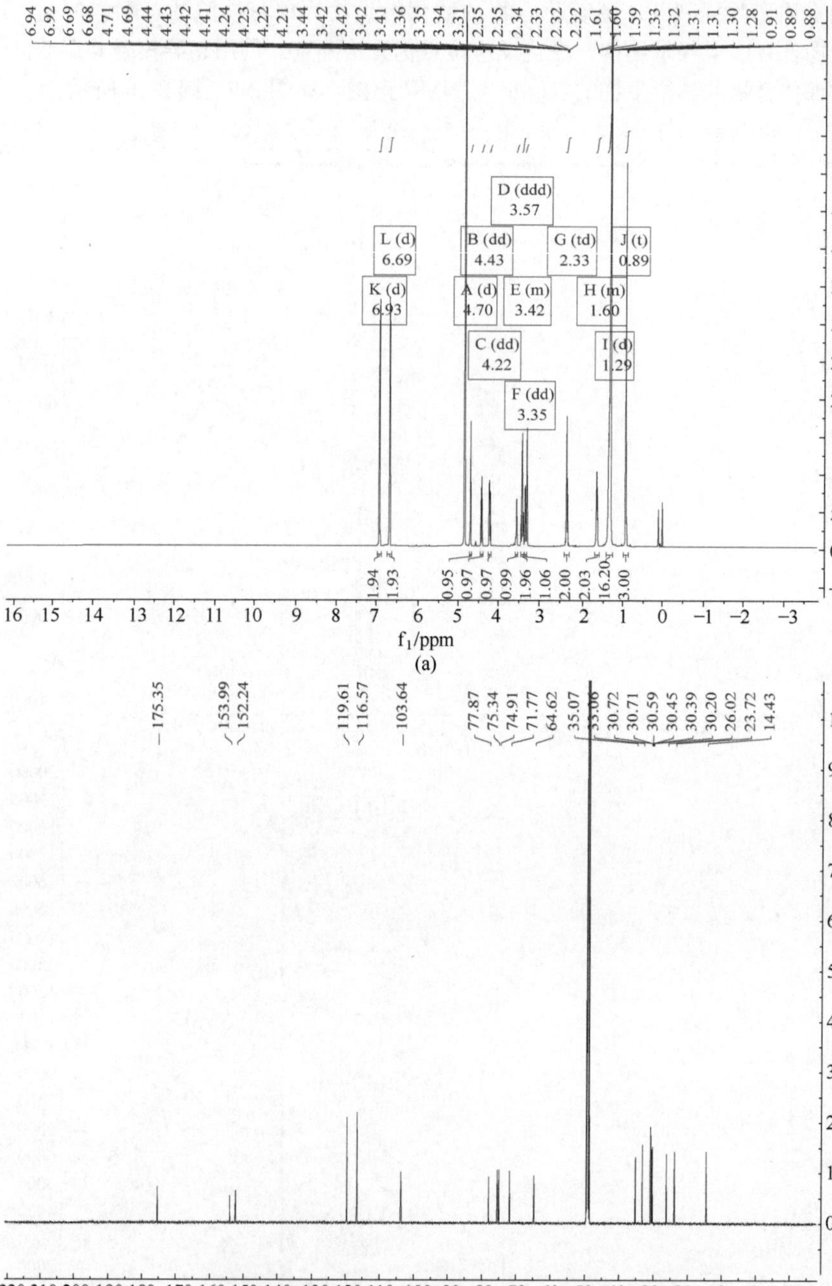

图 2-10 月桂酰熊果苷的^{1}H NMR（a）和^{13}C NMR（b）

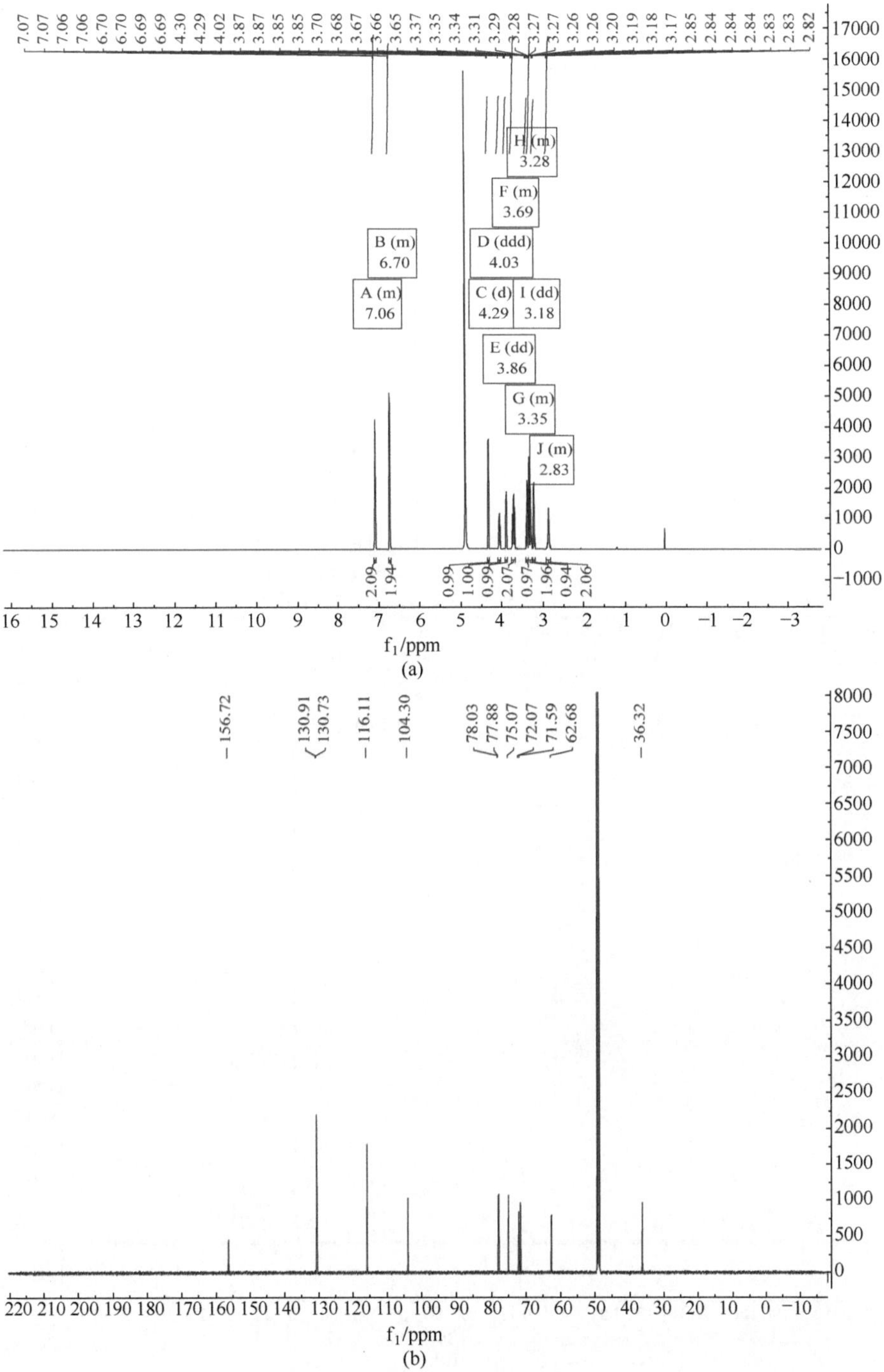

图 2-11 红景天苷的^{1}H NMR（a）和^{13}C NMR（b）

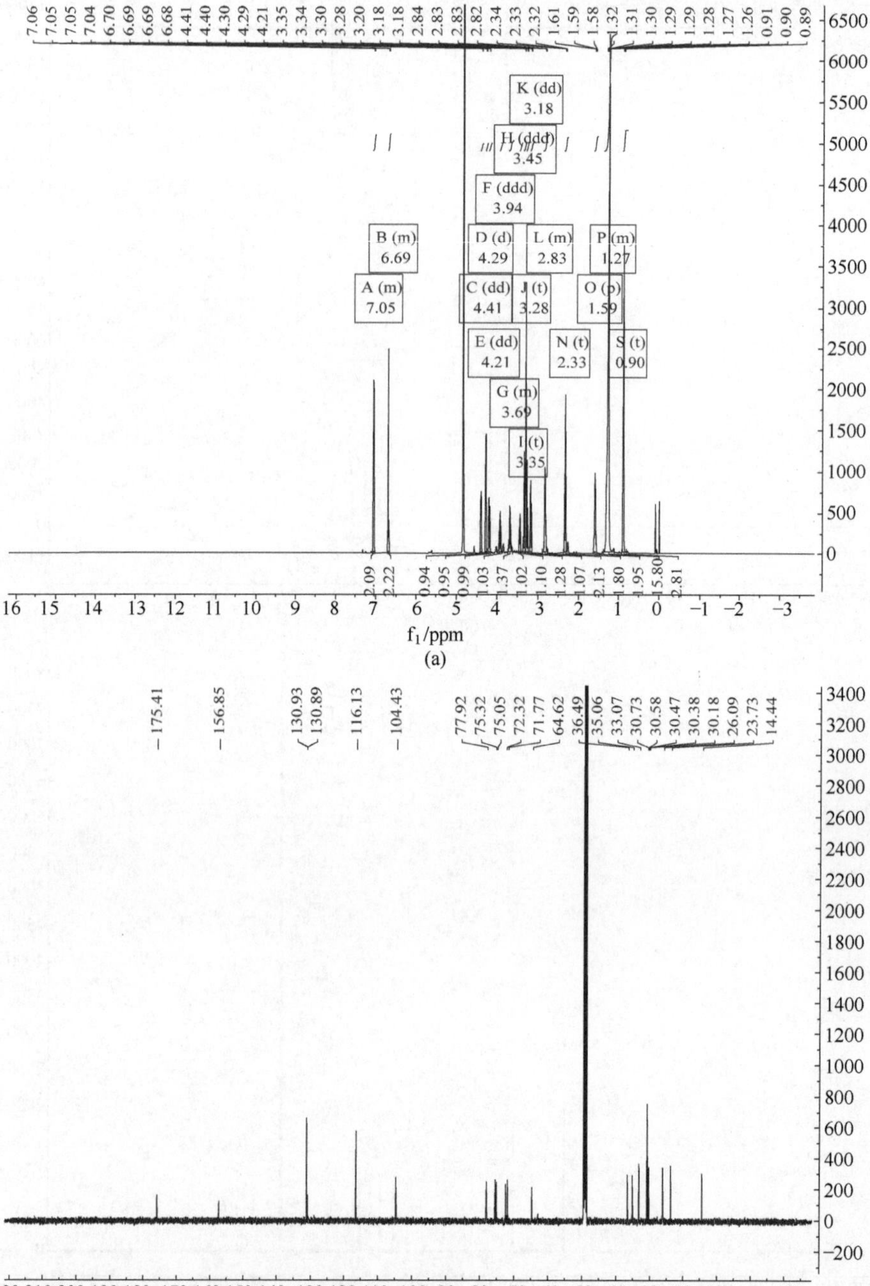

图 2-12　月桂酰红景天苷的 ^{1}H NMR（a）和 ^{13}C NMR（b）

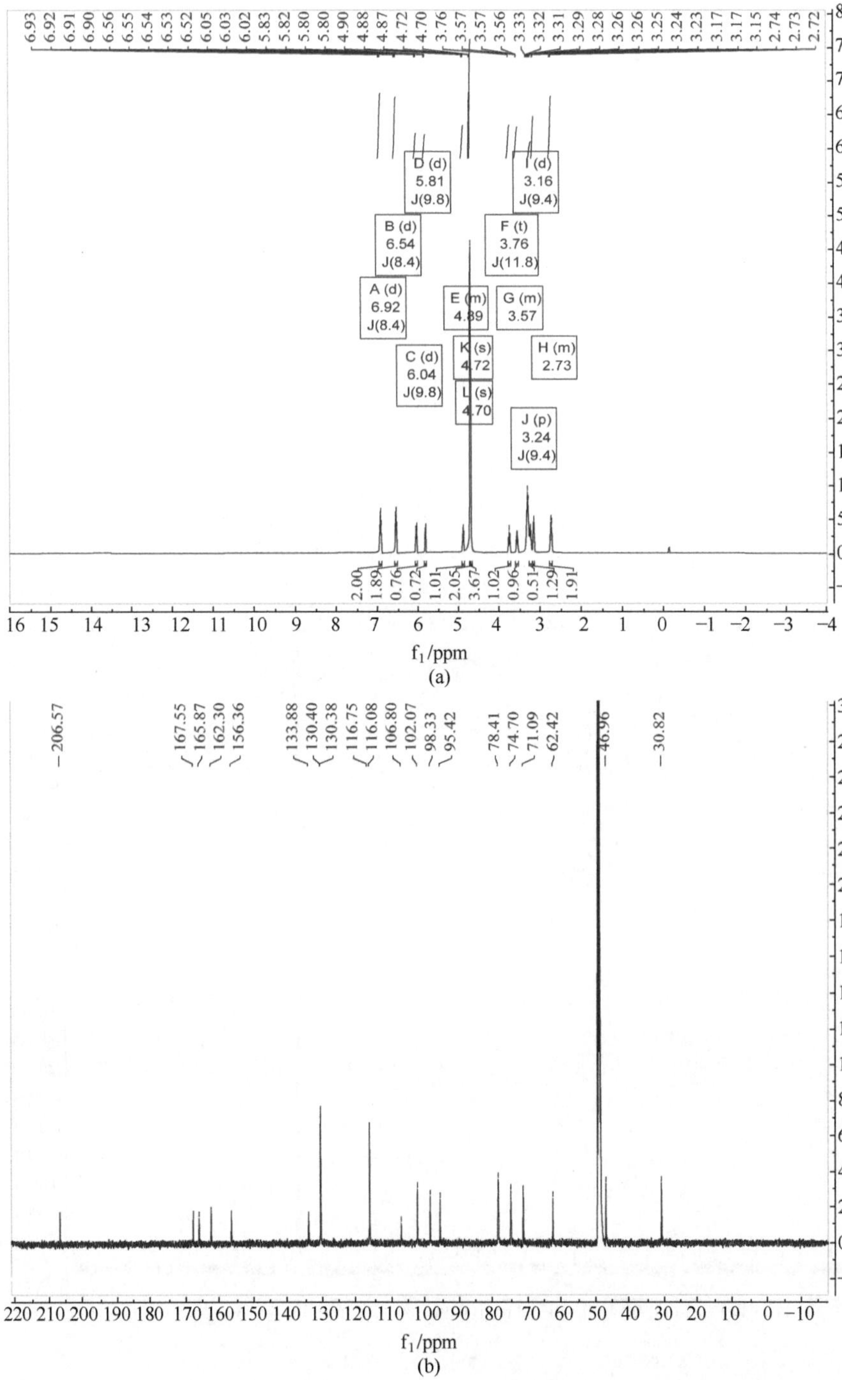

图 2-13　根皮苷的 ^{1}HNMR（a）和 ^{13}C NMR（b）

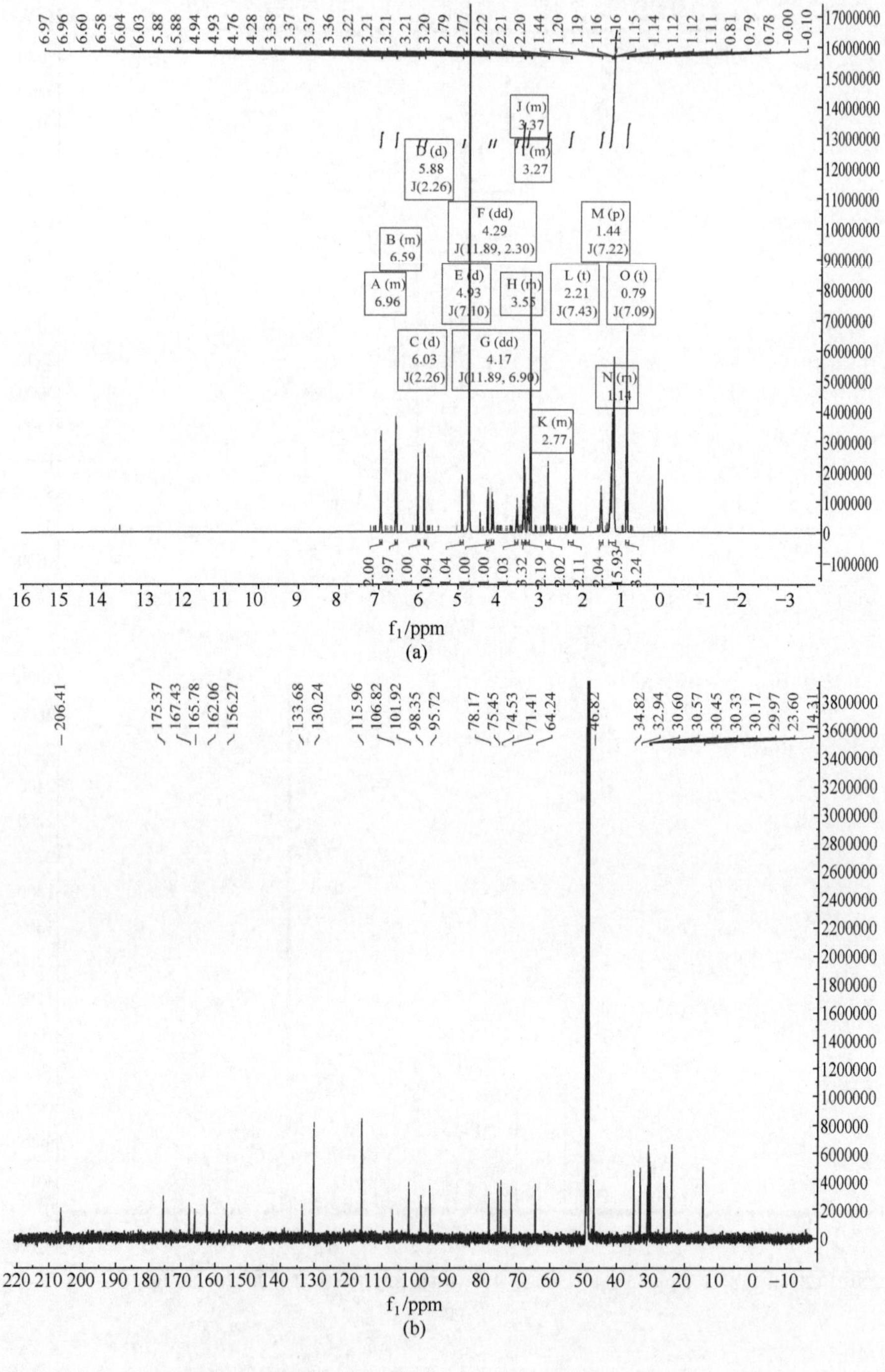

图 2-14 月桂酰根皮苷的^{1}H NMR（a）和^{13}C NMR（b）

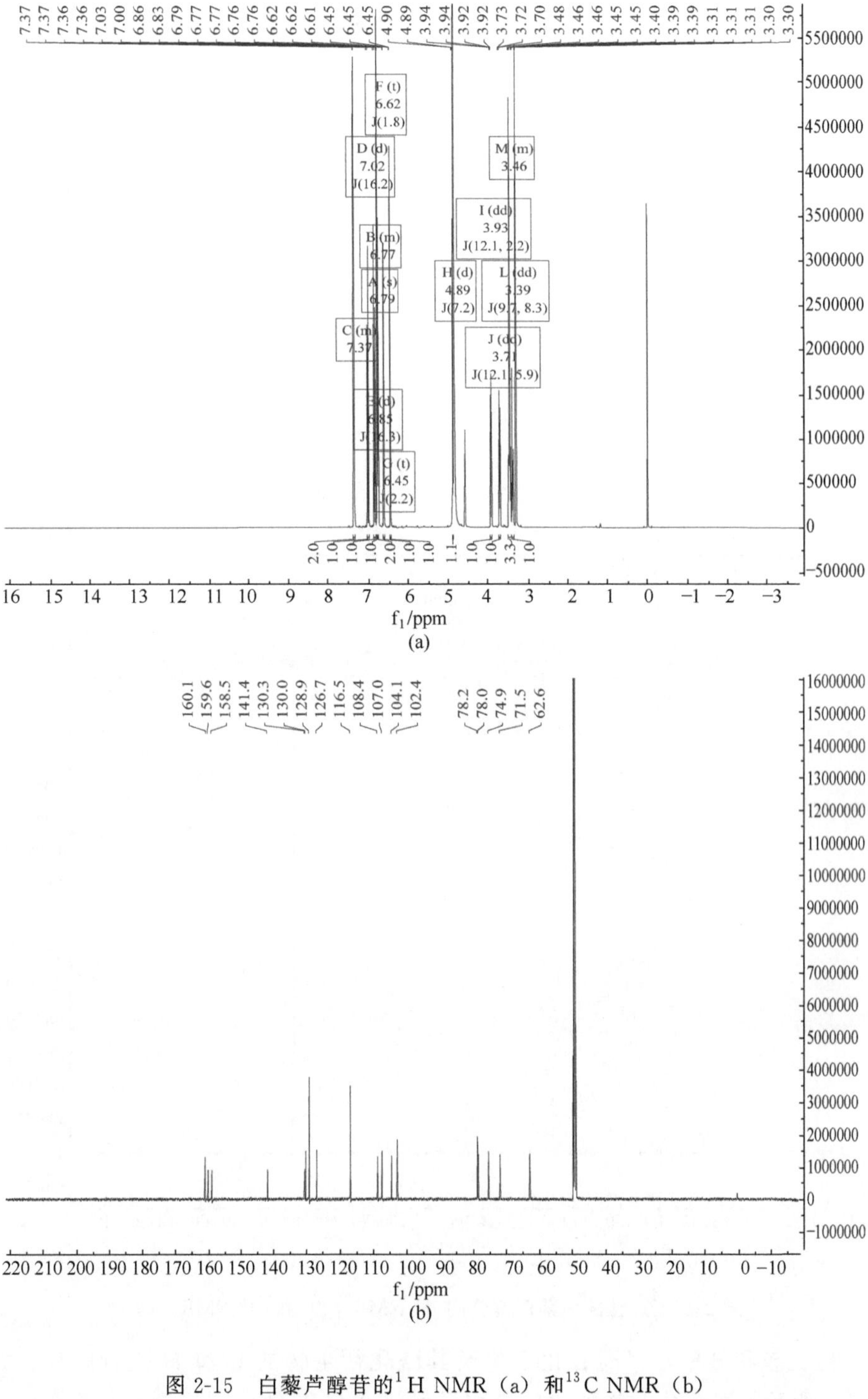

图 2-15　白藜芦醇苷的^{1}H NMR（a）和^{13}C NMR（b）

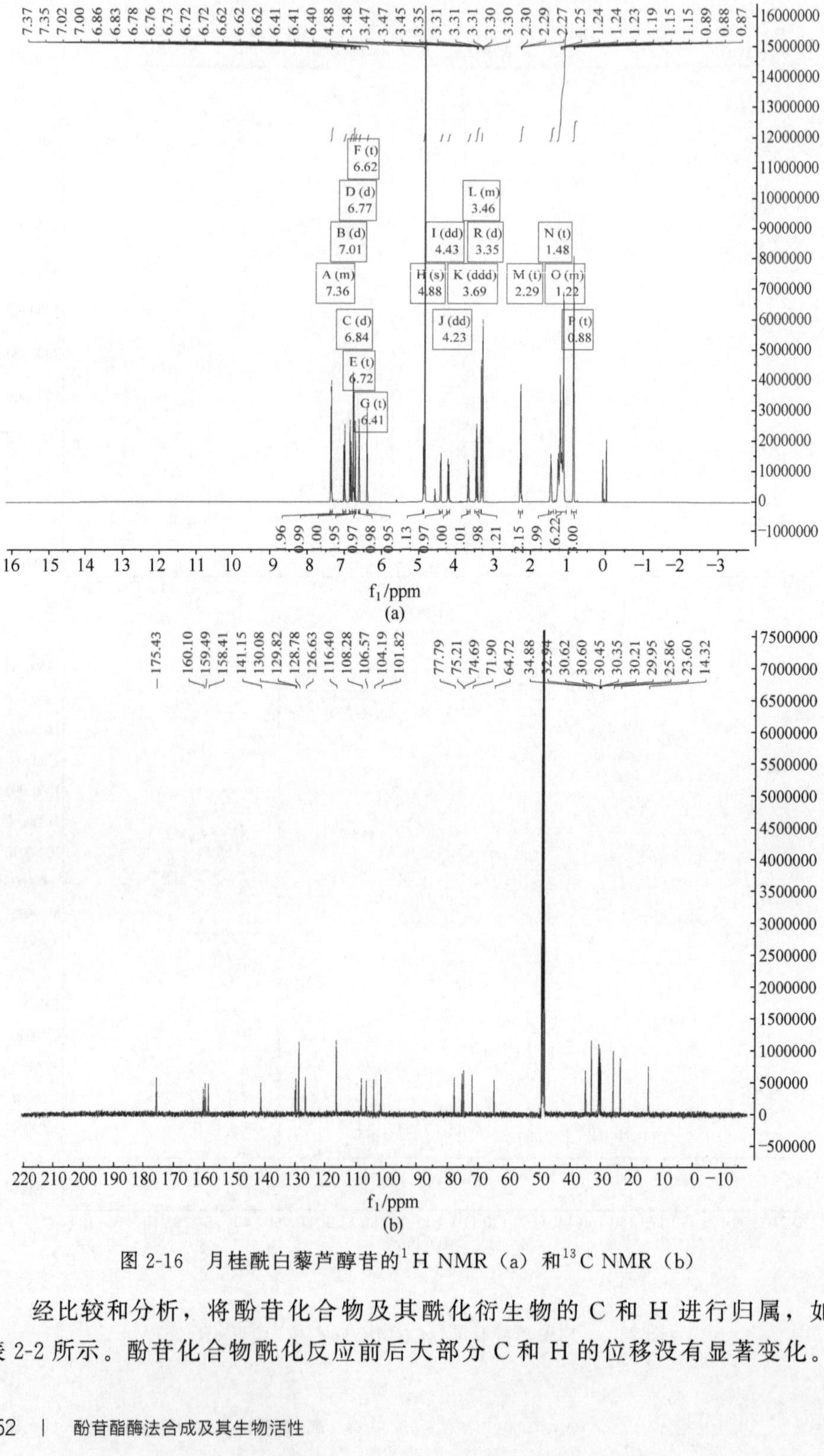

图 2-16　月桂酰白藜芦醇苷的^{1}H NMR（a）和^{13}C NMR（b）

经比较和分析，将酚苷化合物及其酰化衍生物的 C 和 H 进行归属，如表 2-2 所示。酚苷化合物酰化反应前后大部分 C 和 H 的位移没有显著变化。

表 2-2　酚苷化合物及其酰化衍生物的^{1}H NMR 和^{13}C NMR 的化学位移

C/H 位置	熊果苷		月桂酰熊果苷		红景天苷		月桂酰红景天苷		根皮苷		月桂酰根皮苷		白藜芦醇苷		月桂酰白藜芦醇苷	
	^{1}H	^{13}C	^{1}H	^{13}C	^{1}H	^{13}C	^{1}H	^{13}C	^{1}H	^{13}C	^{1}H	^{13}C	^{1}H	^{13}C	^{1}H	^{13}C
1		152.41		152.41	3.69	72.07	3.94/3.69	72.32		133.88		133.68		141.40		141.15
2	6.96	119.37	6.93	119.61	2.83	36.32	2.83	36.49	6.92	130.38	6.96	130.24	6.79	107.00	6.72	106.57
3	6.69	116.60	6.69	116.57		130.73		30.89	6.54	116.15	6.59	115.96		160.10		160.10
4		153.77			7.06	130.91	7.05	130.93		156.36		156.27	6.45	104.10	6.41	104.19
5	6.68	116.60	6.69	116.57	6.69	116.11	6.69	116.13	6.54	116.08	6.59	115.96		158.50		158.41
6	6.95	119.37	6.93	119.61		156.72		156.85	6.92	130.40	6.96	130.24	6.62	108.40	6.62	108.28
7					6.69	116.11	6.69	116.13								
8					7.06	130.91	7.05	130.93								
α									3.26～3.20	46.96	3.30～3.24	46.83				
β									2.77～2.71	30.82	2.82～2.70	30.60				
乙烯基 1													7.02	130.00	7.01	130.08
乙烯基 2													6.85	126.70	6.84	126.63
C＝O										206.57		206.41				
1′	4.72	103.62	4.70	103.64	4.29	104.30	4.29	104.43		106.80		106.82		130.30	4.89	129.82
2′	3.37	74.97	3.35	74.91	3.28	75.07	3.28	75.05		162.30		162.06	7.37	128.90	7.36	128.78
3′	3.41	78.01	3.42	77.87	3.18	77.88	3.18	77.92	6.04	98.33	6.03	98.35	6.77	116.50	6.77	116.40
4′	3.36	71.41	3.42	71.77	3.28	71.59	3.35	71.77		165.87		165.78		159.60		159.49
5′	3.42	77.97	3.57	75.34	3.35	78.03	3.45	75.32	5.82	95.42	5.88	95.72	6.77		6.77	116.40
6A′	3.87	62.54	4.43	64.62	4.03	62.68	4.41	64.60		167.55		167.43	7.37	128.90	7.36	128.78

续表

C/H 位置	熊果苷		月桂酰熊果苷		红景天苷		月桂酰红景天苷		根皮苷		月桂酰根皮苷		白藜芦醇苷		月桂酰白藜芦醇苷	
	^1H	^{13}C	^1H	^{13}C	^1H	^{13}C	^1H	^{13}C	^1H	^{13}C	^1H	^{13}C	^1H	^{13}C	^1H	^{13}C
6B′	3.69		4.22		3.86		4.21									
1″									4.93～4.86		4.93	101.92	4.89	102.40	4.89	101.82
2″									3.40～3.26	74.70	3.41～3.33	75.45	3.51～3.42	74.90	3.52～3.41	74.69
3″									3.17	78.41	3.41～3.33	78.17	3.39	78.00	3.34	77.79
4″									3.40～3.26	71.09	3.41～3.33	71.41	3.51～3.42	71.50	3.52～3.41	71.90
5″									3.40～3.26	74.70	3.55	74.53	3.51～3.42	78.20	3.69	75.21
6A″									3.76	62.42	4.29	64.24	3.93	62.60	4.43	64.72
6B″									3.61～3.53		4.17		3.71		4.23	
O═C—O—				173.55				175.41				175.37				175.43
—αCH_2—			2.33				2.33				2.21				2.29	
—βCH_2—			1.60	35.07～23.72			1.59	35.06～23.73			1.44	34.82～23.60			1.48	34.88～23.60
—$(CH_2)_8$—			1.29	35.07～23.72			1.27	35.06～23.73			1.24～1.06	34.82～23.60			1.35～1.07	34.88～23.60
—CH_3			0.83	14.43			0.90	14.44			0.79	14.31			0.88	14.32

然而，熊果苷和红景天苷的 H-6′发生了明显的低场位移。熊果苷的 H-6′从高场 3.69ppm 和 3.87ppm 变化到了 4.22ppm 和 4.43ppm(Δδ0.53～0.56)；红景天苷的 H-6′从高场 3.86ppm 和 4.03ppm 变化到了 4.21ppm 和 4.41ppm (Δδ0.35～0.38)。同时，与其相邻的 H-5′也发生了微弱的低场位移，分别从 3.42ppm 和 3.35ppm 变化到了 3.57ppm 和 3.45ppm(Δδ0.10～0.15)。因此，H-6′可能是熊果苷和红景天苷的酰化位点。此外，熊果苷和红景天苷的 C-6′也发生了明显的低场位移，分别从 62.54ppm 和 62.68ppm 变化到了 64.62ppm 和 64.60ppm(Δδ1.92～2.08)。此时，与之相邻的 C-5′发生明显的高场位移，它们分别从 77.97ppm 和 78.03ppm 变化到 75.34ppm 和 75.32ppm(Δδ 2.63～2.71)。因此，熊果苷和红景天苷的酰化位点被鉴定在 6′-OH。

类似地，根皮苷和白藜芦醇苷的 H-6″酰化反应前后发生了明显的低场位移。根皮苷的 H-6″从 3.61～3.53ppm 变化到 4.17ppm(Δδ0.56～0.64)；白藜芦醇苷的 H-6″从 3.71ppm 变化到 4.23ppm(Δδ0.52)。此外，根皮苷和白藜芦醇苷的 C-6″也发生了显著的低场位移，分别从 62.42ppm 和 62.60ppm 变化到 64.24ppm 和 64.72ppm(Δδ1.82～2.12)。同样，与它们相邻的 H-5″发生了微弱的低场位移，分别从 3.40～3.26ppm 和 3.51～3.42ppm 变化到 3.55ppm 和 3.69ppm。而相邻的 C-5″发生了相反的高场位移，分别从 74.70ppm 和 78.20ppm 变化到 74.53ppm 和 75.21ppm。因此，根皮苷和白藜芦醇苷的酰化位点被鉴定在 6″-OH。所有月桂酰酚苷酯的 ^{13}C NMR 谱图上都出现新的峰，分别在 173.55ppm、175.41ppm、175.37ppm 和 175.43 ppm，它们都归属于酰化反应生成的 O═C—O—基团的 C 峰。

2.3.7.3 酚苷衍生物的傅里叶变换红外光谱检测

红外光谱图可以帮助确定特征官能团，如图 2-17 所示，酚苷化合物与其酰化衍生物的主要特征谱带很相似。在 3600～3300cm^{-1} 波数的吸收峰归属于苯环上的酚羟基，而吡喃环上羟基的吸收峰与之重叠。在 2930～2840cm^{-1} 波数的峰归属于碳骨架上的 C—H 伸缩振动。靠近 1630cm^{-1} 和 1517cm^{-1} 波数的吸收峰是酚苷化合物和酰化衍生物共有的，归属于苯环的呼吸振动峰。在 1454～1467cm^{-1} 波数和接近 1371cm^{-1} 波数的吸收峰都归属于 C—H 键的面内伸缩振动。此外，在 1200cm^{-1}、1089cm^{-1} 和 1036cm^{-1} 波数附近的很强的吸收峰都表明 C—O—C 键的伸缩振动。而位于 897～893cm^{-1} 和 837～831cm^{-1} 波数的吸收带被鉴定为苯环的 C—H 键的面外弯曲振动。与熊果苷和红景天苷不同的是，白藜芦醇苷和根皮苷分别在 1621cm^{-1} 和 1604cm^{-1} 波数出现的吸收峰，分别归属于 C═O 和 C═C 键的伸缩振动。值得注意的是，四种酰化衍生物在 1714～1722cm^{-1} 波数处都出现一个强的吸收峰，它们归属于 C═O 酯键的伸缩振动，这是由酰基供体月桂酸乙烯酯引入的。因此，基于 MS/MS、NMR 和 FTIR 的数据，4 种酚苷酰化衍生物分别被确定为 6′-*O*-月桂酰熊果苷、6′-*O*-月桂酰红景天苷、6″-*O*-月桂酰根皮苷和 6″-*O*-月桂酰白藜芦醇苷。

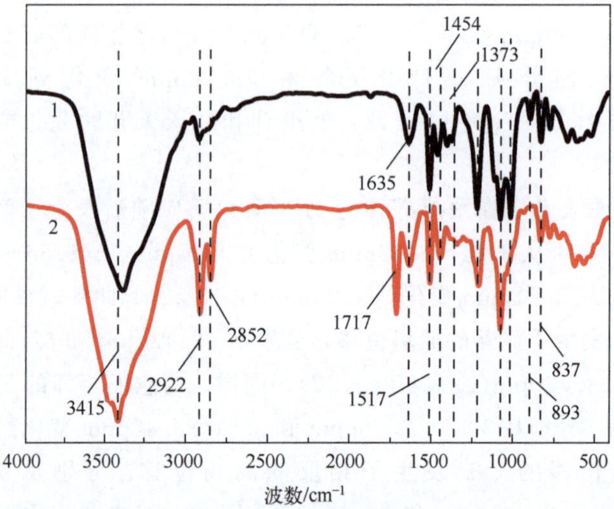

(a) 熊果苷和月桂酰熊果苷

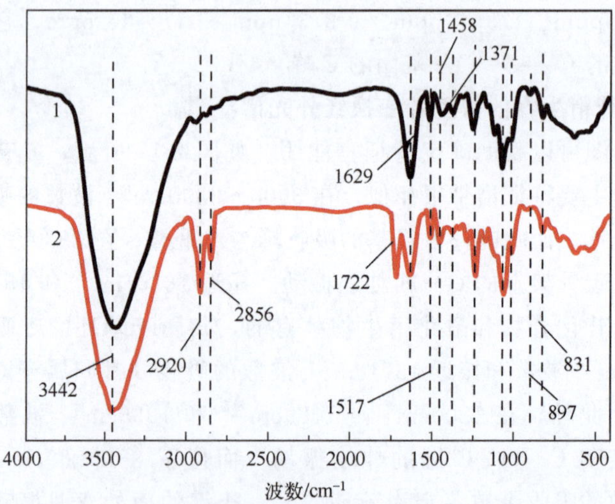

(b) 红景天苷和月桂酰红景天苷

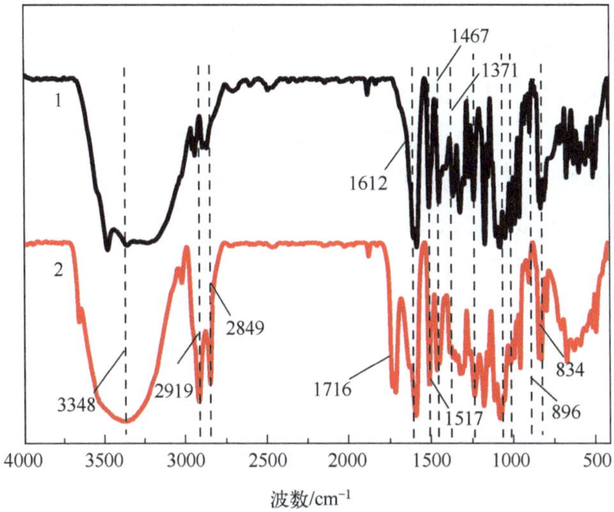

(c) 根皮苷和月桂酰根皮苷

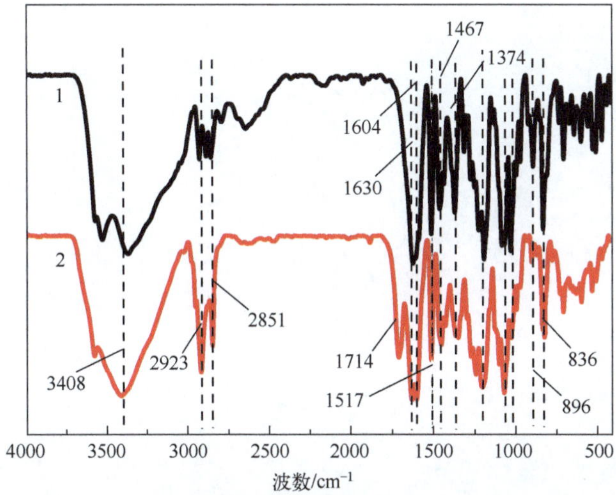

(d) 白藜芦醇苷和月桂酰白藜芦醇苷

图 2-17 酚苷化合物及其酰化衍生物的红外光谱图

1—酚苷化合物；2—酰化衍生物

2.4 小结

本章提出了一种绿色、高效且特异性强的方法，利用脂肪酶催化酚苷化合物酰化合成酚苷酯衍生物。研究表明，脂肪酶种类、酰基供体的烷基链长、反应温度、脂肪酶剂量、底物摩尔比和反应溶剂均影响酚苷化合物的酰化反应转化率。以固定化脂肪酶 Lipozyme 435 为催化剂，酚苷化合物与酰基供体月桂酸乙烯酯摩尔比为 1∶50，温度为 55℃，脂肪酶剂量为 20mg/mL，在绿色溶剂 2-甲基四氢呋喃中，可获得单一酰化衍生物，酚苷化合物的酰化转化率分别可达 84.4%、99.5%、99.8%和 89.1%。分离纯化后的产物经 MALDI-TOF/MS、NMR 和 FTIR 技术分别鉴定为 6′-*O*-月桂酰熊果苷、6′-*O*-月桂酰红景天苷、6″-*O*-月桂酰根皮苷和 6″-*O*-月桂酰白藜芦醇苷。

第3章 微波辅助酶促合成月桂酰酚苷酯及其亲脂性、抗氧化活性、细胞吸收能力和毒性

3.1 引言

微波是指频率在300MHz～300GHz之间的电磁波，它通常呈现穿透、反射和吸收三个基本特性。自从1986年Richard Gedye等[222]首次发表使用微波辐射“加速”有机化学转化的研究以来，微波辐射逐渐被广泛应用于物理提取[223]、化学反应[224]和酶催化反应[225]等领域中。微波主要通过“热效应”和“非热效应”影响化学反应[226]，“热效应”主要是由极性分子在微波高频电场的作用下反复快速取向转动而摩擦生热，或由离子在微波作用下振动并将振动能量转化为热量。而“非热效应”是指除热效应以外的电效应、磁效应及化学效应等。微波辐射不仅能提高反应速率和转化率，甚至可以发生不能通过传统加热或选择性修饰（包括化学、区域和立体选择性）而发生的反应[226]。微波辅助脂肪酶南极假丝酵母脂肪酶（*Candida antarctica* lipase）能在双相无溶剂体系中高效催化合成三甲基丙烷油酸酯[227]。有研究表明，相比传统加热，微波辅助脂肪酶催化的合成反应转化率和反应速率都有显著的提升[228,229]。虽然目前尚不清楚反应速率的提高是否纯粹由于热效应或者非热效应，微波辐射仍然是酶催化领域中一种安全、绿色且高效的加热能源。

由于苯环上酚羟基的存在，酚苷化合物均具有良好的抗氧化活性。活性氧（ROS）是具有高活性的含氧化合物的总称，主要包括超氧阴离子（O_2^-）、过氧化氢（H_2O_2）、羟自由基（HO·）、一氧化氮（NO）等，它们在生命体的新陈代谢中不断产生和被清除。过高的ROS会造成细胞损伤、慢性疾病的发生，且存在致癌的风险；过低的ROS也会导致机体氧化还原失衡，不利于健康。此外，酚苷化合物的高极性使其在亲脂性体系中的溶解度差，难以透过细胞膜的磷脂双分子层。研究表明，对黄烷三

醇进行月桂酰化修饰后，月桂酰黄烷三醇衍生物表现出更高的亲脂性和抗氧化能力[230]。矢车菊素-3-*O*-葡萄糖苷经脂肪酶催化酰化修饰后，衍生物的细胞吸收和抗肿瘤活性较母体矢车菊素-3-*O*-葡萄糖苷均有明显的提高[22]。已有诸多研究报道酚苷化合物的抗氧化和抗癌活性，然而，鲜有对月桂酰酚苷酯衍生物的理化性质的研究。因此，评估酚苷化合物及其酰化衍生物的亲脂性、抗氧化活性、细胞吸收能力和毒性，对其应用和发展具有重要意义。

基于以上认识，本章采用微波加热辅助脂肪酶 Lipozyme 435 催化酚苷化合物和月桂酸乙烯酯的酰化反应；利用正辛醇-水分配系数（lg *P*）评估酚苷化合物及其酰化衍生物的亲脂性；采用 DPPH 自由基清除能力、氧自由基吸收能力（oxygen radical absorbance capacity，ORAC）和过氧自由基清除能力（peroxyl radical scavenging capacity，PSC）评估酚苷化合物及其酰化衍生物的抗氧化活性；基于人结肠腺癌 Caco-2 细胞评估酚苷化合物及其酰化衍生物的细胞吸收能力；此外，在细胞水平上进一步评估酚苷化合物及其酰化衍生物的毒性和抗增殖活性。

3.2 实验方法

3.2.1 微波辅助酶催化酚苷化合物酰化反应

酚苷化合物（4mmol/L）与月桂酸乙烯酯（200mmol/L）充分溶解于 20mL 干燥的 2-甲基四氢呋喃中，将其置于微波消解仪的反应罐后，设置微波加热参数，反应温度 55℃，上升时间 5min，功率 500W，向体系加入 20mg/mL 固定化脂肪酶 Lipozyme 435，反应即开始。在反应过程中，定时从反应体系取样 20μL，用色谱甲醇稀释 10 倍，用 0.45μm 有机相滤膜过滤后，采用高效液相色谱法检测。

3.2.2 高效液相色谱检测

参考 2.2.2 的步骤。

3.2.3 酰化衍生物的纯化

参考 2.2.3 的步骤。

3.2.4 亲脂性的测定

酚苷化合物及其酰化衍生物的亲脂性用正辛醇-水分配系数（lg P）来评估[231]。将相同体积的正辛醇和超纯水混合，剧烈搅拌振荡，室温下静置24h，得到上、下分层的正辛醇、水的预饱和溶液。将5mg酚苷化合物和酰化衍生物分别溶解到5mL预饱和的正辛醇溶液后，加入5mL预饱和的超纯水，剧烈振荡混匀，室温静置24h。分层后，上层为正辛醇相，下层为水相。分别取样20μL，用色谱甲醇稀释，过0.45μm滤膜后经HPLC测定浓度。正辛醇-水分配系数（lg P）的计算如下：

$$\lg P = \log \frac{c_0}{c_w} \tag{3-1}$$

式中，c_0 和 c_w 分别为样品在正辛醇和水相的浓度。

3.2.5 抗氧化活性的测定

3.2.5.1 DPPH自由基清除能力

参考Chen等[230]报道的方法，用无水乙醇配制一系列不同浓度的样品和0.06mmol/L的DPPH工作液，将120μL不同浓度的样品和120μL DPPH工作液混合，加入96孔板中，每个浓度3个平行，以不含样品的等量超纯水为对照组。采用涡旋混合仪充分振荡，避光反应20min后，在酶标仪上读取515nm下的吸光度。DPPH自由基清除能力计算如下：

$$\text{DPPH 清除能力}(\%) = \left(1 - \frac{A_s}{A_c}\right) \times 100\% \tag{3-2}$$

式中，A_s 和 A_c 分别为样品和对照组的吸光度值。

3.2.5.2 氧自由基吸收能力测定

参考Zhao等[10]报道的方法，用磷酸盐缓冲液（PBS，75mmol/L，pH 7.4）配制梯度浓度的样品和Trolox标准品（TE，6.25～50μmol/L），将20μL样品或TE标准溶液加入96孔黑板中，然后加入200μL的荧光素钠工作液（0.96μmol/L），于37℃避光孵育20min后，每个孔迅速加入20μL的偶氮二异丁脒盐酸盐（ABAP）自由基诱发剂（119.4μmol/L），反应即开始。采用荧光酶标仪读取荧光强度值，条件为温度37℃，时间间隔4.5min，连续测定35个循环。激发波长和发射波长分别为485nm和535nm。以标准品浓度和标准品TE的荧光猝灭曲线下的面积（AUC）减去空白对照的AUC绘制标准曲线。抗氧化剂作用下的AUC减去空白对照的AUC后，根据标准曲线计算样品的 ORAC 值，表示为μmol TE/μmol。

3.2.5.3 过氧自由基清除能力测定

参考 Adom 等[232] 报道的方法，用 PBS 配制梯度浓度的样品和 α-生育酚标准品（VE，2～16μg/mL），将 100μL 样品或 VE 标准溶液加入 96 孔黑板中，然后加入 100μL 2′，7′-二氯荧光素（DCFH）工作液（1.36μmol/L）。DCFH 工作液由 11μL 的 2′，7′-二氯荧光素二乙酸酯（DCFH-DA，2.48mmol/L）和 989μL 的 KOH（1.0mmol/L）于暗处反应 5min 得到。最后，每个孔加入 50μL 的 ABAP（119.4μmol/L）即开始反应。采用荧光酶标仪读取荧光强度值，条件为温度 37℃，时间间隔 2min，连续测定 23 个循环。激发波长和发射波长分别为 485nm 和 535nm。分别计算标准品 VE 和样品的荧光猝灭曲线下的面积 AUC。以抑制 50% 的荧光产生需要的剂量浓度（EC_{50}）进行比较，最终样品的 PSC 值表示为μmol VE/100μmol。

3.2.6 酚苷化合物及其酰化衍生物的细胞吸收能力

参考 Liu[233] 和 Guo[234] 报道的方法，并略微修改。用 Gibco 高糖 DMEM 培养基（含 10%胎牛血清和 1%青链霉素）培养人结肠腺癌 Caco-2 细胞，培养环境条件为 37℃、5%二氧化碳、相对湿度 90%。培养至 30～45 代的细胞用于铺板，每孔 2×10^5 个细胞接种于 12 孔板中，连续培养 14d，每两天更换新鲜的培养基，直至细胞单层形成，则用于酚苷化合物及其酰化衍生物的吸收实验。小心吸弃孔中的培养基，用 Hank′s 平衡盐缓冲液（HBSS）润洗细胞单层两遍。每孔加入 1mL 用 DMEM 配制的 100μmol/L 酚苷化合物及其酰化衍生物，该浓度对 Caco-2 细胞显示无毒性。分别在孵育 4h、8h 和 12h 后取样 20μL 用于 HPLC 检测。结束后，收集细胞于 500μL 含有 50%甲醇（体积分数）的 PBS 溶液中，经液氮和 37℃水浴反复冻融裂解。细胞裂解液于 12000*g* 高速离心后，取上清液进行 HPLC 检测。上清液的蛋白质浓度用 BCA 试剂盒测定。

3.2.7 细胞毒性测定

参考 Felice 等[235] 提出的改良亚甲基蓝染色法，将细胞以 2×10^5 个/mL 的浓度接种于 96 孔板中，每孔 100μL，待细胞贴壁 24h 后，吸弃培养基，每孔加入 DMEM 培养基配制的样品溶液，继续培养 24h。然后收板，每孔用 100μL 的 PBS 洗去漂浮或死细胞，再向每孔加入 50μL 亚甲蓝溶液，然后将孔板置于 37℃培养箱孵育 1h。倒弃亚甲蓝，将孔板用清水洗净染液，拍板甩去孔中的水。贴壁在孔底部的细胞被亚甲蓝染色，向其中加入 100μL 染料洗脱液，将孔板置于微孔板振荡器上振荡 20min，即可溶解蓝色染料，最后在酶标仪读取 595nm 处的吸光值。将 50%细胞致死时的剂量（half cytotoxicity concentration，CC_{50}）用于评估样品的毒性大小。细胞毒性的计算如下：

$$细胞毒性(\%)=\frac{A_c-A_s}{A_c-A_0}\times100\% \tag{3-3}$$

式中，A_c、A_s 和 A_0 分别为对照孔、样品孔和空白孔的吸光度值。

3.2.8 抗增殖活性测定

步骤参考 3.2.7，细胞接种密度调整为 1.5×10^5 个/mL，样品加入后的孵育时间为 48h。将抑制 50%细胞增殖的剂量（half effect concentration，EC_{50}）用于评估样品抗增殖活性的大小。抗增殖活性计算如下：

$$抗增殖活性(\%)=\frac{A_s-A_0}{A_c-A_0}\times100\% \tag{3-4}$$

式中，A_s、A_c 和 A_0 分别为样品孔、对照孔和空白孔在 595nm 波长下的吸光度值。

3.3 结果与讨论

3.3.1 微波加热对酶催化酚苷化合物酰化反应的影响

酰化反应的效率是优化工艺的一个重要指标，微波辐射作为安全、绿色的热源可加快酶催化反应且能提高转化率[229]。因此，采用微波加热辅助固定化脂肪酶 Lipozyme 435 催化酚苷化合物与月桂酸乙烯酯反应，设置参数为：温度 55℃，上升时间 5min，功率 500W，脂肪酶用量 20mg/mL。

如图 3-1 所示，在微波辐射加热环境下，酚苷化合物的月桂酰化转化率均接近 100.0%。熊果苷和红景天苷在 60min 的转化率分别达到 96.0%和 98.6%。白藜芦醇苷在 150min 内可达到 100.0%的酰化转化率。相比之下，根皮苷的酰化反应进程较慢，但在 240min 时仍然可达到 97.6%的转化率。因此，相比传统的水浴加热，微波加热显著提高了酚苷化合物的酰化反应速率和转化率，并且对脂肪酶的区域选择性无显著影响，产物单一。这可能是因为微波通过偶极子的旋转效应将吸收的微波能量转变为热量，热量则释放到周围的溶剂中，导致反应温度升高，这个过程中极性分子的官能团表现出更高的活性；也可能是微波辐射是偶极子依赖的特定的分子运动，极性溶质相比于非极性溶质发生更多的碰撞，导致反应速率增大[236,237]，然而目前没有明确定论。

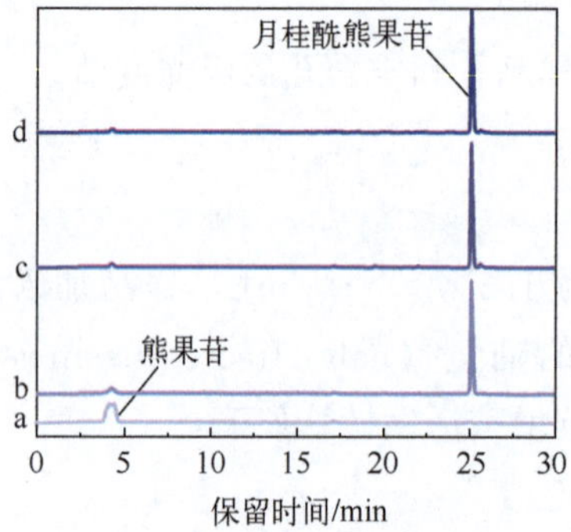

(a) 熊果苷酰化反应的过程

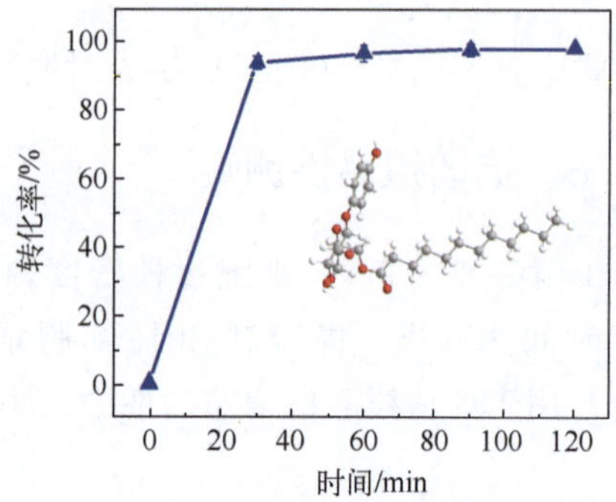

(b) 熊果苷酰化反应的转化率

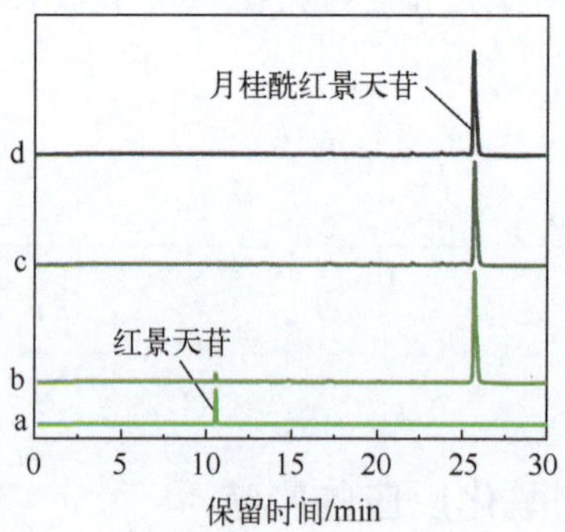

(c) 红景天苷酰化反应的过程

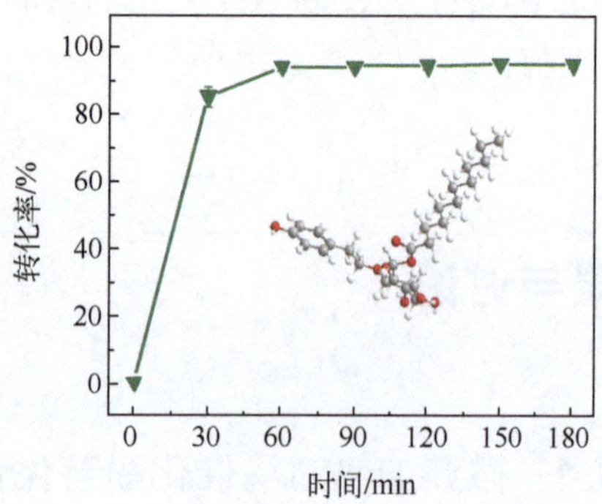

(d) 红景天苷酰化反应的转化率

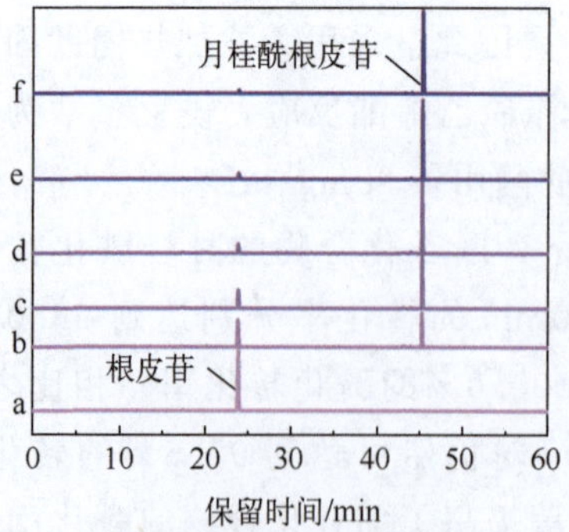

(e) 根皮苷酰化反应的过程

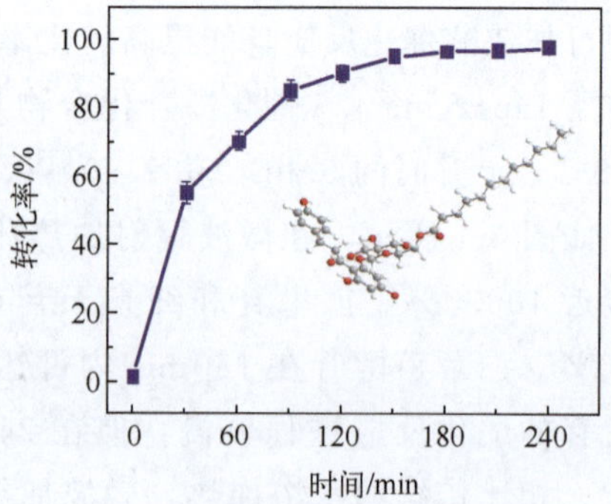

(f) 根皮苷酰化反应的转化率

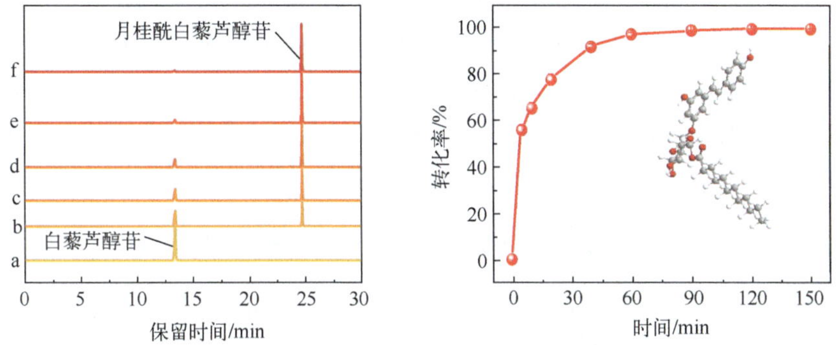

(g) 白藜芦醇苷酰化反应的过程　　(h) 白藜芦醇苷酰化反应的转化率

图 3-1　微波辅助酶催化酚苷化合物酰化反应的过程和转化率

3.3.2　酚苷化合物及其酰化衍生物的亲脂性

lg P 是化合物在油相（正辛醇）和水相中分配的比值的对数，它与亲脂性呈正相关。如图 3-2 所示，熊果苷和红景天苷的 lg P 值分别为－1.56 和－1.17，表明它们具有强亲水性，这限制了它们在脂溶性体系中的应用。根皮苷和白藜芦醇苷的 lg P 值分别为 0.83 和 0.91。lg P 值不仅指示化合物的脂溶性，还用于预测它们的体内生物利用度，lg P 值在 1～3 范围内被认为最利于吸收[238]。正如预期，月桂酰化修饰后的酚苷酯化合物，其 lg P 值均升高

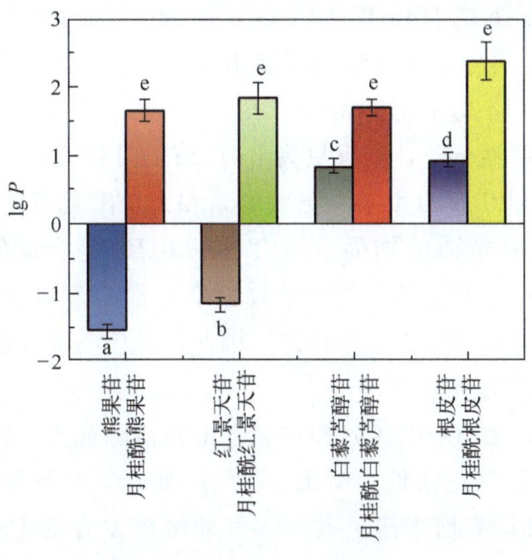

图 3-2　酚苷化合物及其月桂酰衍生物的 lg P 值

图中不同英文字母表示两组值之间差异显著（$p<0.05$）

至 1.66～2.37 范围，且它们之间没有显著性差异。一般来说，具有长烷基链的酚苷酯化合物具有两亲性，位于疏水和亲水的界面；随着链长的增加，其疏水性可以将抗氧化剂从不连续相驱动到油相的核心[239]。因此，长烷基链对酚苷酯衍生物的脂溶性贡献最大，这提高了它们在乳液或油基食品体系中的应用潜力。

3.3.3 酚苷化合物及其酰化衍生物的抗氧化活性

理论上，酚苷化合物的酰化反应位点在糖苷部分的 6′/6″-OH 上，不影响其活性酚羟基，然而，酚苷酯衍生物的抗氧化能力发生改变。表 3-1 展示了酚苷化合物、酚苷酯衍生物、维生素 C、维生素 E、丁基羟基甲苯（BHT）和特丁基对苯二酚（TBHQ）的 DPPH 自由基清除能力。白藜芦醇苷具有最低 IC_{50} 值，为（305.8±3.0）μmol/L，其次是月桂酰白藜芦醇苷，它的 IC_{50} 值为（399.4±8.0）μmol/L。白藜芦醇苷在 400μmol/L 时表现出最大 DPPH 自由基清除率，达到 55.1%±0.7%，略高于月桂酰白藜芦醇苷的 50.0%±0.5%。这可能是分子体积和立体构象的变化，使得白藜芦醇苷扭曲的烷基链部分阻止了 DPPH 自由基分子靠近活性位点[217]。此外，长烷基链也可能通过葡萄糖苷基团对苯环降低电子诱导效应，导致抗氧化能力的差异[129]。熊果苷在 400μmol/L 作用浓度时 DPPH 自由基清除率为 26.3%±0.3%，同样高于月桂酰熊果苷 18.9%±0.3%的清除率。

然而，月桂酰根皮苷表现出高于根皮苷的 DPPH 自由基清除能力，它们在 400μmol/L 浓度下的自由基清除率分别为 14.4%±2.0%和 10.9%±1.2%，具有显著性差异。月桂酰红景天苷在 400μmol/L 的自由基清除率为 13.2%±0.1%，也略高于母体红景天苷 10.9%±1.2%的自由基清除率。DPPH 自由基是脂溶性分子，具有更高 lg P 值的月桂酰根皮苷和月桂酰红景天苷可能与疏水性 DPPH 自由基有更大的亲和力。酰化芦丁[240] 和酰化黄烷三醇[230] 也被报道有类似的结果。BHT 和 TBHQ 是合成的油脂抗氧化剂，它们具有潜在毒性，被归属于 3 类致癌物。维生素 C 和维生素 E 是天然的强抗氧化剂，它们在光和热条件下不稳定。因此，月桂酰酚苷酯衍生物具有替代合成的油脂抗氧化剂的潜力。

氧自由基吸收能力（ORAC）和过氧自由基清除能力（PSC）基于水溶液体系评估化合物的抗氧化活性，结果如图 3-3 所示，月桂酰酚苷酯衍生物的 ORAC 值和 PSC 值均有所下降。其中，月桂酰根皮苷的 PSC 值没有显著降低。相比之下，白藜芦醇苷和月桂酰白藜芦醇苷表现出更高的 ORAC 值和 PSC 值。酚苷酯衍生物的 ORAC 值和 PSC 值下降可能归因于它们的脂溶性提高，导致其在水溶液中的溶解度降低。此外，分子体积的变大和长烷基链导致的空间位阻，也可能是抗氧化能力下降的原因。

表 3-1　酚苷化合物及其月桂酰衍生物的 DPPH 自由基清除能力

样品		IC_{50}/(μmol/L)	400μmol/L 浓度下的抑制率/%
酚苷化合物	熊果苷	1574.2±18.3i	26.3±1.6d
	红景天苷	>1000	13.6±0.6b
	白藜芦醇苷	305.8±3.0g	55.1±0.7f
	根皮苷	>1000	10.9±1.2a
酚苷酯衍生物	月桂酰熊果苷	>1000	18.9±0.3c
	月桂酰红景天苷	>1000	14.4±2.0b
	月桂酰白藜芦醇苷	399.4±8.0h	50.0±0.5e
	月桂酰根皮苷	>1000	13.2±0.1b
对照	维生素 C	10.1±0.7a	—
	维生素 E	27.9±1.2d	—
	2，6-二叔丁基对甲酚	1860.7±99.8[230]	—
	叔丁基对苯二酚	950.6±90.2[230]	—

注：不同的英文字母表示两组值之间存在显著性差异（$p<0.05$）。

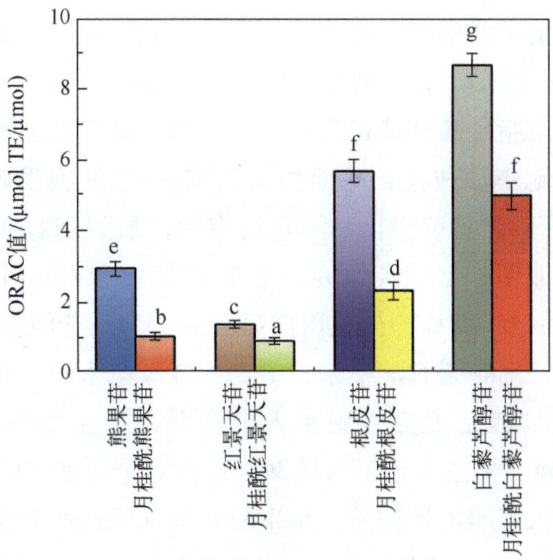

(a) OP

图 3-3

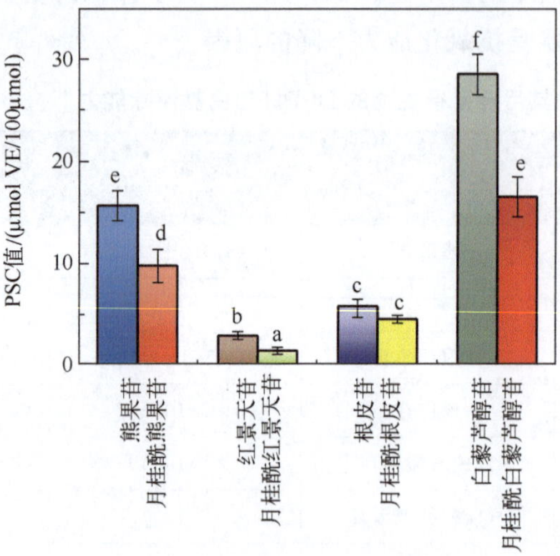

(b)

图 3-3 酚苷化合物及其月桂酰衍生物的 ORAC 值（a）和 PSC 值（b）（$p<0.05$）

3.3.4 酚苷化合物及其酰化衍生物的细胞吸收能力

连续培养至完全分化的 Caco-2 细胞单层是一种简单、实用的体外模型，可用于评估营养物质的细胞摄取能力[233]，可以提供化合物分子到达肠道后在小肠黏膜的吸收、代谢和转运等信息[194,241]。

如图 3-4（a）所示，酚苷化合物及其酰化衍生物的胞外含量随时间逐渐下降，月桂酰酚苷酯衍生物的胞外含量下降更快。相比之下，月桂酰红景天苷的胞外含量 4h 后降至最低，8h 后胞外未检测到月桂酰熊果苷和月桂酰白藜芦醇苷。这可能是因为亲脂性酚苷酯衍生物更容易进入磷脂双分子层，且分子量低于 500 有更好的细胞膜渗透性，从而更易被 Caco-2 细胞吸收[242]。酚苷化合物的胞外含量在 8h 后无显著变化。孵育结束后，裂解细胞并测定裂解液中酚苷化合物的含量。如图 3-4（b）所示，白藜芦醇苷和根皮苷的胞内含量均随时间下降，仅在 12h 和 4h 检测到胞内熊果苷和红景天苷的含量。

值得注意的是，细胞裂解液中未检测到酚苷酯衍生物，胞内外均检测到母体酚苷化合物，这可能是因为细胞摄入的酚苷酯衍生物被胞内的羧酸酯酶（CESs）水解。羧酸酯酶主要位于内质网，包括 5 个亚型（CES1～CES5），酚苷酯化合物可以被人 CES1 异构酶（hCES1）和人 CES2 异构酶（hCES2）水解[243,244]。如图 3-4（c）、（d）所示，胞外酚苷化合物含量基本随时间增加，而它们的胞内含量随时间逐渐降低，胞内未检测到熊果苷。这表明酚苷酯衍生物在胞内水解后，大量母体酚苷化合物被外排到胞外，部分留在胞内，还有少量可能被细胞代谢，这是一个动态的变化过程。

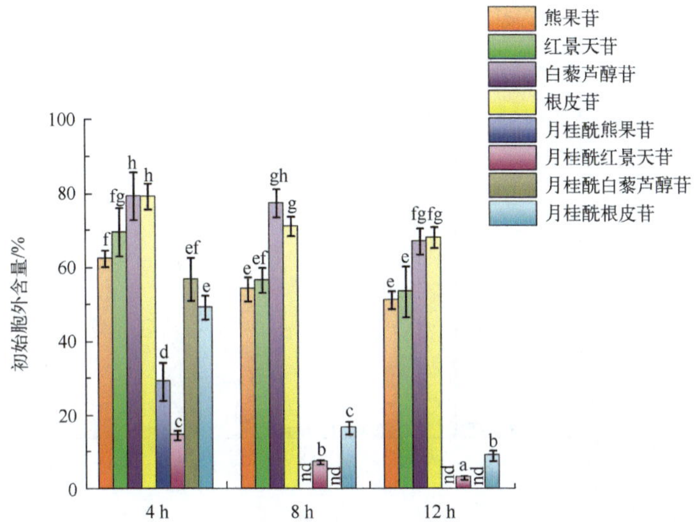

(a)

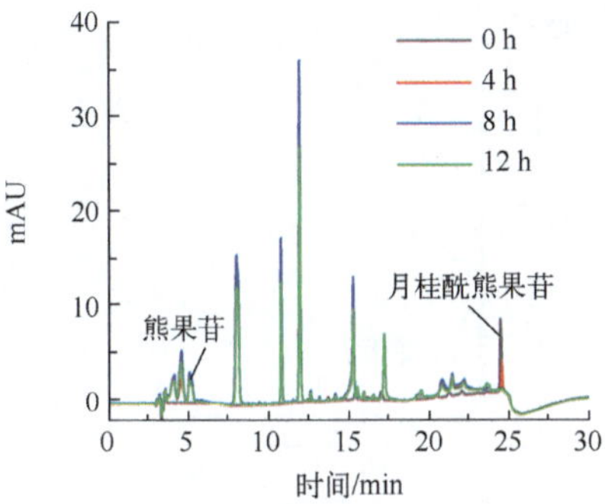

(a_1)

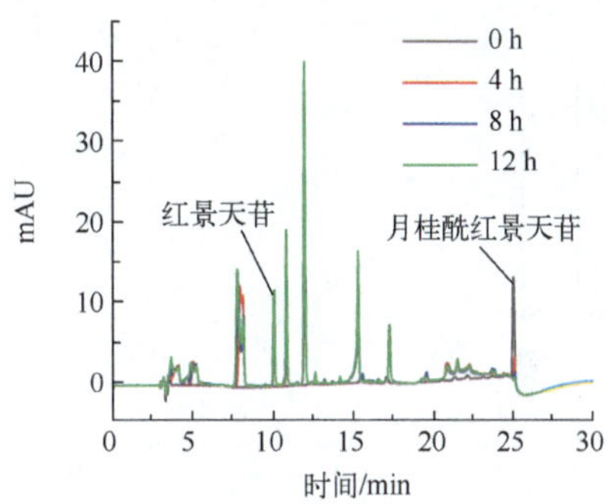

(a_2)

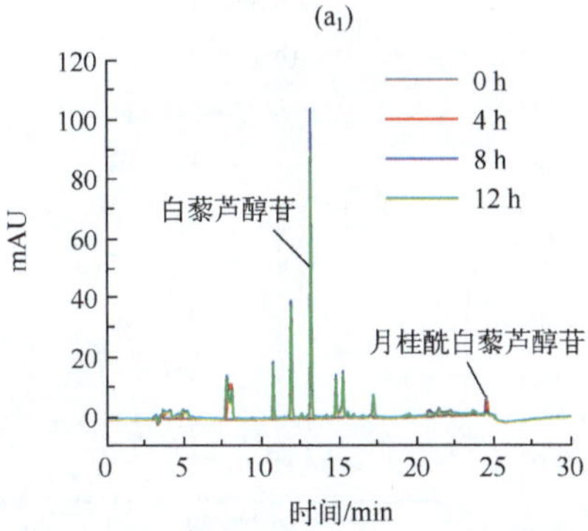

(a_3)

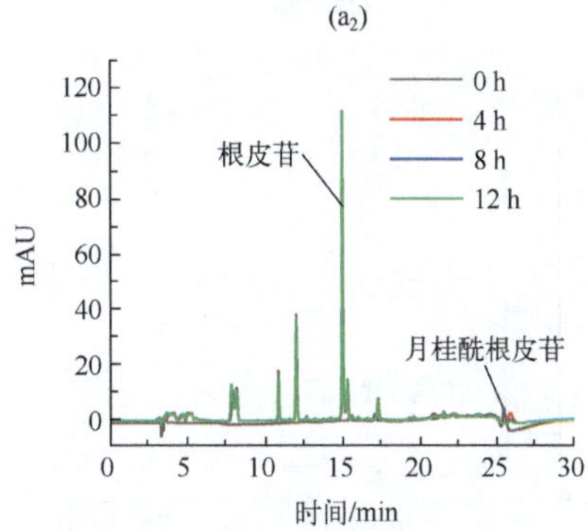

(a_4)

图 3-4

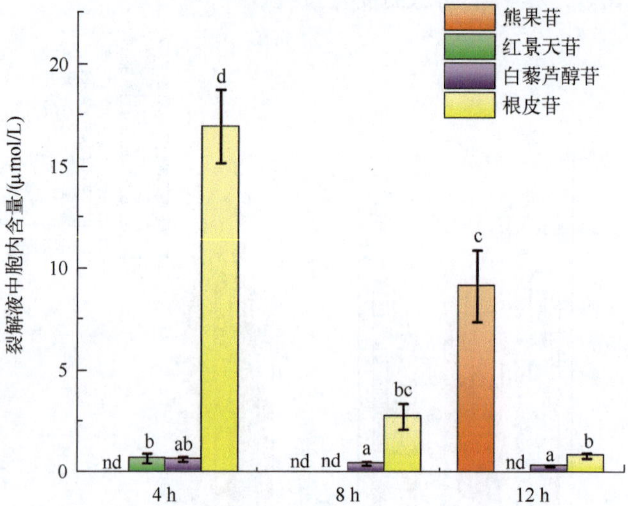
熊果苷
红景天苷
白藜芦醇苷
根皮苷
裂解液中胞内含量/(μmol/L)
nd
b
ab
d
nd
a
bc
c
nd
a
b
4 h
8 h
12 h

(b)

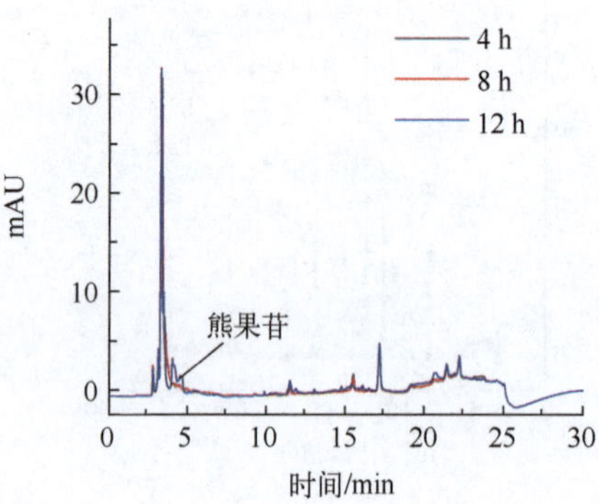
4 h
8 h
12 h
mAU
熊果苷
时间/min

(b_1)

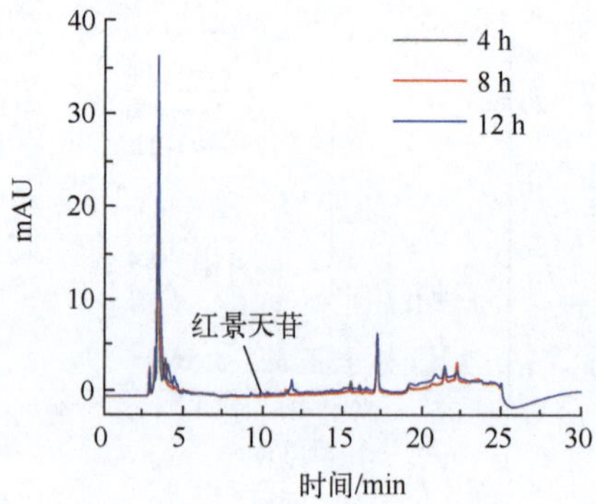
4 h
8 h
12 h
mAU
红景天苷
时间/min

(b_2)

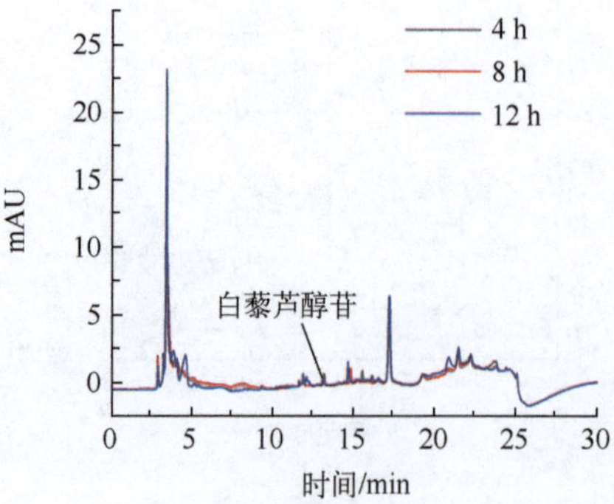
4 h
8 h
12 h
mAU
白藜芦醇苷
时间/min

(b_3)

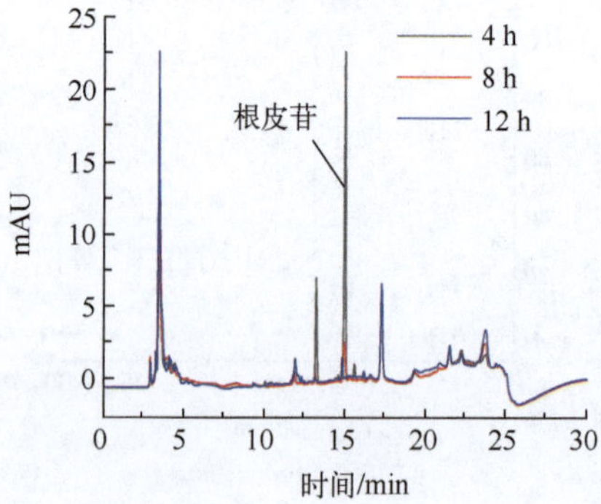
4 h
8 h
12 h
mAU
根皮苷
时间/min

(b_4)

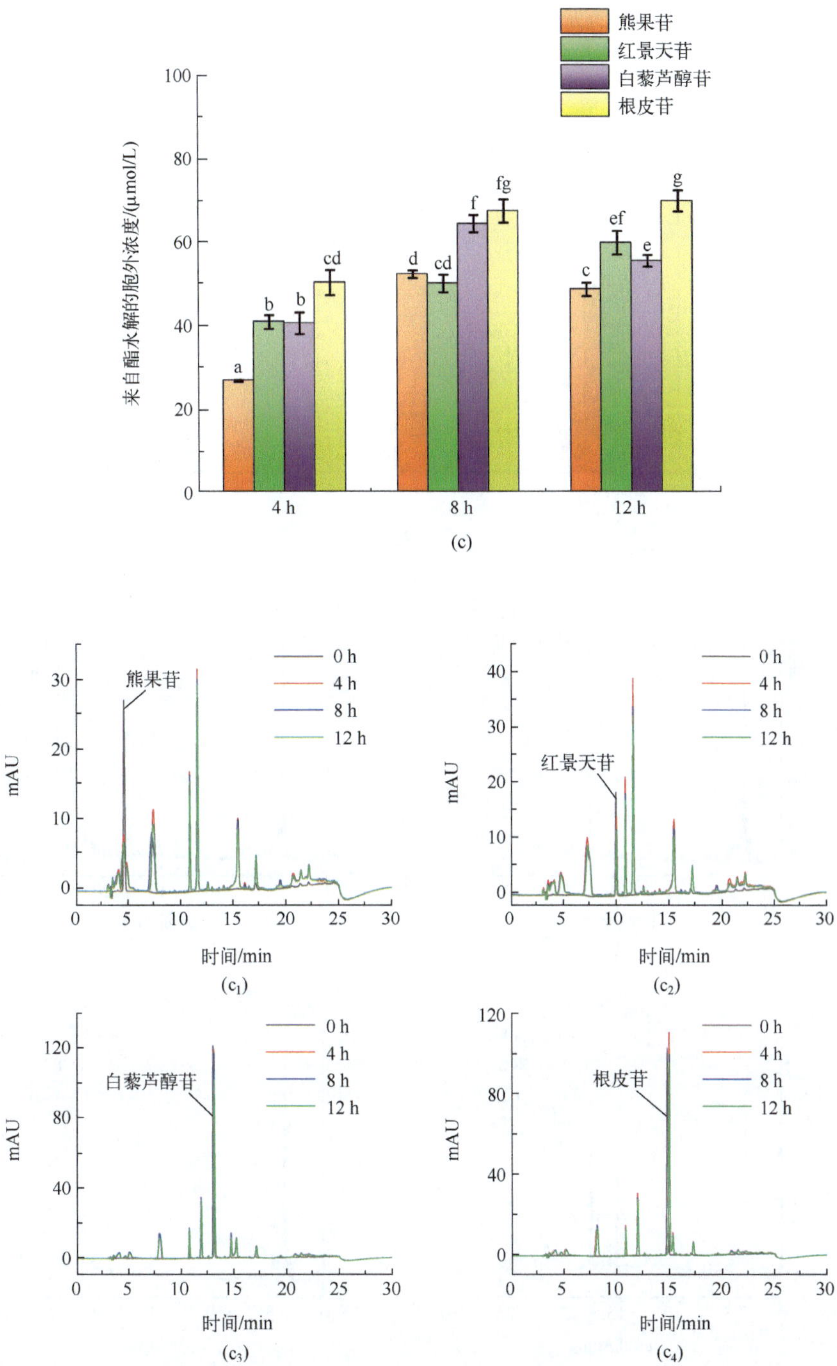
熊果苷
红景天苷
白藜芦醇苷
根皮苷
来自酯水解的胞外浓度/(μmol/L)
4 h
8 h
12 h
(c)
0 h
4 h
8 h
12 h
mAU
时间/min
(c1)
(c2)
(c3)
(c4)

图 3-4

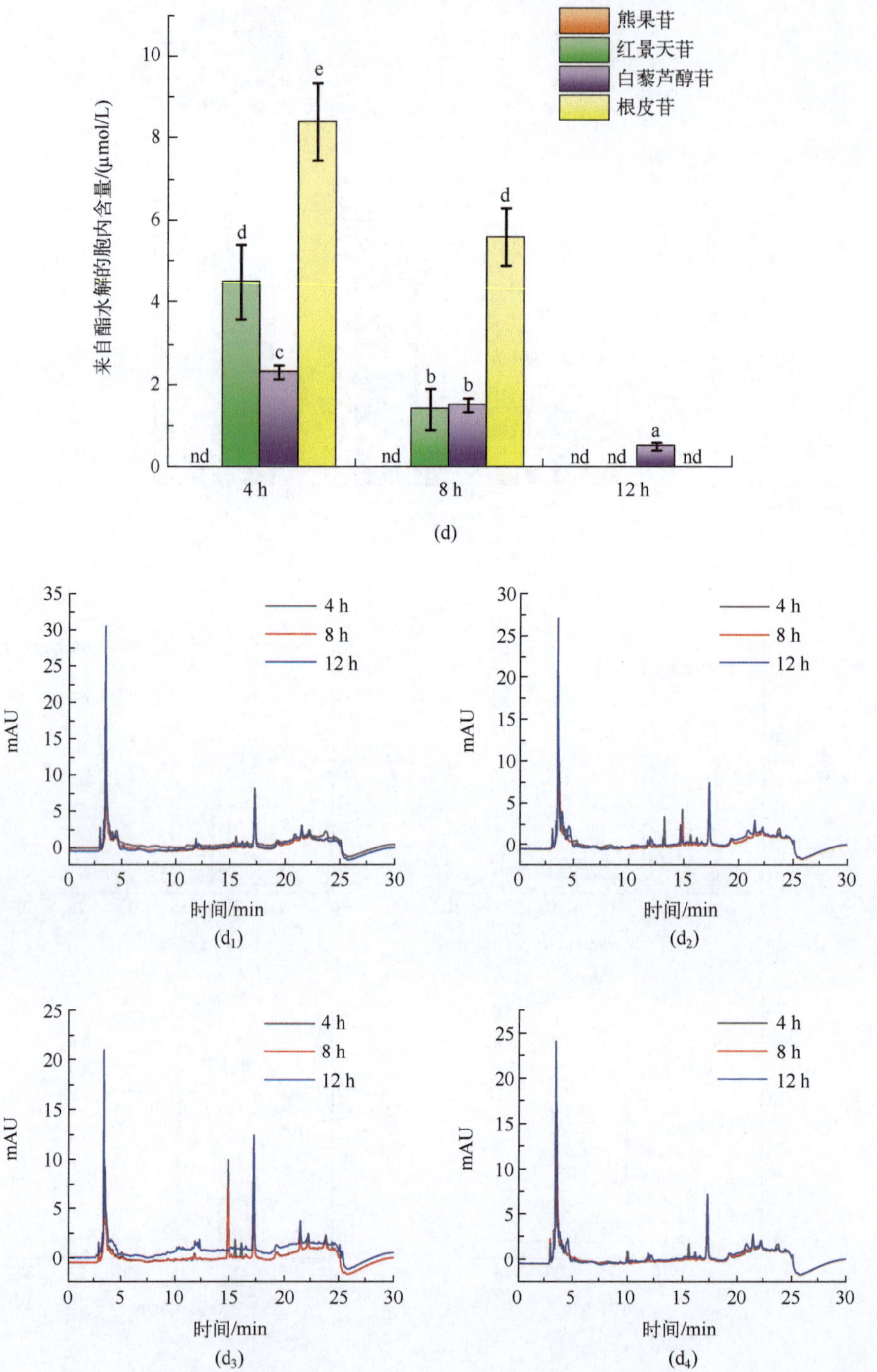

图 3-4　酚苷化合物及其月桂酰衍生物的胞内、外含量和相对应的检测 HPLC 图谱（$p<0.05$）

表 3-2 酚苷化合物及其月桂酰衍生物的细胞吸收

化合物	保留时间/min	时间/h	细胞吸收 /（nmol/mg 蛋白）	水解率/%
熊果苷	4.6	12	38.7±7.4b	—
红景天苷	10.1	4	3.6±1.2fg	—
白藜芦醇苷	13.1	4	3.3±0.6fg	—
		8	2.2±0.4g	—
		12	1.7±0.2g	—
根皮苷	14.8	4	99.6±10.5a	—
		8	17.2±3.9cd	—
		12	3.9±0.6f	—
月桂酰熊果苷	24.5	4	nd	26.9±0.2
		8	nd	52.4±0.9
		12	nd	48.8±1.6
月桂酰红景天苷	25.0	4	22.4±4.5c	52.2±0.7
		8	6.3±2.2ef	53.3±1.0
		12	nd	59.9±2.8
月桂酰白藜芦醇苷	24.6	4	11.7±0.9d	46.5±3.1
		8	8.7±1.0e	68.8±2.6
		12	2.5±0.5g	56.9±1.2
月桂酰根皮苷	25.4	4	48.7±5.5b	74.8±0.9
		8	39.7±4.9b	87.4±0.4
		12	nd	70.0±2.5

注：nd 表示未检测到。每列数据中的不同英文字母表示两组值之间存在显著性差异（$p<0.05$）。

细胞吸收被定义为每毫克蛋白质中酚苷化合物的胞内累积量[233,234]。水解率表示为胞内、外水解产生的酚苷化合物总量占初始酚苷酯衍生物的百分比。如表 3-2 所示，酚苷化合物和月桂酰酚苷酯衍生物的细胞吸收均随时间逐渐降低，这可能是由于胞内的酚苷化合物会随时间被代谢和被外排到胞外。酚苷酯衍生物尽管被广泛水解，酰化修饰增强了红景天苷和白藜芦醇苷的胞内摄入，在 4h、8h 和 12h，月桂酰红景天苷和月桂酰白藜芦醇苷的胞内累积量均显著高于其母体酚苷化合物。根皮苷的细胞吸收在 4h 最高，达到 99.6ng/mg 蛋白质，而在 8h 降至 17.2ng/mg 蛋白质，远低于月桂酰根皮苷的细胞吸收，这表明胞内累积的根皮苷可能被代谢或者被大量外排。月桂酰熊果苷被水解后，仅在胞外检测到大量母体熊果苷，这表明熊果苷具有较差的细胞吸收。胞内熊果苷也仅在12h被检测到。月桂酰酚苷酯衍生物的水解率随着时间的推移先升高，而8h后略微下降，原因可能是水解生成的酚苷化合物在胞内被代谢。因此，月桂酰化修饰增大了酚苷化合物的细胞吸收，其在胞内累积量得到显著提高。

表 3-3 月桂酰酚苷酯衍生物对肿瘤细胞的抗增殖活性（EC_{50}）、毒性（CC_{50}）和选择指数（selection index, SI）

化合物	细胞系	EC_{50}/（μmol/L）	CC_{50}/（μmol/L）	SI（EC_{50}/CC_{50}）
月桂酰熊果苷	HepG2	111.1±6.8a	>160	>1.4
	MDA-MB-231	>160	>160	
	HT29	>160	>160	
月桂酰红景天苷	HepG2	93.9±1.8b	>160	>1.7
	MDA-MB-231	>160	>160	
	HT29	112.9±2.6a	>160	>1.3
月桂酰根皮苷	HepG2	66.2±1.5e	>100	>1.5
	MDA-MB-231	78.6±1.3d	>100	>1.3
	HT29	88.8±2.2c	>100	>1.1
月桂酰白藜芦醇苷	HepG2	58.2±3.1f	>80	>1.3
	MDA-MB-231	37.3±2.0g	99.5±3.8	>2.6
	HT29	54.8±1.5f	74.4±0.7	>1.4

注：每列数据中的不同英文字母表示两组值之间存在显著性差异（$p<0.05$）。

3.3.5 酚苷化合物及其酰化衍生物的毒性和抗增殖活性评价

癌症是全世界范围的公共健康问题，它是导致死亡的主要原因之一。根据2023年全球医学顶刊《CA：A Cancer Journal for Clinicians》的报告[245]，美国2023年预计出现195万多癌症病例，其中位于发病率榜首的是肺癌，其次是乳腺癌、前列腺癌、结直肠癌、胰腺癌和肝癌等。中国作为世界第一人口大国，在2020年全球新发癌症病例1929万例中，中国新发癌症病例达457万例，占全球的23.7%，远超其他国家。而在中国发病率前五的分别是肺癌、结直肠癌、胃癌、乳腺癌和肝癌。其中，乳腺癌在全球范围内的发病数高居第一。植物多酚的饮食摄入被认为是无毒、经济和有效的预防或抗癌策略，它们通过调节细胞信号转导途径，影响肿瘤细胞的增殖、凋亡和侵袭等行为[4]。因此，选取人肝癌细胞HepG2、人乳腺癌细胞MDA-MB-231和人结肠癌细胞HT29，评估酚苷化合物及其酰化衍生物的抗增殖活性。

如图3-5所示，月桂酰酚苷酯衍生物对3株肿瘤细胞均表现出较强的抗增殖活性，远高于其母体酚苷化合物。白藜芦醇苷对肿瘤细胞HepG2、MDA-MB-231和HT29的EC_{50}值分别为（1.02±0.10）mmol/L、（1.16±0.01） mmol/L 和（1.68±0.09）mmol/L。熊果苷、红景天苷和根皮苷在 2.5mmol/L 剂量对 3 株肿瘤细胞的增殖抑制率均不超过 20%，表明其抗增殖活性很差。

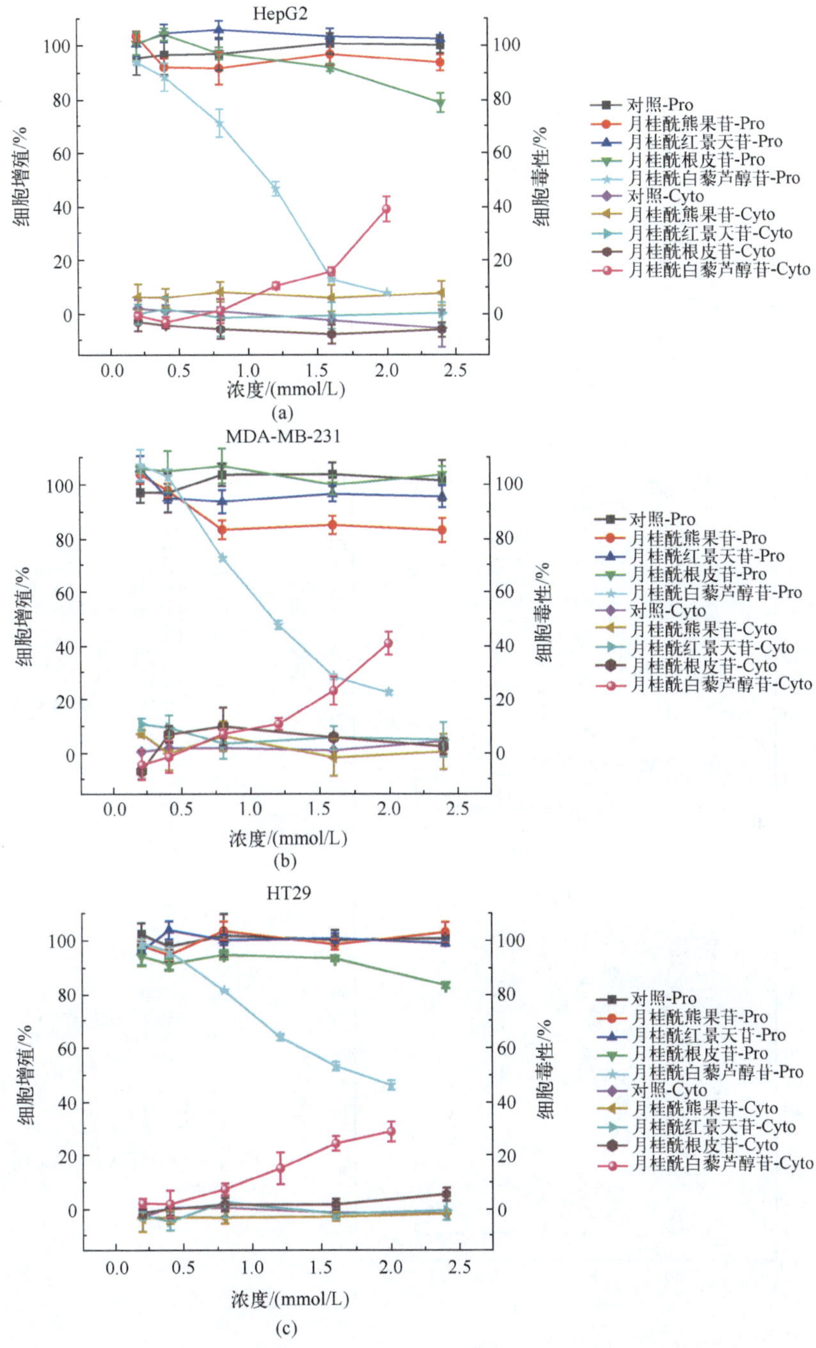

图 3-5

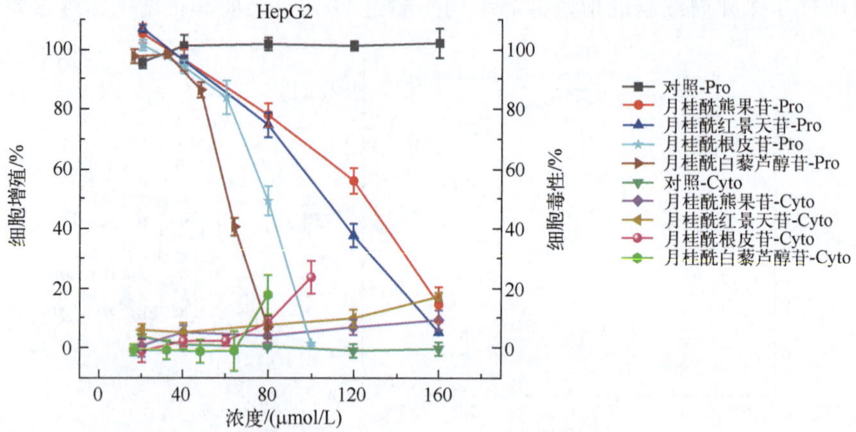
HepG2
细胞增殖/%
细胞毒性/%
浓度/(μmol/L)
对照-Pro
月桂酰熊果苷-Pro
月桂酰红景天苷-Pro
月桂酰根皮苷-Pro
月桂酰白藜芦醇苷-Pro
对照-Cyto
月桂酰熊果苷-Cyto
月桂酰红景天苷-Cyto
月桂酰根皮苷-Cyto
月桂酰白藜芦醇苷-Cyto

(d)

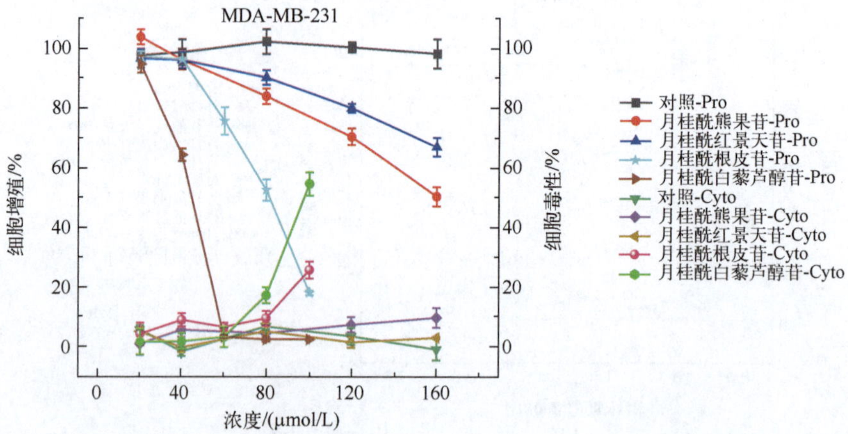
MDA-MB-231
细胞增殖/%
细胞毒性/%
浓度/(μmol/L)
对照-Pro
月桂酰熊果苷-Pro
月桂酰红景天苷-Pro
月桂酰根皮苷-Pro
月桂酰白藜芦醇苷-Pro
对照-Cyto
月桂酰熊果苷-Cyto
月桂酰红景天苷-Cyto
月桂酰根皮苷-Cyto
月桂酰白藜芦醇苷-Cyto

(e)

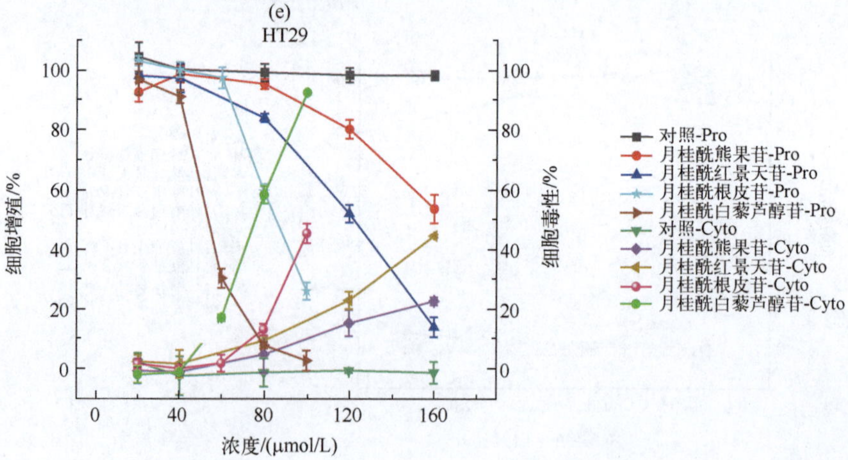
HT29
细胞增殖/%
细胞毒性/%
浓度/(μmol/L)
对照-Pro
月桂酰熊果苷-Pro
月桂酰红景天苷-Pro
月桂酰根皮苷-Pro
月桂酰白藜芦醇苷-Pro
对照-Cyto
月桂酰熊果苷-Cyto
月桂酰红景天苷-Cyto
月桂酰根皮苷-Cyto
月桂酰白藜芦醇苷-Cyto

(f)

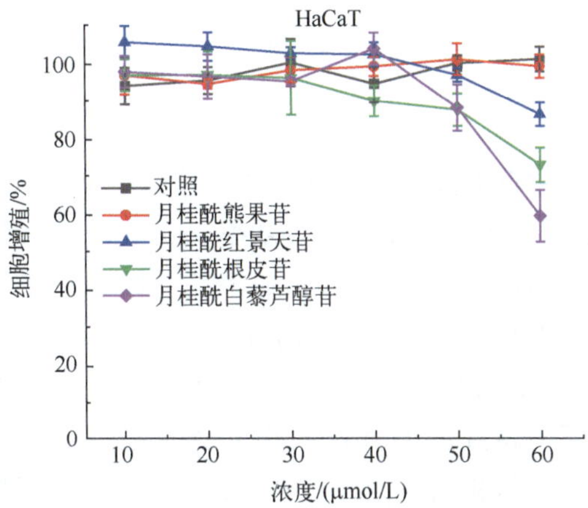

(g)

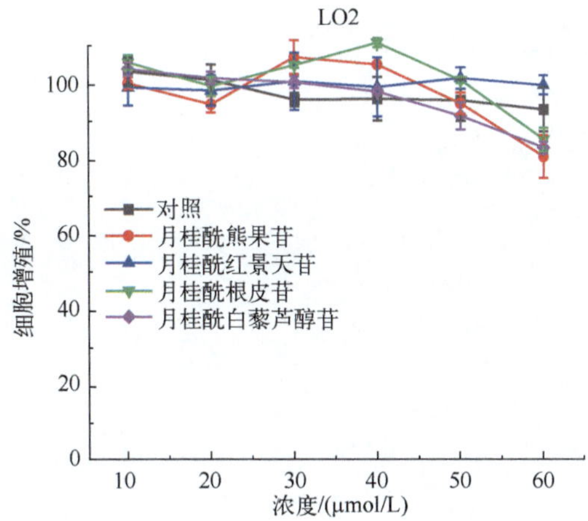

(h)

图 3-5 月桂酰酚苷酯衍生物对肿瘤细胞的抗增殖活性和对正常细胞的毒性

图中 Pro 表示细胞增殖，Cyto 表示细胞毒性

表 3-3 所示为月桂酰酚苷酯衍生物的 EC_{50}、CC_{50} 和选择指数 SI 值，它们在 120μmol/L 内均表现出较好的抗增殖活性。SI 值小于 2 表明化合物的抗增殖作用主要由细胞毒性导致，SI 值大于 2 表明毒性对抗增殖作用几乎没有贡献。然而，仅月桂酰白藜芦醇苷对 MDA-MB-231 细胞的 SI 值大于 2.6，这表明月桂酰白藜芦醇苷的抗增殖作用不是细胞毒性导致的。因此，进一步评估月桂酰酚苷酯衍生物对人正常细胞 LO2 和人永生化表皮细胞 HaCaT 的毒性。如图 3-5（g）、（h）所示，酚苷酯衍生物在 50μmol/L 内对正常细胞没有显著的毒性（<15%），但月桂酰化修饰增大了酚苷酯化合物的细胞毒性。

3.4 小结

本章采用微波辅助脂肪酶高效催化合成月桂酰酚苷酯衍生物。微波加热参数为：反应温度55℃，上升时间5min，功率500JW，脂肪酶 Lipozyme 435 剂量为20mg/mL，底物摩尔比为1∶50，熊果苷、红景天苷、白藜芦醇苷和根皮苷在2-甲基四氢呋喃体系的酰化转化率分别高达96.0%、98.6%、100.0%和97.6%。月桂酰化修饰降低了酚苷化合物的ORAC值和PSC值，但显著增强了其脂溶性，且保持良好的DPPH自由基清除能力，月桂酰酚苷酯衍生物是具有潜力的脂溶性抗氧化剂。此外，月桂酰化修饰提高了酚苷化合物的细胞吸收能力和抗增殖活性，但是细胞毒性也随之增大。

第4章 酚苷化合物及其月桂酰衍生物的酪氨酸酶和黑色素抑制活性

4.1 引言

化合物的生物活性取决于其化学结构，酚羟基赋予酚苷化合物抗氧化能力。此外，酚苷化合物包括熊果苷、红景天苷、白藜芦醇苷和根皮苷已被报道具有酪氨酸酶抑制或抗黑色素生成活性[74,246-248]。酪氨酸酶，又名多酚氧化酶，是黑色素合成中的一种限速酶，它在微生物、动物、植物和人体中发挥重要的生理作用[249]。大多数细菌和真菌都会表达酪氨酸酶，一方面是为了孢子的形成和稳定，另一方面是可以帮助抵抗脱水、紫外线和 γ 射线等的辐射[250]。在人体中，酪氨酸酶在表皮的黑素细胞中控制黑色素的合成，它决定着头发、眼睛和皮肤等的颜色；此外，它催化合成的黑色素小体通过树突转移到毛发或表皮的角质细胞中，保护下表皮免受紫外线辐射引起的 DNA 损伤[251]。然而，黑色素的过量沉积或酪氨酸酶的异常高表达会造成雀斑、老年斑、黄褐斑和炎症后黑色素沉着等皮肤疾病，甚至会增加恶性黑色素瘤发生的风险[55]。酪氨酸酶也会引起水果、蔬菜和饮料等食品发生酶促褐变，这不仅影响其风味，降低其营养和品质，甚至会产生潜在的有毒物质[252]。因此，有效抑制酪氨酸酶活性或控制黑色素生成，对于食品、化妆品和医药行业都有重要意义。

近年来，研究报道的许多天然的、合成或半合成的酪氨酸酶抑制剂，包括查尔酮、芪类化合物、黄酮类化合物、氢醌及其衍生物等[252-254]，然而，由于低效、毒副反应和经济不可行等问题，被实际应用得很少。曲酸已在化妆品中得到广泛应用，但它也与多种副作用相关，如超过 1%的浓度，敏感性皮肤即会发生接触性皮炎，并伴有刺激、皮疹、皮肤发炎、发痒和疼痛；长期使用可能会导致敏感性皮肤晒伤，甚至导致受损的皮肤发生癌变[252,255]。因此，亟须挖掘更安全有效的天然抗酪氨酸酶或抗黑色素生成的抑制剂。

前一章研究表明，月桂酰化修饰提高了酚苷化合物的亲脂性和细胞吸收能力，月桂酰酚苷酯衍生物可能在胞内发挥更高的酪氨酸酶抑制活性。有研究发现，酰化修饰的根皮苷和异槲皮苷在体外表现出增强的酪氨酸酶抑制能力[248]，但是缺乏对酪氨酸酶抑制机制的研究，对胞内酪氨酸酶的抑制作用也不得而知。分子对接可以帮助理解活性化合物和酪氨酸酶的相互作用，它可能改变蛋白质的构象，这与其在体内的功能调节密切相关。此外，反竞争性抑制被认为比竞争性和非竞争性抑制在体内的表现效果好，它们通过与酪氨酸酶的非活性口袋结合发挥酶抑制作用[256,257]。然而，目前鲜有对酚苷酯衍生物的酪氨酸酶抑制活性、抑制机制和抗黑色素生成活性的研究。

基于以上认识，本章以酪氨酸、L-多巴（L-dopa）为底物，体外评估酚苷化合物及其月桂酰衍生物的酪氨酸酶抑制活性和可逆性；通过抑制动力学、圆二色光谱（circular dichroism，CD）分析和分子对接（molecular docking）技术探究显效酚苷化合物及其月桂酰衍生物对酪氨酸酶的抑制机制；并通过抗褐变实验探究其在果蔬储藏中的抗褐变作用。此外，基于小鼠黑色素瘤 B16F10 细胞和人黑色素瘤 A375 细胞模型，探究酚苷化合物及其月桂酰衍生物的酪氨酸酶和黑色素抑制活性。

4.2 实验方法

4.2.1 酪氨酸酶抑制实验

4.2.1.1 单酚酶抑制实验

参考文献［258-260］的方法，单酚酶抑制实验以酪氨酸为底物，将 50μL 用磷酸盐缓冲液（PBS，pH 6.8，50mmol/L）配制的一系列浓度梯度酚苷化合物及其酰化衍生物加入 96 孔板，然后每孔加入 40μL PBS 配制的酪氨酸酶溶液（200U/mL），振动混匀后，于 37℃孵育 10min，然后每孔加入 100μL PBS 配制的酪氨酸（2mmol/L），置于 37℃多功能酶标仪中，在 30min 内每间隔 2min 读取一次 475nm 下的吸光度值。对照孔不加抑制剂，用 PBS 代替。空白孔全为 PBS。单酚酶抑制活性计算如下：

$$\text{单酚酶抑制活性}(\%)=\left(1-\frac{A_s-A_b}{A_c-A_b}\right)\times 100\% \tag{4-1}$$

式中，A_s，A_b 和 A_c 分别为样品孔、空白孔和对照孔的吸光度值。

4.2.1.2 双酚酶抑制实验

参考文献［258-260］的方法，双酚酶抑制实验以L-多巴为底物，将50μL用PBS配制的一系列浓度梯度的样品溶液加入96孔板，然后每孔加入40μL用PBS配制的酪氨酸酶溶液（50U/mL），振动均匀后，于37℃孵育10min，然后每孔加入100μL PBS配制的L-多巴(1.5mmol/L)，置于37℃多功能酶标仪中，在30min内每间隔2min读取一次475nm下的吸光度值。对照孔不加抑制剂，用PBS代替。空白孔全为PBS。以曲酸作为双酚酶抑制实验的阳性对照。双酚酶抑制活性计算如下：

$$双酚酶抑制活性(\%)=\left(1-\frac{A_s-A_b}{A_c-A_b}\right)\times 100\% \tag{4-2}$$

式中，A_s，A_b 和 A_c 分别为样品孔、空白孔和对照孔的吸光度值。

4.2.2 抑制可逆性实验

参考文献［261，262］的方法，以L-多巴为底物，设置若干不同的抑制剂浓度，探究固定抑制剂浓度下，不同的酪氨酸酶浓度（150U/mL、200U/mL、250U/mL和300U/mL）与催化速率的关系。具体步骤同4.2.1，抑制剂和酶溶液孵育后，加入L-多巴溶液（2mmol/L），将96孔板置于37℃酶标仪中，10min内在475nm下每间隔1min读取一次吸光度值。

4.2.3 抑制动力学实验

参考文献［261，262］的方法，以L-多巴为底物，设置若干不同浓度的抑制剂，探究固定抑制剂浓度下，不同的底物浓度（0.5mmol/L、1mmol/L、1.5mmol/L、2mmol/L）与催化速率的关系。具体步骤同4.2.1，抑制剂和酶溶液孵育后，加入不同浓度的L-多巴溶液，将96孔板置于37℃酶标仪中，10min内在475nm下每间隔1min读取一次吸光度值。

4.2.4 圆二色光谱测定

参考文献［258］的方法，用PBS配制50U/mL的酪氨酸酶溶液，向其中滴加样品母液可得到含有不同浓度抑制剂的酶溶液。每次测定前，轻轻振荡混匀，并室温平衡3min。采用1.0mm的石英比色皿在光谱仪下测定酶溶液在190～260nm的光谱图。狭缝宽度1nm，用PBS溶液校准基线，得到的光谱图均扣除样品背景。采用CDNN 2.1和Pro-Data Viewer 4.2.26软件分析酪氨酸酶的α螺旋、β折叠、β转角和无规则卷曲的比例。

4.2.5 变构位点预测和分子对接

从 RCSB PDB 数据库中下载 PDB 格式的酪氨酸酶（PDB ID：2Y9W，Chain A）的晶体结构。酚苷化合物的 3D 结构从 PubChem 下载，月桂酰酚苷酯衍生物的 3D 结构使用 Chem3D 20.0 软件绘制，并采用 Minimize Energy 功能将能量最小化。使用 AutoDockTools 1.5.6 软件对蛋白质和小分子结构进行预处理，包括去水、加全氢、检测扭转键以及设置蛋白质受体和小分子配体等。酪氨酸酶的活性口袋确定为，坐标 X5.799，Y23.47，Z99.304；对接盒子大小 X36，Y30，Z50；网格间距默认为 0.375Å。利用 ProteinsPlus 和 POCASA 在线网站共同预测并确定蛋白质的变构位点。对接次数为 50 次，其他参数使用默认值，根据最低结合能和最多对接 pose 确定最佳构象。对接结果采用 Pymol 2.2.0 软件分析和绘图。

4.2.6 抗褐变实验

从当地超市购买新鲜的马铃薯和苹果，洗净后去皮，切成小块。将酚苷化合物及其酰化衍生物溶于去离子水中，配制成 0.5mmol/L 的工作液。样品组的马铃薯块和苹果块均在工作液中浸泡 10min，对照组的马铃薯块和苹果块用去离子水浸泡相同时间。在室温晾干 5min 后，将马铃薯块和苹果块置于开放的室温环境中 24h。

采用广州某公司的精密色差仪测定在 8h、16h 和 24h 马铃薯块和苹果块的颜色变化。用 ΔE 值表示抑制剂对马铃薯块和苹果块的抗褐变作用，其计算公式如下：

$$\Delta E=\Delta L^{*2}+\Delta a^{*2}+\Delta b^{*2} \tag{4-3}$$

式中，ΔE，L^*，a^* 和 b^* 分别表示总色差、亮度、红-绿色值和蓝-黄色值。

4.2.7 细胞活力测定

采用亚甲蓝染色法，测定抑制剂对细胞活力的影响，步骤同 3.2.8，细胞接种密度调整为 2.5×10^5 个/mL，样品加入后的孵育时间为 24h。细胞活力计算如下：

$$细胞活力=\frac{A_s-A_0}{A_c-A_0}\times100\% \tag{4-4}$$

式中，A_s，A_c 和 A_0 分别为样品孔、对照孔和空白孔在 595nm 波长下的吸光度值。

4.2.8 胞内酪氨酸酶活性测定

参考文献［263］的方法，小鼠黑色素瘤 B16F10 细胞以 2.5×10^5 个/mL 的密度接种于 6 孔板，置于 37℃的 CO_2 培养箱 12h 后贴壁。然后每孔加入不同浓度的曲酸、酚苷化合物及其酰化衍生物，每个浓度做 3 个平行孔。孵育 48h 后，向孔中的细胞加入含 1% Triton X-100 的预冷 PBS，于−80℃和 37℃反复冻融裂解细胞。将细胞裂解液于 4℃以 12000g 高速离心 15min，上清液用于测定酪氨酸酶活性。取 100μL 上清液于 96 孔板，然后加入 100μL 2mmol/L 的 L-多巴溶液，于 37℃反应 30min 后，测定 475nm 的吸光度值。胞内酪氨酸酶的相对酶活计算如下：

$$\text{胞内酪氨酸酶的相对酶活}(\%)=\frac{A_s}{A_c}\times100\% \tag{4-5}$$

式中，A_s 和 A_c 分别为样品孔和对照孔的吸光度值。

4.2.9 胞内黑色素含量测定

步骤同 4.2.8，样品孵育 48h 后，用 0.25% EDTA 胰酶消化细胞并收集至离心管，于 760r/min 离心，再用 PBS 洗涤细胞 2 次，弃上清液，向离心管内加入 200μL 含 20% DMSO 的氢氧化钠溶液（1mol/L），于 60℃水浴 1h 充分溶解黑色素颗粒，最后转移到 96 孔板，测定 475nm 下的吸光度值。胞内黑色素相对含量计算如下：

$$\text{胞内黑色素相对含量}(\%)=\frac{A_s}{A_c}\times100\% \tag{4-6}$$

式中，A_s 和 A_c 分别为样品孔和对照孔的吸光度值。

4.2.10 胞内 ROS 的测定

参考文献［264］的方法，利用超氧阴离子荧光探针（DHE）检测细胞内 ROS 水平。收集状态良好的细胞至离心管，760r/min 离心后弃去上清液，用 PBS 润洗细胞 2 次，然后加入无血清的 DMEM 培养基重悬细胞，调整细胞密度为 1×10^6 个/mL，向其中加入 DHE 使细胞悬液的 DHE 终浓度为 10μmol/L。然后将含有 DHE 的细胞悬液置于 37℃培养箱孵育 30min，其间每隔 5min 轻微振荡混匀。孵育结束后的操作避光进行，将细胞离心沉淀后用 PBS 润洗 2 次，再用 PBS 重悬，在 96 孔荧光黑板中加入 100μL 细胞悬液，然后每孔加入 100μL 不同浓度 PBS 配制的样品溶液，轻微振荡混匀后，将孔板置于荧光酶标仪中读取荧光强度值。对照孔不加样品，用 PBS 替代。参数设置为：激发波长 300nm，发射波长 610nm，检测时间 120min，间隔时间 10min。

4.2.11 流式细胞仪分析

4.2.11.1 细胞周期检测

将生长状态良好的细胞以 1.5×10^5 个/mL 的密度接种于 6 孔板中，待贴壁 12h 后，吸弃培养基，向孔板中加入培养基配制的不同浓度样品溶液，再将孔板置于培养箱中继续培养 36h。按照细胞周期检测试剂盒的说明书操作，用不含 EDTA 的胰酶消化细胞至刚好能被轻轻吹下，收集细胞至离心管，于 760r/min 离心得到细胞沉淀，用 PBS 润洗细胞 2 次，然后转移至 1.5mL EP 管中，再次离心弃去上清液，轻弹 EP 管以适当分散细胞。加入 1mL 预冷的 70%乙醇，轻轻吹打混匀，于 4℃过夜固定细胞。其间配制碘化丙啶（PI）染色液。固定后的细胞经离心沉淀后，加入 0.5mL PI 染液，轻轻重悬，于 37℃避光孵育 30min 后，即可上流式细胞仪检测。每个样品处理组至少分析 15000 个细胞。

4.2.11.2 细胞凋亡检测

细胞接种和样品处理同 4.2.11.1。按照细胞凋亡检测试剂盒的说明书操作，用不含 EDTA 的胰酶消化细胞至刚好能被轻轻吹下，避免过度消化导致细胞损伤，造成假阳性结果。收集所有细胞，于 760r/min 离心沉淀，加入 PBS 重悬细胞后计数。取 5 万～10 万重悬的细胞，离心 4min 后弃上清液，加入 195μL Annexin V-FITC 结合液轻轻重悬细胞，再加入 5μL Annexin V-FITC，轻轻混匀，最后加入 10μL PI 染色液，轻轻混匀。室温避光孵育 20min，最后置于冰上，上流式细胞仪检测。每个样品处理组至少分析 15000 个细胞。

4.2.12 细胞内相关基因表达水平检测

4.2.12.1 细胞总 RNA 提取

细胞接种和样品处理同 4.2.11.1。样品处理 48h 后，用胰酶消化细胞并收集至离心管中。按照通用 RNA 提取试剂盒的说明书操作：

① 向收集的细胞中加入 1mL 的 RL 溶液裂解细胞，轻微振荡混匀，室温放置 5～10min，待核酸蛋白复合物完全分离。

② 加入 200μL 氯仿，盖好离心管盖，剧烈振荡 15s，室温放置 3min；然后于 4℃以 12000*g* 离心 10min，溶液分三层，从上到下依次为无色水相、白色中间层和黄色有机相，RNA 主要在上层水相中，小心吸取水相至新的 EP 管中，注意不要吸到中间层。

③ 向吸取的水相中加入 0.5 倍体积无水乙醇，轻微混匀，转移至纯化柱中，于 4℃以 12000*g* 离心 30s，丢弃收集管的废液。此时，RNA 被吸附在纯化柱上。

④ 向纯化柱加入 500μL RPI 溶液（使用前按 3∶2 体积加入无水乙醇），室温下静置 2min，于 4℃ 以 12000*g* 离心 30s，弃废液；再向纯化柱加入 500μL RW 溶液（使用前按 1∶4 体积加入无水乙醇），室温下静置 2min，于 4℃以 12000*g* 离心 30s，弃废液。再将纯化柱置于 2mL 收集管中，于 4℃以 12000*g* 离心 2min，此步骤是除去纯化柱中残留的漂洗液。然后，将纯化柱置于超净工作台通风片刻，以充分晾干。

⑤ 将纯化柱转入新的 RNase-free 离心管中，加 50μL RNase-free 水后，静置 2min，于 4℃以 12000*g* 离心 2min，收集管即得到 RNA 溶液。

⑥ 采用核酸蛋白分析仪测定 RNA 的 OD_{230}、OD_{260} 和 OD_{280}。根据 OD_{260} 计算 RNA 浓度，OD_{260}/OD_{280} 的比值在 1.8～2.2 之间表示 RNA 较纯。

⑦ 采用琼脂糖凝胶电泳，通过 28S、18S 和 5S 三条 rRNA 条带，确定总 RNA 完整性。RNA 不稳定，易降解，于－80℃保存待用。

4.2.12.2 cDNA 的获取

按照某生物公司反转录试剂盒的步骤操作，具体如下：

① 按照表 4-1 配制好反应液，进行基因组 DNA 去除反应。

表 4-1 基因组 DNA 去除反应试剂信息

组分名称	加入量
gDNA Clean Reagent	1μL
5×gDNA Clean Buffer	2μL
Total RNA	—
RNase free water	Up to 10 μL

反应条件：42℃，2min，4℃。

② 反转录反应。按照表 4-2 配制反应液，进行反转录反应。

表 4-2 反转录反应试剂信息

组分名称	加入量
步骤①反应液	10μL
Evo M-MLV RTase Enzyme Mix	1μL
RT Primer Mix	1μL
5×RTase Reaction Buffer Mix Ⅰ	4μL
RNase free water	4μL
Total	20μL

反应条件：37℃，15min，85℃，5s，4℃。

4.2.12.3 Quantitative Real-time qPCR 检测

参考某生物公司 SYBR Green Pro Taq HS 预混型 qPCR 试剂盒的步骤，按照表 4-3 配制反应液并加入 PCR 专用八连管中。

表 4-3 Quantitative Real-time qPCR 反应试剂信息

组分名称	反应终浓度	加入量
5×SYBR Green Pro Taq HS Premix Ⅱ	1×	10μL
Template	≤100ng	—
Primer F（10μmol/L）	0.4μmol/L	0.8μL
Primer R（10μmol/L）	0.4μmol/L	0.8μL
RNase free water	—	Up to 20μL

然后将八连管置于荧光定量 PCR 仪中，程序设定如表 4-4 所示。

表 4-4 Quantitative Real-time qPCR 反应程序

步骤	温度	时间	循环数
Step 1	95℃	30s	1
Step 2	95℃	5s	40
	60℃	30s	
Step 3	Dissociation Stage		

程序结束得到循环数（Ct）值，按照 $2^{-\Delta\Delta Ct}$ 方法[265] 分析基因相对表达水平。

4.2.12.4 Real-Time qPCR 所用引物序列

见表 4-5。

表 4-5 引物序列信息

基因	正向引物（5′-3′）	反向引物（5′-3′）
β-actin	ATCGTCCACCGCAAATG	CTGTCACCTTCACCGTTCC
Bax	TTTGCTTCAGGGTTTCATCC	CAGTTGAAGTTGCCGTCAGA
Bcl-2	CGACTTCGCCGAGATGTCCAGCCAG	ACTTGTGGCCCAGATAGGCACCCAG
Bcl-xl	CACTGTGCGTGGAAAGCGT	CTCTAGGTGGTCATTCAGGTAAGTG
Pi3k	GTCAATCGGTGACTGTGTGG	GAACTGCAGTGCACCTTTCA
Akt	AGCGACGTGGCTATTGTGAAG	GCCATCATTCTTGAGGAGGAAGT
Cyclin A	CGCTGGCGGTACTGAAGTC	GAGGAACGGTGACATGCTCAT
CDK 2	CGCTTCATGGAGAACTTC	ATGGCAGAAAGCTAGGCC
Caspase 8	TTTCTGCCTACAGGGTCATGC	GCTGCTTCTCTCTTTGCTGAA

4.3 结果与讨论

4.3.1 酚苷化合物及其月桂酰衍生物的单酚酶抑制作用

以酪氨酸为底物，酪氨酸酶催化酪氨酸生成多巴色素的过程如图 4-1 所示。对照组在 475nm 的吸光度值随时间增大，且增长速率逐渐变缓，这表明酪氨酸在酪氨酸酶的催化作用下产生逐渐积累的多巴色素，随着底物消耗，增速变缓，最终会趋于稳定。酪氨酸在前 3min 的催化过程出现迟滞状态，这是单酚酶催化过程的一个典型特征[266]。因为酪氨酸作为单酚首先被酪氨酸酶氧化为二酚，即 L-多巴，而酪氨酸酶和 L-多巴在活性位点有竞争；L-多巴的累积量达到稳态后，在 O_2 的参与下进而被酪氨酸酶氧化为多巴醌，随后，多巴醌通过一系列氧化反应生成多巴色素[267,268]。多巴色素在 475nm 波长处有最大吸收，因此可以通过监测 OD_{475} 来反映催化进程。

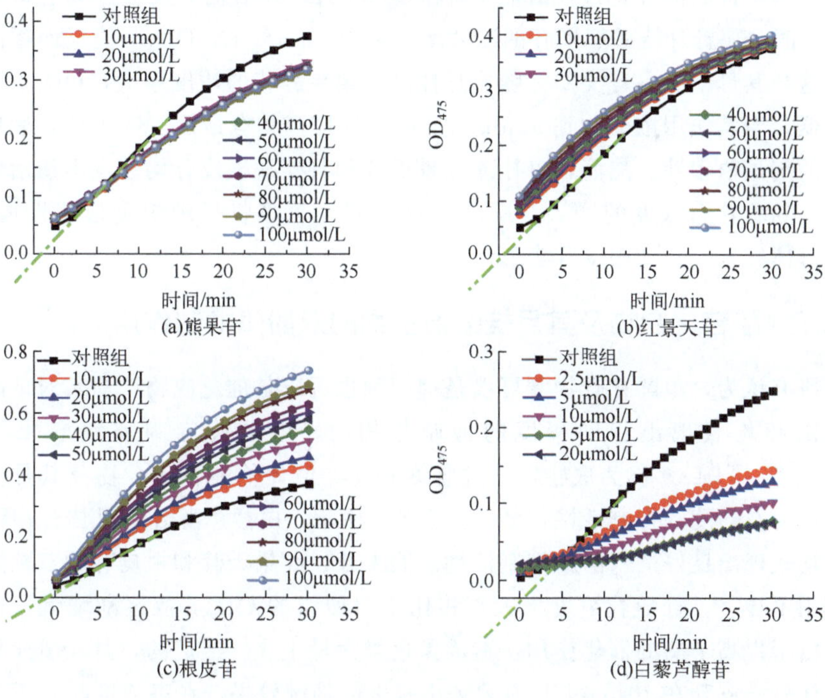

图 4-1 酚苷化合物对单酚酶催化过程的影响

从反应进程曲线可以看到，仅熊果苷和白藜芦醇苷在 100μmol/L 内表现出单酚酶抑制活性。熊果苷的作用浓度为 10μmol/L 时，反应产物有最低 OD_{475} 值；随着浓度继续增大至 100μmol/L，OD_{475} 值无显著变化，反而略有增加。白藜芦醇苷的作用浓度为 20μmol/L 时，反应产物有最低 OD_{475}；随着浓度继续增大至 100μmol/L，OD_{475} 值反而逐渐升高，单酚酶抑制率降低。熊果苷和白藜芦醇苷的催化过程没有迟滞现象。此外，熊果苷在前 5min 的 OD_{475} 值高于对照组，这可能是因为熊果苷作为单酚也是酪氨酸酶的催化底物，且反应产物在 475 nm 有吸收。熊果苷已被报道是酪氨酸酶的竞争性抑制剂[246]。然而，随着红景天苷和根皮苷作用浓度增大，产物的 OD_{475} 值随时间不断增大，显著高于对照组，且呈剂量依赖性，这表明红景天苷和根皮苷在 100μmol/L 内没有单酚酶抑制作用，反而促进了单酚酶活性。有研究表明，还原剂作为氢键供体可作为辅因子，在低浓度下激活单酚酶的活性[269]；抗坏血酸在 80μmol/L 时表现出单酚酶抑制作用，而在 30μmol/L 浓度内则促进单酚酶催化生成多巴色素[270]。此前的研究也表明，根皮苷在 100μmol/L 内没有表现出酪氨酸酶抑制活性，在 1mmol/L 时的抑制率仅达到 16.56%[248]。

如图 4-2 所示，仅月桂酰熊果苷和月桂酰白藜芦醇苷在 100μmol/L 内表现出单酚酶抑制活性。月桂酰熊果苷浓度为 50μmol/L 时，反应产物有最低的 OD_{475} 值；随着月桂酰熊果苷的浓度增大至 100μmol/L，OD_{475} 值反而逐渐上升，这与其母体熊果苷类似。随着月桂酰白藜芦醇苷的浓度增大，OD_{475} 值逐渐降低，当其作用浓度达到 90μmol/L 时，反应产物有最低 OD_{475} 值，表现出良好的剂量依赖性。然而，月桂酰红景天苷和月桂酰根皮苷均表现出酶活促进作用，随着它们浓度的增大，反应产物的 OD_{475} 吸收呈现剂量依赖性增强，这与母体红景天苷和根皮苷类似。

4.3.2 酚苷化合物及其月桂酰衍生物的双酚酶抑制作用

研究认为，单酚化合物既可以是抑制剂也可以是催化底物，当其对单酚酶和双酚酶均表现出相同程度的抑制作用时，即被确定为酪氨酸酶抑制剂[271,272]。以 L-多巴为底物，通过监测 OD_{475} 值评估酚苷化合物及其月桂酰衍生物对双酚酶的抑制活性，结果如图 4-3 所示，白藜芦醇苷和月桂酰白藜芦醇苷均表现出良好的双酚酶抑制活性。熊果苷、红景天苷和根皮苷的双酚酶抑制作用不显著，且随着浓度增大，相比于对照组的 OD_{475} 值逐渐增大，这可能是由于提高了酶的催化作用，造成黑色素大量生成。类似的，月桂酰熊果苷和月桂酰根皮苷在 10μmol/L 时表现出轻微的抑制效果，在高浓度时则不表现出双酚酶抑制活性。白藜芦醇苷和月桂酰白藜芦醇苷在 100μmol/L 内即发挥

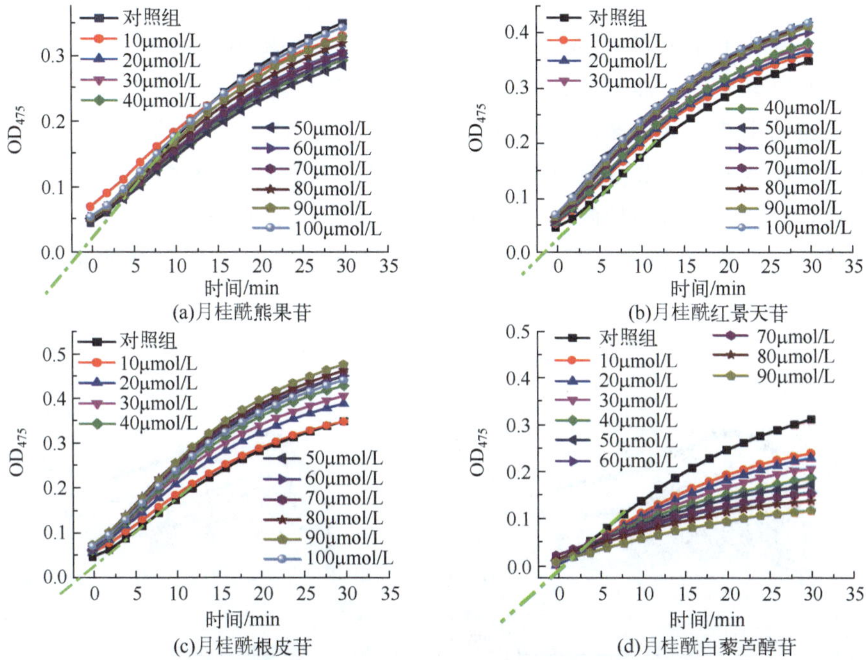

图 4-2 月桂酰酚苷酯衍生物对单酚酶催化过程的影响

出良好的酪氨酸酶抑制作用。

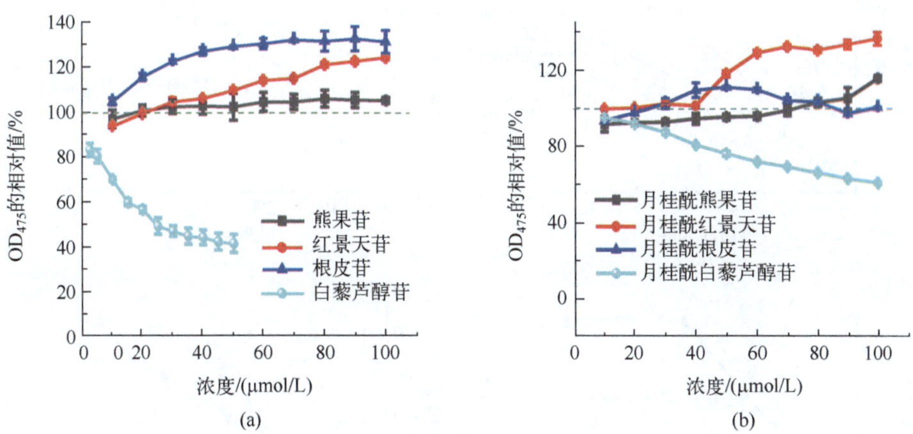

图 4-3 酚苷化合物（a）及其月桂酰衍生物（b）的双酚酶抑制活性

4.3.3 白藜芦醇苷和月桂酰白藜芦醇苷的单酚酶、双酚酶抑制率

如图 4-4（a）、（b）所示为白藜芦醇苷和月桂酰白藜芦醇苷作用下酪氨酸

酶（50U/mL）催化 L-多巴（2mmol/L）的反应过程曲线，曲酸为阳性对照。酪氨酸酶催化 L-多巴生成多巴色素没有迟滞现象，随着时间增加，OD_{475} 值先呈线性迅速升高，然后增长变缓，最后降低趋于稳定。这是因为 L-多巴会被酪氨酸酶迅速氧化为多巴醌，多巴醌不稳定，在 O_2 的参与下可通过氧化等一系列反应生成多巴和多巴色素，多巴又可作为酪氨酸酶的底物被催化，这是一个循环过程。反应初始的 L-多巴充足，可保证多巴色素迅速生成，随着底物消耗，反应速率下降，而 OD_{475} 值的下降可能归因于多巴色素的絮凝和沉积。

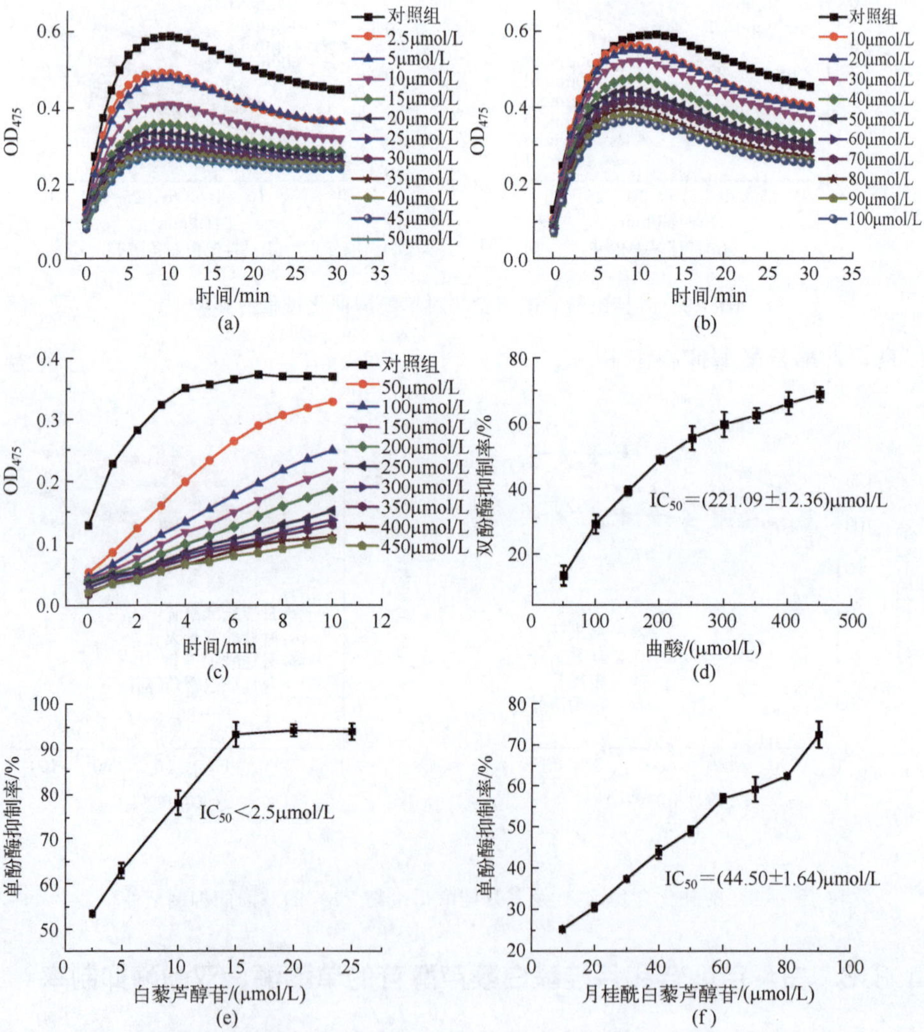

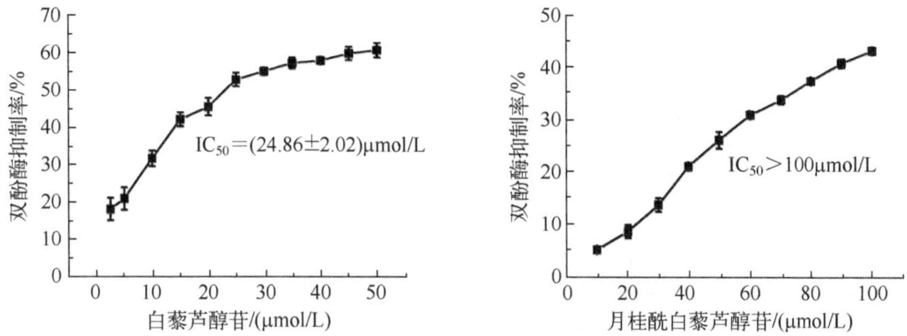

(g) (h)

图 4-4　白藜芦醇苷（a）、月桂酰白藜芦醇苷（b）和曲酸（c）作用下酶促反应过程曲线，以及单酚酶、双酚酶抑制率［(d)～(h)］

表 4-6　酚苷化合物及其月桂酰衍生物的单酚酶、双酚酶抑制率

化合物	单酚酶			双酚酶		
	浓度/(μmol/L)	抑制率/%	IC_{50}/(μmol/L)	浓度/(μmol/L)	抑制率/%	IC_{50}/(μmol/L)
曲酸	—	—	—	450	68.8±2.2b	221.1±12.4
熊果苷	10	17.3±1.9e	—	10	4.0±0.7h	—
月桂酰熊果苷	50	20.4±2.9e	—	10	10.2±1.6f	—
红景天苷	—	—	—	10	6.8±0.8gh	
月桂酰红景天苷	—	—	—	—	—	—
根皮苷	—	—	—	—	—	—
月桂酰根皮苷	—	—	—	10	7.8±1.5g	—
白藜芦醇苷	25	93.8±1.8a	2.43±0.06	50	60.8±2.0c	24.9±2.0
月桂酰白藜芦醇苷	90	72.7±3.2b	44.5±1.6	100	43.2±0.7d	>100

注：每列数据中的不同英文字母表示两组值之间存在显著性差异（$p<0.05$）。

曲酸是公认的酪氨酸酶抑制剂，在不同条件下的表现略有差异[273,274]。如图 4-4（c）、(d）所示，曲酸呈剂量依赖性地抑制酪氨酸酶活性，本条件下的 IC_{50} 值为（221.1±12.4）μmol/L。L-多巴在前 8min 的反应过程曲线几乎呈线性增长至最大值，因此，以第 8min 的 OD_{475} 值计算对酪氨酸酶的抑制率。如图 4-4（e）～（h）所示，白藜芦醇苷的单酚酶抑制 IC_{50} 值小于 2.5μmol/L，月桂酰白藜芦醇苷的单酚酶抑制 IC_{50} 值为（44.5±1.6）μmol/L。对于双酚酶抑制，白藜芦醇苷的 IC_{50} 为（24.9±2.0）μmol/L，远低于曲酸的 IC_{50} 值；月桂酰白藜芦醇苷的 IC_{50} 值大于 100μmol/L，但其在 100μmol/L 的抑制率达到 43.2%±0.7%，高于曲酸的 29.4%±2.8%。此外，表 4-6 列出了酚苷化合物及其月桂酰衍生物的单酚酶、双酚酶最大抑制率。熊果苷、红景天苷、根皮苷及其月桂酰衍生物在 100μmol/L 内的双酚酶抑制率不超过 10.2%，白藜芦醇苷具有最好的抑制活性，其次是月桂酰白藜芦醇苷，且强于曲酸。因此，白藜芦醇苷和月桂酰白藜芦醇苷能剂量依赖性地降低酪氨酸酶的活性，抑制其对底物 L-多巴的催化作用。

4.3.4 圆二色光谱分析

为了探究白藜芦醇苷和月桂酰白藜芦醇苷对酪氨酸酶的作用机制，采用圆二色光谱分析酪氨酸酶的二级结构变化。如图 4-5 所示，游离酪氨酸酶在 209nm 和 222nm 附近有两个显著的负峰，这是蛋白质 α 螺旋的特征峰，归属于肽键的 π-π^* 和 n-π^* 电子跃迁[259,263]。随着抑制剂的加入，这两个负峰的强度减弱，表明酪氨酸酶二级结构发生了变化。如表 4-7 所示，白藜芦醇苷和月桂酰白藜芦醇苷的浓度从 10μmol/L 和 20μmol/L 逐渐增大到 30μmol/L 和 100μmol/L，酶分子的 α 螺旋、β 折叠、β 转角和无规则卷曲的含量都发生规律性降低和升高。尤其是 α 螺旋的含量分别从游离状态的 43.8%左右降低至 33.0%和 31.9%，这表明白藜芦醇苷和月桂酰白藜芦醇苷与主多肽链发生相互作用，从而破坏氢键网络，造成螺旋结构的损失[263]。二氢杨梅素、槲皮素和芹菜素都被报道有类似的作用[258,259,275]，研究认为，螺旋结构降低意味着

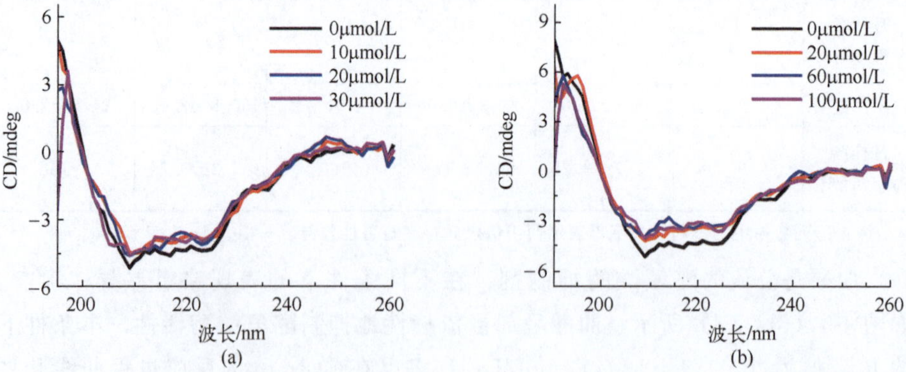

图 4-5 白藜芦醇苷（a）和月桂酰白藜芦醇苷（b）对酪氨酸酶圆二色光谱的影响

多肽链的展开和疏水区域的暴露，导致酪氨酸酶分子稳定性下降和催化活性的降低。然而，二级结构的变化与酪氨酸酶的催化活性没有确切联系。苜蓿素是有效的酪氨酸酶抑制剂，但它的作用不引起酶分子二级结构的改变[276]。因此，还需要进一步探究白藜芦醇苷和月桂酰白藜芦醇苷与酪氨酸酶作用的机制。

表 4-7　白藜芦醇苷和月桂酰白藜芦醇苷对酪氨酸酶二级结构的影响

化合物	浓度 /(μmol/L)	α 螺旋 /%	β 折叠 /%	β 转角 /%	无规则卷曲 /%
白藜芦醇基	0	43.8	13.9	16.8	25.5
	10	37.5	16.6	17.1	28.8
	20	35.4	18.0	17.6	29.0
	30	33.0	20.0	17.8	29.2
月桂酰白藜芦醇基	0	44.0	13.2	17.3	25.5
	20	37.8	15.9	17.6	28.7
	60	33.4	19.7	17.8	29.1
	100	31.9	20.7	17.8	29.6

4.3.5　抑制可逆性分析

通过白藜芦醇苷和月桂酰白藜芦醇苷作用下的反应速率和酶浓度的关系，可以判断其抑制可逆性。如图 4-6 所示，无抑制剂作用下，随着酪氨酸酶浓度的增大，反应速率逐渐增大，经拟合得到经过原点的线性良好的直线。在白藜芦醇苷和月桂酰白藜芦醇苷的作用下，反应速率与酶浓度均呈现良好的线性关系，且直线经过原点。这表明白藜芦醇苷和月桂酰白藜芦醇苷的抑制作用是可逆的[258]。如果是不可逆抑制，拟合直线不经过原点，因为抑制剂与酶通过共价键形成稳定的化合物，使酶失活，当酶量达到一定浓度后，才表现出催化活性[277]。Yi 等[278] 化学合成的抗坏血酸酯化合物对酪氨酸酶则表现出不可逆抑制作用，其拟合得到平行的不经过原点的直线。随着白藜芦醇苷和月桂酰白藜芦醇苷浓度的增大，拟合直线斜率逐渐下降，这表明抑制剂的作用没有减少有效的酶量，而是通过抑制酪氨酸酶对 L-多巴的氧化速率来抑制反应[279]。研究认为，可逆性抑制剂不与酶共价结合，在体内没有积累效应，是相对更安全的抑制剂[280]。

4.3.6　抑制动力学分析

可逆抑制又分为竞争性、反竞争性、非竞争性和混合型抑制，它们表示抑

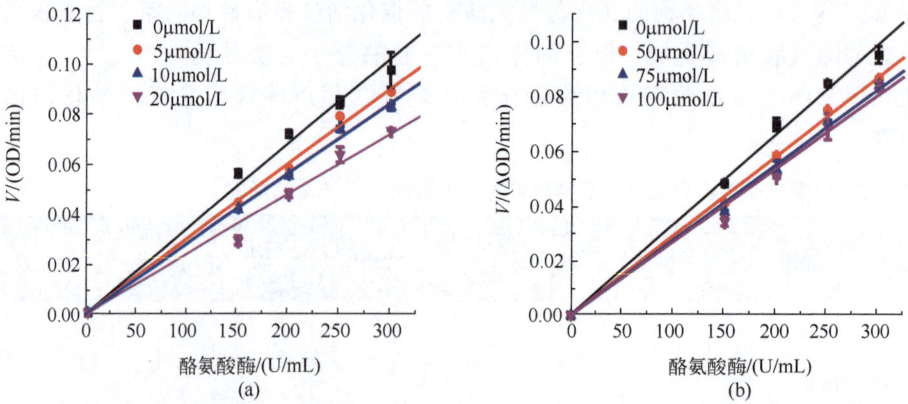

图 4-6　白藜芦醇苷（a）和月桂酰白藜芦醇苷（b）作用下的反应速率与酶浓度的关系

制剂与酪氨酸酶的结合方式不同。竞争性抑制指与底物结构相似的抑制剂和底物竞争活性位点，从而降低酶对底物的催化活性。非竞争性抑制指抑制剂既可以与活性中心以外的变构位点结合，改变酶的结构，降低其活性；也可以与酶-底物复合物结合，使产物无法释放，从而发挥抑制作用。反竞争性抑制指抑制剂只与酶-底物复合物结合，从而抑制产物的释放。混合型抑制指抑制剂既能与游离酶结合，也能与酶-底物复合物结合，一般是竞争性和非竞争性抑制混合或非竞争性和反竞争性抑制混合[268]。

通过 Lineweaver-Burk 双倒数作图法，计算动力学参数，判断白藜芦醇苷和月桂酰白藜芦醇苷对酪氨酸酶的抑制类型。不同抑制类型的方程式如下[261]：

竞争性抑制：

$$\frac{1}{V}=\frac{K_m}{V_m}\left(1+\frac{[I]}{K_I}\right)\frac{1}{[S]}+\frac{1}{V_m} \tag{4-7}$$

非竞争性抑制：

$$\frac{1}{V}=\frac{K_m}{V_m}\left(1+\frac{[I]}{K_I}\right)\frac{1}{[S]}+\frac{1}{V_m}\left(1+\frac{[I]}{K_I}\right) \tag{4-8}$$

反竞争性抑制：

$$\frac{1}{V}=\frac{K_m}{V_m}\frac{1}{[S]}+\frac{1}{V_m}\left(1+\frac{[I]}{K_I}\right) \tag{4-9}$$

混合型抑制：

$$\frac{1}{V}=\frac{K_m}{V_m}\left(1+\frac{[I]}{K_I}\right)\frac{1}{[S]}+\frac{1}{V_m}\left(1+\frac{[I]}{K_{IS}}\right) \tag{4-10}$$

K_I 和 K_{IS} 的计算方程如下：

$$截距=\frac{K_m[I]}{V_mK_I}+\frac{K_m}{V_m} \tag{4-11}$$

$$斜率=\frac{[I]}{V_mK_{IS}}+\frac{1}{V_m} \tag{4-12}$$

式中，V，V_m，K_I，K_m，K_{IS} 分别表示反应速率、最大反应速率、游离酶抑制常数、米氏常数和结合酶抑制常数；$[S]$ 和 $[I]$ 分别为底物和抑制剂的浓度。

如图 4-7（a）所示，双倒数 $1/V$ 和 $1/[S]$ 呈线性关系，斜率随着白藜芦醇苷的浓度增加逐渐增大，但直线相交于 x 轴，表明横坐标截距（$-1/K_m$）不变，这符合非竞争性抑制的特征[268]。采用非竞争性抑制的动力学方程计算 K_m 和 V_m 值，结果如表 4-8 所示，随着白藜芦醇苷的浓度从 0μmol/L 增加到 20μmol/L，K_m 保持不变，而 V_m 变小。这是因为非竞争性抑制剂既能与游离酶结合，也能与酶-底物复合物结合，不改变酶与底物的亲和力，但是通过抑制产物的生成降低了反应速率[281]。如图 4-7（b）所示，以斜率为纵坐标，白藜芦醇苷的浓度为横坐标，良好的线性关系表示白藜芦醇苷对酪氨酸酶的抑制存在单一或一类结合位点[282]。此外，以 Dixon plot 模型作 $1/V$ 和 $[I]$ 的关系图，如图 4-7（e）所示，拟合直线均相交于 x 轴，交点为 $-K_I$，这也符合非竞争性抑制的特征[283]。经计算，抑制常数 K_I 值为 15.80μmol/L，如表 4-9 所示。

然而，如图 4-7（c）所示，月桂酰白藜芦醇苷作用下的双倒数 $1/V$ 和 $1/[S]$ 呈良好的线性关系，随月桂酰白藜芦醇苷的浓度增大，直线呈平行关系，这是典型的反竞争性抑制特征[284]。采用反竞争性抑制的方程式计算 K_m 和 V_m 值，月桂酰白藜芦醇苷的浓度从 0μmol/L 增大到 80μmol/L，K_m 和 V_m 值分别从 1.03 和 0.12 降到 0.57 和 0.07。以 Cornish-Bowden plot 模型作 $[S]/V$ 和 $[I]$ 的关系图，如图 4-7（f）所示，拟合直线均相交于第二象限，交点的横坐标为 $-K_I$，这也符合反竞争性抑制的特征[283]。反竞争性抑制剂和底物有不同的结合位点，抑制剂只能与酶-底物复合物结合，抑制产物的释放，从而发挥抑制作用[285]。如表 4-9 所示，通过方程计算月桂酰白藜芦醇苷的抑制常数 K_I 为 99.08μmol/L，远大于白藜芦醇苷的 K_I 值，这表明白藜芦醇苷的酪氨酸酶抑制活性强于月桂酰白藜芦醇苷。研究报道，反竞争性抑制在自然界中存在较少，它在体内的效果比竞争性和非竞争性抑制好[257,284]。

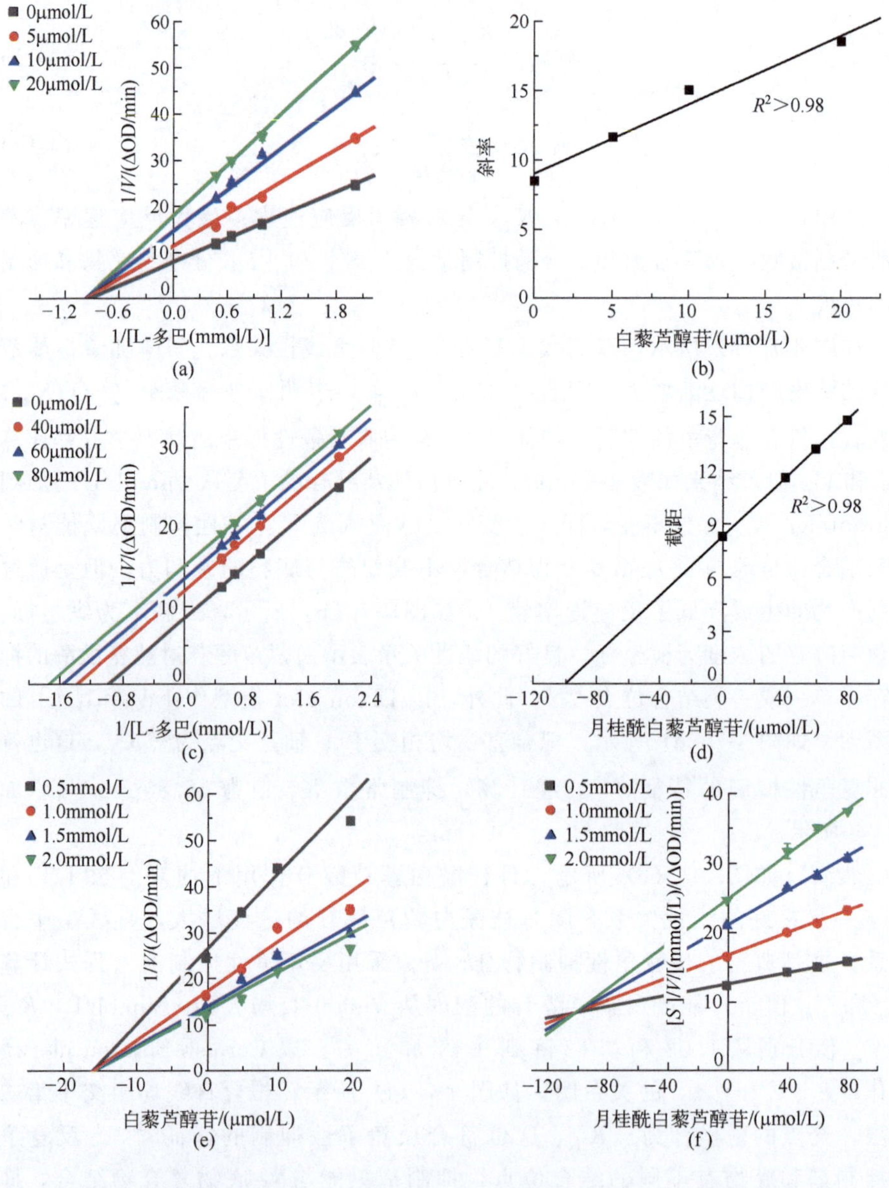

图 4-7　白藜芦醇苷［(a)、(b)］和月桂酰白藜芦醇苷［(c)、(d)］的 Lineweaver-Burk 双倒数曲线和二级曲线，以及 Dixon (e) 和 Cornish-Bowden (f) 拟合曲线

表 4-8　白藜芦醇苷和月桂酰白藜芦醇苷的 Lineweaver-Burk 拟合曲线和动力学参数

化合物 / (μmol/L)		Lineweaver-Burk plot	K_m / (mmol/L)	V_m / (ΔOD/min)	抑制类型
白藜芦醇苷	0	$1/V=8.50/[S]+8.22$	1.03	0.12	非竞争性抑制
	5	$1/V=11.70/[S]+11.36$	1.03	0.09	
	10	$1/V=15.03/[S]+14.51$	1.03	0.07	
	20	$1/V=18.48/[S]+17.69$	1.03	0.06	
月桂酰白藜芦醇苷	0	$1/V=8.50/[S]+8.22$	1.03	0.12	反竞争性抑制
	40	$1/V=8.50/[S]+11.63$	0.73	0.09	
	60	$1/V=8.50/[S]+13.21$	0.64	0.08	
	80	$1/V=8.50/[S]+14.82$	0.57	0.07	

表 4-9　白藜芦醇苷和月桂酰白藜芦醇苷的 Dixon 和 Cornish-Bowden 拟合曲线

化合物	L-多巴 / (mmol/L)	Dixon plot/ Cornish-Bowden plot	K_I / (μmol/L)	IC_{50} / (μmol/L)
白藜芦醇苷	0.5	$1/V=1.67[I]+26.44$	15.80	24.86±2.02
	1.0	$1/V=1.10[I]+17.29$		
	1.5	$1/V=0.89[I]+14.08$		
	2.0	$1/V=0.84[I]+13.28$		
月桂酰白藜芦醇苷	0.5	$[S]/V=0.04[I]+12.67$	99.08	>100
	1.0	$[S]/V=0.08[I]+16.76$		
	1.5	$[S]/V=0.12[I]+21.04$		
	2.0	$[S]/V=0.16[I]+24.77$		

4.3.7　分子对接分析

白藜芦醇苷和月桂酰白藜芦醇苷分别通过非竞争性和反竞争性抑制降低酪氨酸酶的催化活性，这表明它们可能都结合在酪氨酸酶分子的变构位点，通过改变酶的构象或抑制产物的释放来降低酶催化作用。因此，可利用分子对接模拟小分子配体与大分子蛋白质的结合状态，进一步理解它们的相互作用机制。图 4-8 和表 4-10 所示为酪氨酸酶分子的催化活性位点和预测的变构位点信息。

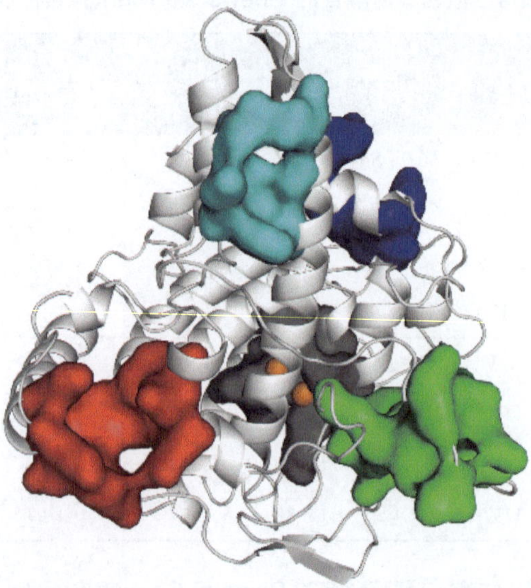

图 4-8 酪氨酸酶分子的催化活性位点 1（灰色）和变构位点 2～5
（分别为红色、绿色、蓝色和青色）

表 4-10 酪氨酸酶分子的催化活性位点、变构位点和对接盒子信息

位点	盒子坐标（X，Y，Z）	盒子尺寸（X，Y，Z）	体积/$Å^3$	表面积/$Å^2$	深度/Å
催化位点 1	5.80，23.47，99.30	36，30，50	42.5	176.06	6.5
变构位点 2	8.81，44.70，84.84	54，54，66	150.53	348.19	7.92
变构位点 3	17.77，40.22，95.03	50，44，66	128.51	388.7	10.43
变构位点 4	10.03，18.78，75.67	48，56，54	99.84	308.1	7.63
变构位点 5	6.41，38.67，65.25	40，40，40	35.33	231.27	4.93

有研究报道曲酸是一种混合型抑制剂，但大多数研究认为它与底物竞争并结合到活性位点[286,287]。因此，将酪氨酸、L-多巴和曲酸与催化位点对接，白藜芦醇苷和月桂酰白藜芦醇苷与催化位点和变构位点对接。如表 4-11 所示，L-酪氨酸、L-多巴、曲酸、白藜芦醇苷和月桂酰白藜芦醇苷与活性位点的结合能分别为 −4.66kcal/mol（1kcal/mol = 4.1840kJ/mol）、−4.85kcal/mol、−3.87kcal/mol、−6.57kcal/mol 和 −4.13kcal/mol。结合能的值越小表示小分子配体与活性位点的亲和力越大，因此，白藜芦醇苷可能与底物酪氨酸酶和 L-多巴竞争活性位点，且其竞争能力强于曲酸。它们在活性口袋的结合构象如图 4-9 所示，可以看到，曲酸能深入活性中心，与氨基酸残基 Asn260 和 Met280 形成氢键，且与两个铜离子产生金属相互作用。酪氨酸酶的活性中心由双核铜离

子以及分别与它们配合的组氨酸残基 His61、His85、His94、His259、His263 和 His296 组成。白藜芦醇苷与氨基酸残基 Asn81、Cys83、His85、His244、Glu322 和 Met280 形成 7 个氢键，但是糖苷部分导致的空间位阻的影响，使其无法深入活性中心。由于空间位阻的影响，月桂酰白藜芦醇苷的糖苷部分和烷基链均暴露在活性口袋外。因此，曲酸能与底物竞争催化活性中心，白藜芦醇苷与活性口袋的高亲和力可能阻止底物进入催化中心，这也符合非竞争性抑制的特征。

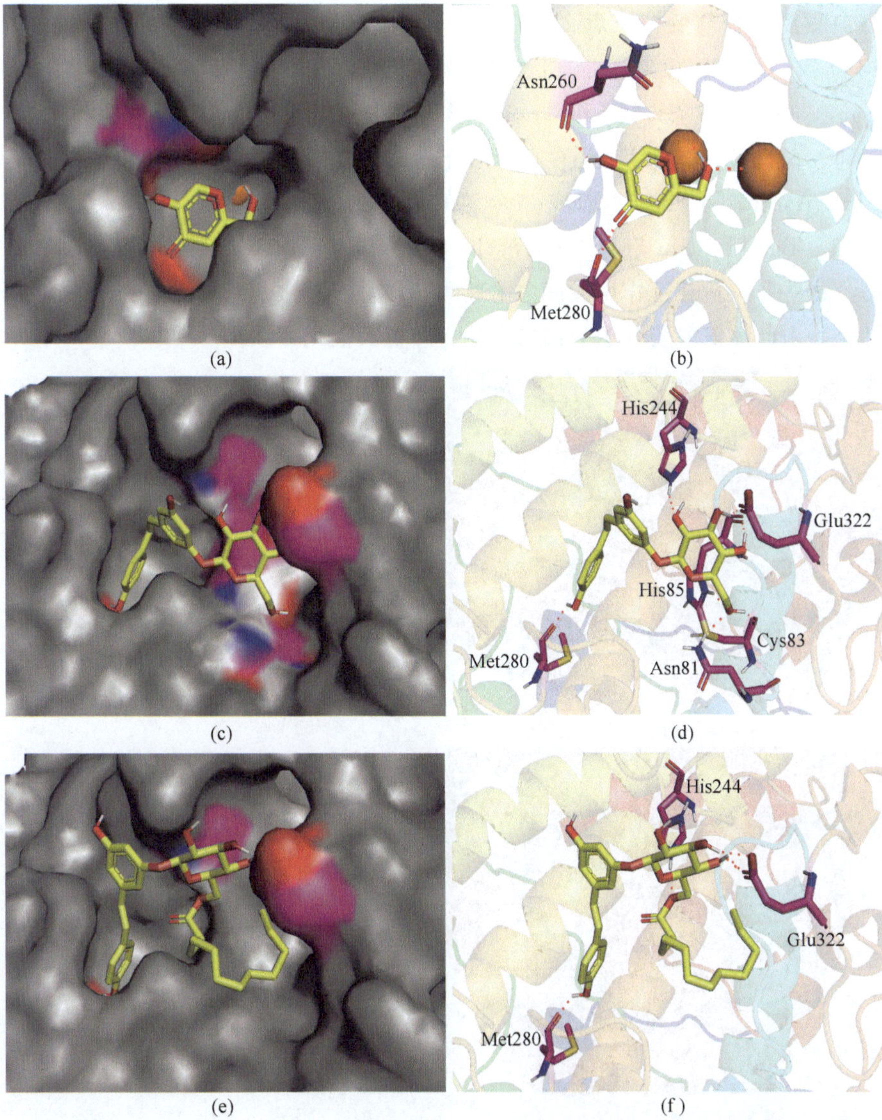

图 4-9 曲酸［(a)、(b)］白藜芦醇苷［(c)、(d)］和月桂酰白藜芦醇苷［(e)、(f)］与催化活性口袋的结合构象和氢键作用（用虚线表示）

此外，白藜芦醇苷和月桂酰白藜芦醇苷与变构位点的对接结果如表 4-11 所示，它们均与变构位点 2 有最强的亲和力，对接结合能分别高达－7.86kcal/mol和－7.36kcal/mol，且变构位点 2 靠近酪氨酸酶催化活性位点，因此，它们可能与变构位点 2 结合，诱导酶分子结构变化，影响活性中心的微环境或者抑制催化产物从活性口袋释放。白藜芦醇苷相比月桂酰白藜芦醇苷有更高的结合能，这也表明其具有更强的亲和力，与 IC_{50} 值的结果一致。白藜芦醇苷和月桂酰白藜芦醇苷与变构位点 2 的结合构象如图 4-10 所示，它们的结合 pose 与变构位点 2 的形状吻合。白藜芦醇苷与氨基酸残基 Asp312、Glu356、Asp357、Glu359、Gly373 和 Lys379 形成 7 个氢键，它与氨基酸残基 Gln307、Glu356、Asp357 和 Trp358 还存在疏水作用力。月桂酰白藜芦醇苷与氨基酸残基 Asn19、Asp357 和 Phe368 形成 3 个氢键，它还与氨基酸残基 Ile17、Gln307、Thr308、Tyr311、Glu356、Asp357、Lys372、Lys376 和 Lys379 之间存在疏水作用力。这些非共价相互作用促使白藜芦醇苷和月桂酰白藜芦醇苷与变构位点 2 紧密结合，引起酪氨酸酶分子的构象变化，降低其催化活性。

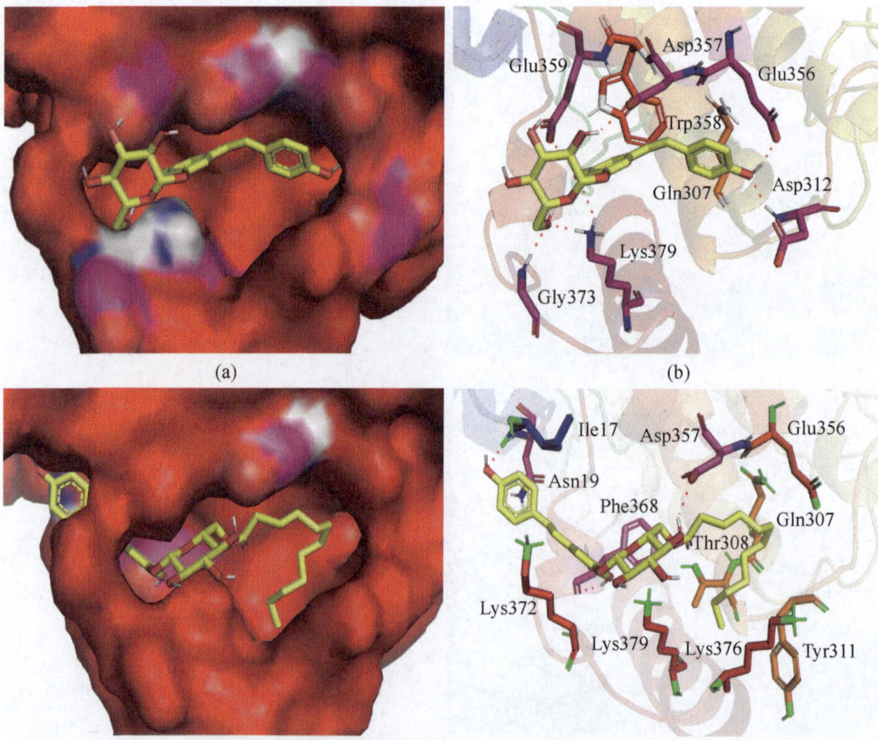

图 4-10　白藜芦醇苷［(a)、(b)］和月桂酰白藜芦醇苷［(c)、(d)］与变构位点 2 的结合构象和相互作用

表 4-11　底物和抑制剂与催化位点和变构位点的结合能、抑制常数和氢键相互作用

化合物	位点	结合能/(kcal/mol)	抑制常数	形成氢键的氨基酸残基
L-酪氨酸	1	−4.66	385.13μmol/L	His244，Glu256，Asn260，Met280
L-多巴	1	−4.85	280.69μmol/L	His244，Glu256，Asn260，Met280
曲酸	1	−3.87	1.46mmol/L	Asn260，Met280
白藜芦醇苷	1	−6.57	15.18μmol/L	Asn81，Cys83，His85，His244，Met280，Glu322
	2	−7.86	5.68μmol/L	Asp312，Glu356，Asp357，Glu359，Gly373，Lys379
	3	−7.21	5.16μmol/L	Lys5，Glu67，Lys70，Gly326，Leu327，Tyr343
	4	−7.62	2.6μmol/L	Gln41，Glu173，Asn174，His178，Lys180
	5	−5.19	155.66μmol/L	Gln114，Ile125，Lys129，Arg132
月桂酰白藜芦醇苷	1	−4.13	1.11mmol/L	His244，Met280，Glu322
	2	−7.36	4.02μmol/L	Asn19，Asp357，Phe368
	3	−5.71	65.51μmol/L	Lys5，Glu67，Lys70，Met325，Gln331
	4	−5.58	80.94μmol/L	Gln41，Gln44，Glu173，Lys180
	5	−2.58	12.78mmol/L	Gln114，Ile125，Lys129

4.3.8　抗褐变作用分析

通过测定参数 L^*、a^* 和 b^* 值的变化，可以探究白藜芦醇苷和月桂酰白藜芦醇苷对马铃薯块和苹果块的抗褐变作用。如表 4-12 所示，24h 后对照组中马铃薯块和苹果块的亮度 L^* 值从 59.8 和 65.2 分别降低至 46.9 和 62.8，a^* 值从−0.6 和 0.2 分别增大至 2.1 和 4.3，这是褐变现象的典型特征。然而，白藜芦醇苷和月桂酰白藜芦醇苷处理组的苹果块的亮度 L^* 值没有显著降低。与对照组相比，白藜芦醇苷和月桂酰白藜芦醇苷处理组的马铃薯块的亮度 L^* 值下降得较少，分别降至 54.2 和 59.9，且 24h 后它们的 a^* 值分别为 1.6 和 0.6，均小于对照组，这表明白藜芦醇苷和月桂酰白藜芦醇苷在马铃薯块和苹果块的自然储藏中发挥抗褐变作用。图 4-11（a）展示了马铃薯块和苹果块褐变过程的可视实物图。此外，ΔE 值是反映总色差的一个重要指标。如图 4-11（b）、（c）所示，马铃薯块和苹果块的 ΔE 值均随时间逐渐增大；然而，白藜芦醇苷和月桂酰白藜芦醇苷处理组的马铃薯块和苹果块的 ΔE 值在 8h、16h 和 24h 均低于对照组，且月桂酰白藜芦醇苷相比白藜芦醇苷展现出更好的抗褐变作用。

表 4-12　马铃薯块和苹果块在褐变过程中的颜色参数（L^*、a^* 和 b^* 值）的变化

项目	时间/h	对照组			白藜芦醇苷			月桂酰白藜芦醇苷		
		L^*	a^*	b^*	L^*	a^*	b^*	L^*	a^*	b^*
马铃薯块	0	59.8±0.6	−0.6±0.1	23.9±0.4	59.6±0.8	0.1±0.4	23.1±1.6	61.1±2.2	0.3±0.3	24.8±2.4
	8	54.1±1.8	0.3±0.3	21.4±0.9	57.3±0.2	0.8±0.0	19.0±0.0	59.3±0.3	0.5±0.1	25.7±0.1
	16	51.2±1.1	1.1±0.1	20.9±0.2	54.5±0.5	2.1±0.1	22.3±1.3	60.3±0.3	0.7±0.2	27.5±0.4
	24	46.9±1.8	2.1±0.1	20.1±1.1	54.2±1.0	1.6±0.1	19.7±0.3	59.9±0.9	0.6±0.2	27.8±0.3
苹果块	0	65.2±0.8	0.2±0.6	23.2±1.7	64.6±0.8	0.3±0.2	24.2±1.6	64.7±0.8	0.6±0.1	23.6±1.2
	8	66.3±3.0	1.4±0.2	30.6±2.0	64.0±0.9	1.6±0.6	25.7±0.9	65.9±2.2	2.0±0.3	25.7±1.5
	16	65.2±5.7	2.6±1.3	30.7±3.5	64.0±1.3	3.2±0.5	27±0.9	67.1±1.0	2.8±0.4	26.2±1.4
	24	62.8±2.7	4.3±0.8	34.0±3.2	67.0±1.4	3.9±0.5	28.6±1.4	65.6±1.4	3.7±0.3	27.8±1.1

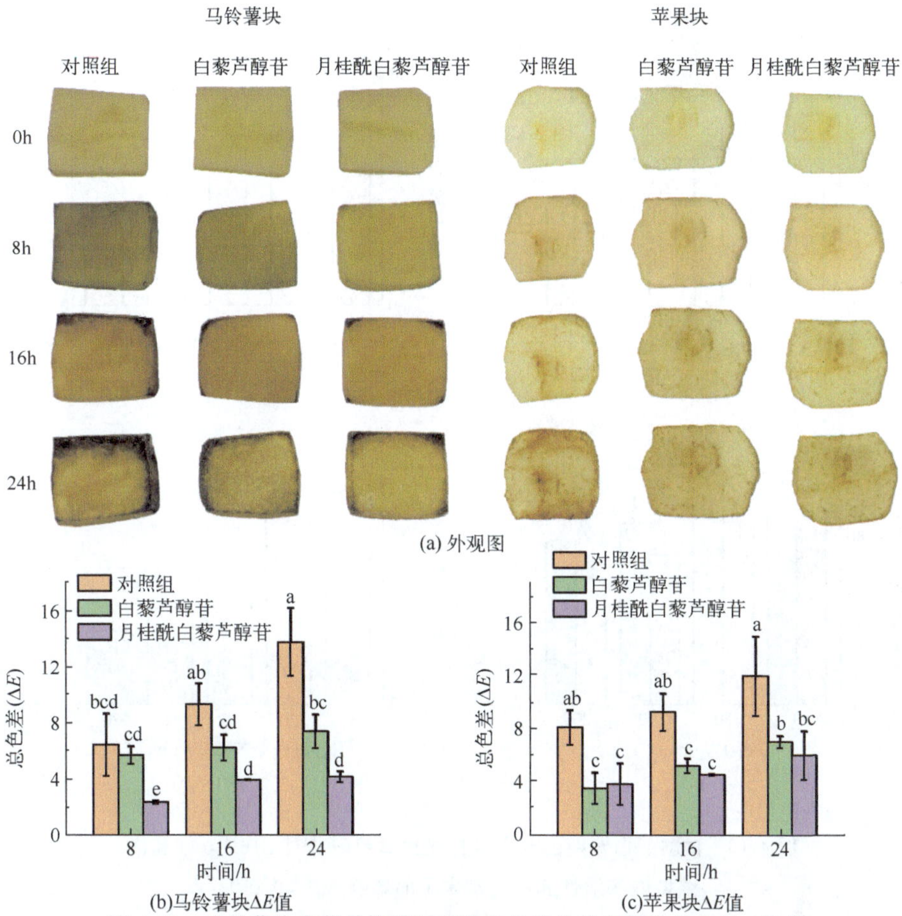

图 4-11　马铃薯块和苹果块随时间褐变过程的外观图和总色差 ΔE 值

4.3.9　胞内酪氨酸酶活性和黑色素含量测定

小鼠黑色素瘤 B16F10 细胞在高糖 DMEM 培养下能产生并分泌黑色素颗粒，而人黑色素瘤 A375 细胞不分泌黑色素，因此，采用 B16F10 细胞作为胞内酪氨酸酶活性和黑色素生成抑制的模型[288,289]。如图 4-12 所示，胞内酪氨酸酶活性和黑色素含量随着曲酸、白藜芦醇苷和月桂酰白藜芦醇苷的作用浓度增大逐渐下降，且呈剂量依赖性。白藜芦醇苷的作用浓度为 200μmol/L 时，胞内酪氨酸酶活降低至 61%，与阳性对照曲酸无显著性差异，而胞内黑色素含量降至 60%，显著低于曲酸作用组。相比之下，月桂酰白藜芦醇苷表现出最好的胞内酪氨酸酶和黑色素抑制活性，其在 60μmol/L 作用浓度时使胞内酶活降至 45.9%，且黑色素含量降至 45.6%，而细胞活力大于 80%。因此，60μmol/L 是月桂酰白藜芦醇苷有效且安全的作用剂量。

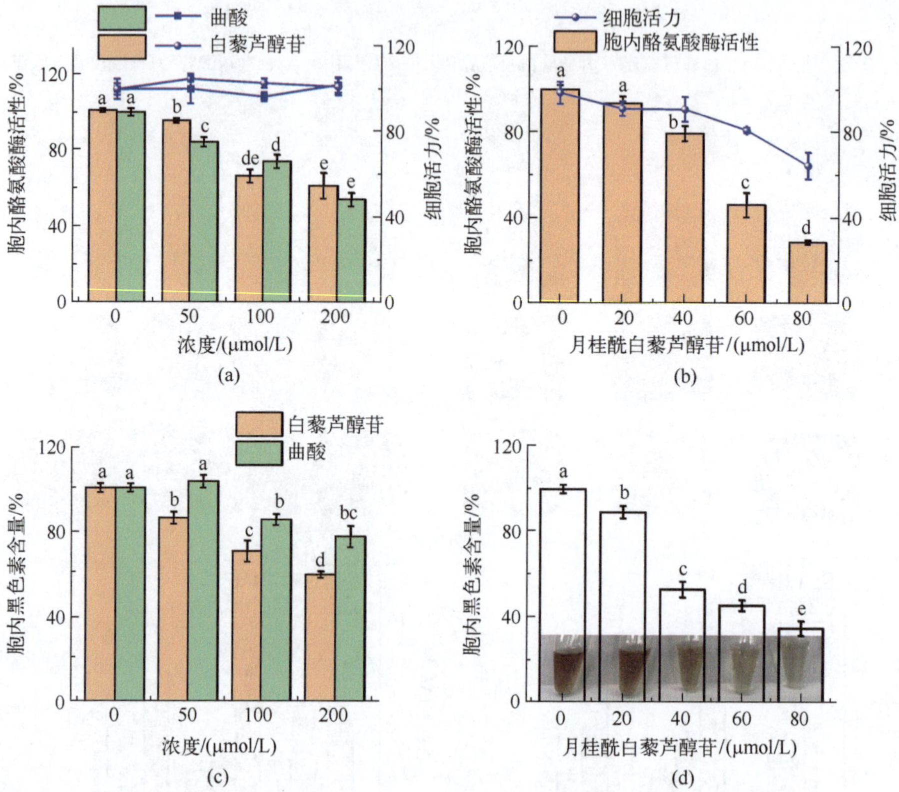

图 4-12　曲酸、白藜芦醇苷和月桂酰白藜芦醇苷对 B16F10 细胞内酪氨酸酶活性和黑色素含量的影响（$p<0.05$）

4.3.10　月桂酰白藜芦醇苷对黑色素细胞的增殖抑制作用

4.3.10.1　细胞活力测定

如图 4-13 所示，探究月桂酰白藜芦醇苷在 50μmol/L 浓度内对人黑色素瘤 A375 细胞的抗增殖作用，结果表明，月桂酰白藜芦醇苷对人永生化表皮细胞 HaCaT 无毒性，对人黑色素瘤 A375 细胞表现出显著的增殖抑制作用，其 EC_{50} 值为（35.7±1.4）μmol/L。

4.3.10.2　胞内 ROS 测定

细胞内活性氧（ROS）是细胞代谢的产物，主要产生于线粒体、过氧化物酶体和内质网中。ROS 参与了多个信号转导途径，如 ERK、JNK 和 AMPK 等，因此，ROS 的调节对细胞的生理功能至关重要[290]。低水平的 ROS 能促进细胞增殖和分化，并激活氧化应激生成途径；然而，过量产生的

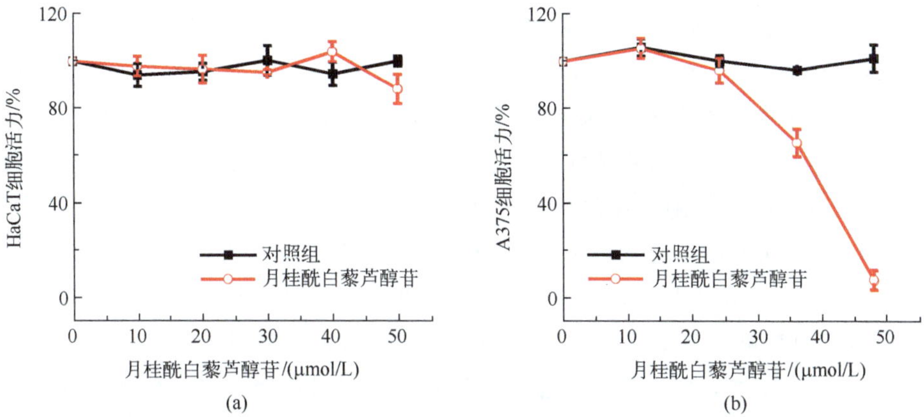

图 4-13　月桂酰白藜芦醇苷对 HaCaT（a）和 A375（b）细胞活力的影响

ROS 会导致严重的细胞损伤和凋亡。如图 4-14 所示，月桂酰白藜芦醇苷的作用浓度从 10μmol/L 增至 50μmol/L，A375 细胞内 ROS 含量呈剂量依赖性和时间依赖性增加，分别达到对照组的 114.4%、128.0%、135.3%、151.9% 和 170.3%。这表明月桂酰白藜芦醇苷可能通过刺激细胞内 ROS 产生来激活细胞凋亡信号通路，促进 A375 细胞凋亡。类似的，异槲皮苷能诱导 ROS 过量产生，激活 AMPK 信号通路，促进 T2 膀胱癌细胞凋亡[291]。Chen 等[292]研究表明，二去甲氧基姜黄可上调胞内 ROS 并抑制 HepG2 细胞增殖。

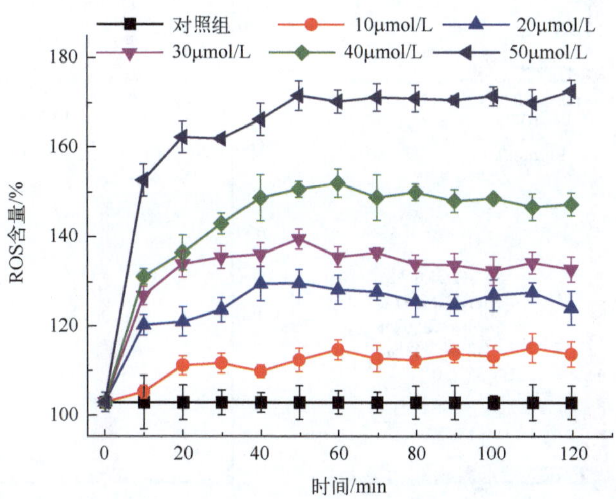

图 4-14　月桂酰白藜芦醇苷对 A375 细胞内 ROS 含量的影响

4.3.10.3 碘化丙啶单染检测

细胞周期是指细胞从一次有丝分裂结束到下一次有丝分裂完成的全过程，包括细胞间期 G1、S 和 G2 期，以及有丝分裂 M 期。研究报道，许多化合物通过将细胞的有丝分裂阻滞在某个时期，来发挥抑制肿瘤细胞增殖的作用[20,293]。通过 PI 荧光染料与 DNA 双链结合，采用流式细胞仪检测月桂酰白藜芦醇苷对 A375 细胞周期的影响，结果如图 4-15（c）所示，月桂酰白藜芦醇苷浓度从 0μmol/L 增大到 50μmol/L，G0/G1 期细胞比例显著减少，S 期细胞比例从 24.98%增大到 31.47%，G2/M 期细胞比例基本不变，这表明月桂酰白藜芦醇苷可以将细胞周期阻滞在 S 期发挥抑制增殖的作用。Chen 等[20]此前也报道 4，3″，6″-三乙酰化根皮苷通过 S 期阻滞抑制 HeG2 细胞增殖。此外，从周期分布图可以明显看到 Sub-G1 凋亡峰，它代表细胞凋亡核的百分比。如图 4-15（b）所示，Sub-G1 随着作用浓度增加从 2.0%升高到 6.2%。这表明月桂酰白藜芦醇苷可以诱导 A375 细胞凋亡。

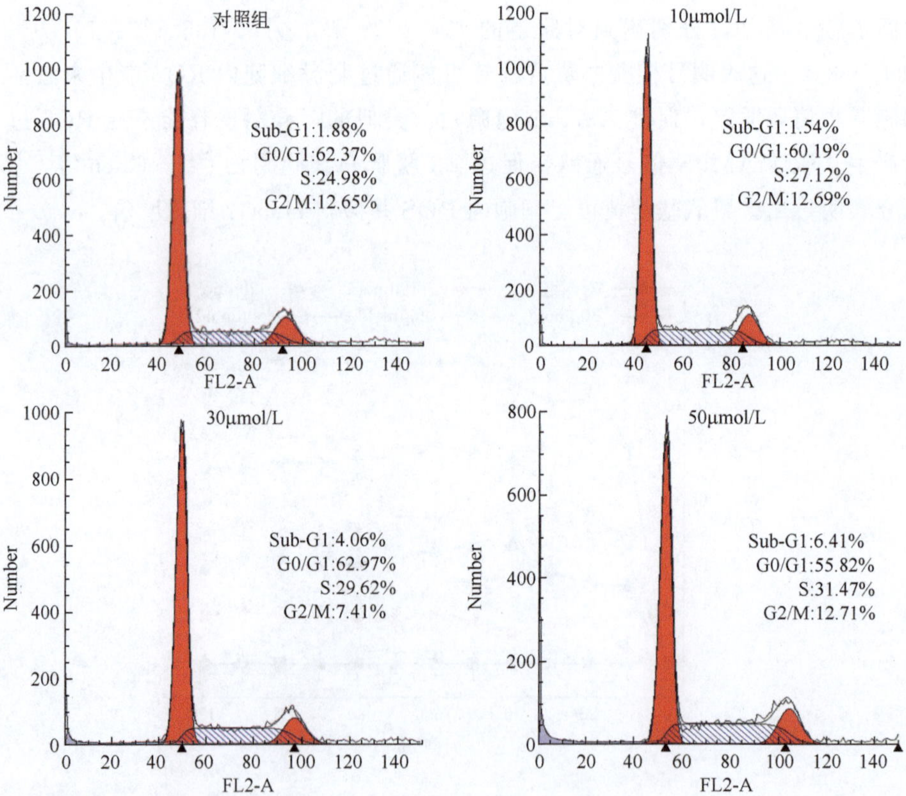

(a)

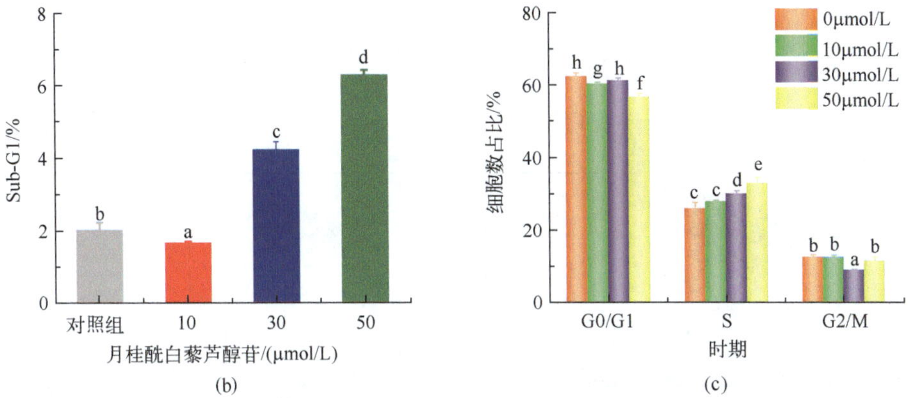

图 4-15　月桂酰白藜芦醇苷对 A375 细胞周期的影响

4.3.10.4　Annexin V-FITC/PI 双染检测

细胞凋亡属于细胞程序性死亡，在细胞稳态中起着重要作用。FITC 标记的 Annexin V 可以与磷脂酰丝氨酸（PS）选择性结合，PS 在凋亡早期会外翻到细胞膜表面，与 Annexin V-FITC 结合后可呈现绿色荧光，而 PI 可以进入坏死或者晚凋细胞，对细胞核进行染色，呈现红色荧光。因此，细胞通过 Annexin V-FITC/PI 双染后，利用流式细胞仪检测可以区分早凋和晚凋比例。如图 4-16 所示，月桂酰白藜芦醇苷的作用浓度从 0μmol/L 增加到 50μmol/L，早凋和晚凋细胞的比例分别从对照组的 2.90% 和 2.15% 增大到 5.60% 和 15.81%，呈剂量依赖性地显著增加。因此，月桂酰白藜芦醇苷可以诱导 A375 细胞凋亡来发挥抑制增殖的作用。

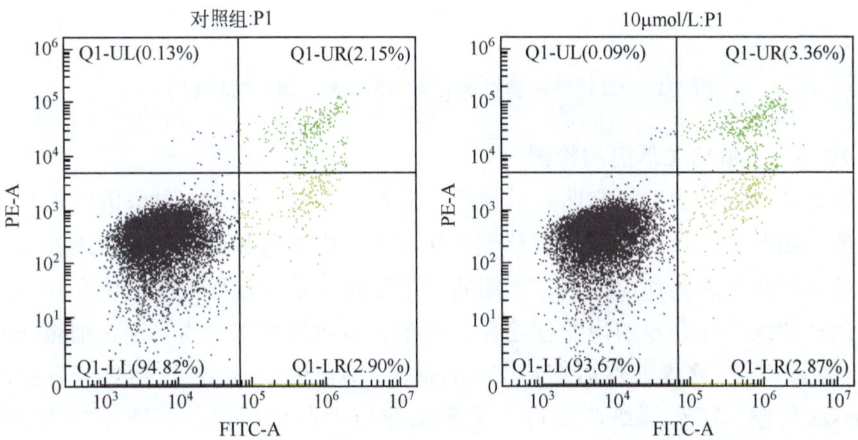

图 4-16

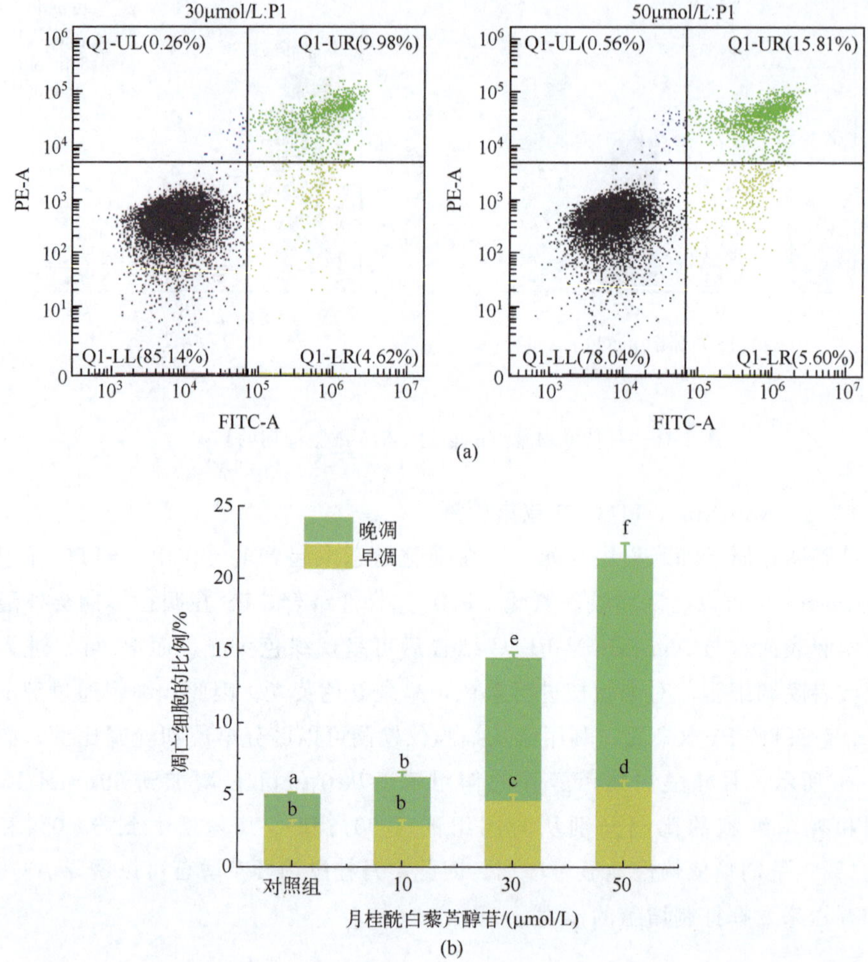

图 4-16　月桂酰白藜芦醇苷对 A375 细胞凋亡的影响

4.3.10.5　增殖相关基因的检测

周期和凋亡检测结果表明，月桂酰白藜芦醇苷对 A375 细胞增殖的干预是有序的，因此，通过月桂酰白藜芦醇苷作用下细胞增殖和凋亡相关基因的表达水平可进一步探究其作用机制。细胞凋亡信号转导主要包括死亡受体介导的外源性途径和线粒体介导的内源性途径。细胞膜表面的死亡受体 Fas 在细胞外的 FasL 刺激下发生聚集，然后激活 Caspase-8，活化的 Caspase-8 会引起下游的 Caspases 切割、活化等级联反应，从而诱导启动凋亡程序。如图 4-17 所示，月桂酰白藜芦醇苷的浓度从 0 增加到 50μmol/L，Caspase-8 基因表达呈剂量依赖性地提高至 6.35 倍，表明月桂酰白藜芦醇苷通过外源性途径激活 Caspase-8，促进 A375 细胞凋亡。

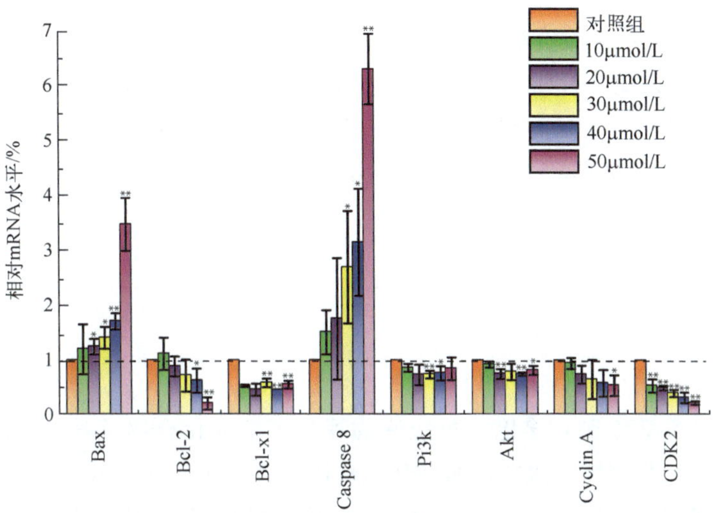

图 4-17　月桂酰白藜芦醇苷对 A375 细胞相关基因表达的影响

*和**表示与对照组之间有显著性差异（$p<0.05$）和极显著性差异（$p<0.01$）

Bax、Bcl-2 和 Bcl-xl 均是线粒体内源凋亡途径上的相关因子，它们主要负责调节线粒体膜的通透性。Bax 是促凋亡因子，其被激活后，从细胞质转移到线粒体膜上，与膜上的电压依赖性阴离子通道（VDAC）相互作用，降低线粒体膜的通透性，促使线粒体内的凋亡因子 Cyt C 释放至细胞质中，然后激活 Caspase 凋亡级联反应[294]。而 Bcl-2 和 Bcl-xl 是抑凋亡因子，会通过与 Bax 形成异二聚体，阻止 Bax 改变线粒体膜的通透性。月桂酰白藜芦醇苷的浓度从 0μmol/L 增加到 50μmol/L，Bax 基因表达水平显著提高到对照组的 3.50 倍，而 Bcl-2 和 Bcl-xl 的表达水平分别降低至对照组的 21％和 56％，且呈剂量依赖性，这表明月桂酰白藜芦醇苷可以调节线粒体内源途径，诱导启动细胞凋亡程序。

磷脂酰肌醇-3-激酶（PI3K）和其下游的丝氨酸/苏氨酸蛋白激酶（AKT）是调节细胞增殖、凋亡和分化的重要信号传导因子。PI3K/AKT 信号通路的异常激活会促进肿瘤细胞生长、增殖、转移和侵袭。活化的 AKT 可以通过抑制 Caspase-9 的活化，抑制 Bad 引起的细胞凋亡，降低 P21、P27 和 P53 的活性，以及促进 NF-κB 的释放，发挥阻断凋亡和促增殖的作用[294]。月桂酰白藜芦醇苷的作用使 PI3K 和 AKT 的基因表达水平分别降低为对照组的 85％和

83%，这表明月桂酰白藜芦醇苷可以抑制 PI3K/AKT 激活。此外，随着月桂酰白藜芦醇苷的作用浓度增加至 50μmol/L，Cyclin A 和 CDK2 的基因表达水平分别降至对照组的 55%和 23%。Cyclin A-CDK2 主要调控 S 期的进程，该复合物通过使 DNA 聚合酶 α-引物酶磷酸化来调节 DNA 复制，并能促进 E2F 的转录[294]。因此，月桂酰白藜芦醇苷抑制了 Cyclin A 和 CDK2 的表达，阻止了细胞增殖进程，这与周期检测的结果一致。综上所述，月桂酰白藜芦醇苷可通过多途径调节 A375 细胞的凋亡和增殖，发挥抗增殖作用。

4.4 小结

本章以酪氨酸和 L-多巴为反应底物评估了酚苷化合物及其月桂酰衍生物的单酚酶、双酚酶抑制活性，熊果苷和月桂酰熊果苷在 10μmol/L 浓度内表现出轻微的酪氨酸酶抑制活性，红景天苷、根皮苷及其月桂酰衍生物在 100μmol/L 内没有表现出显著的抑制作用。白藜芦醇苷展现出最好的酪氨酸酶抑制活性，其 IC_{50} 值为 (24.9±2.0)μmol/L，远低于月桂酰白藜芦醇苷和阳性对照曲酸。抑制可逆性、动力学、圆二色光谱和分子对接结果表明，白藜芦醇苷和月桂酰白藜芦醇苷分别通过可逆的非竞争性和反竞争性抑制发挥酪氨酸酶抑制活性，且最可能与酶分子的变构位点 2 结合，通过氢键和疏水作用力等非共价相互作用诱导蛋白质的构象变化，降低酶催化活性。月桂酰白藜芦醇苷相比白藜芦醇苷在果蔬储藏中表现出更好的抗褐变作用。此外，基于小鼠黑色素瘤 B16F10 细胞和人黑色素瘤 A375 细胞的研究表明，月桂酰白藜芦醇苷相比白藜芦醇苷和曲酸具有更强的胞内酪氨酸酶活、黑色素生成和黑素瘤细胞增殖抑制活性。以上研究结果预示着酚苷化合物及其月桂酰衍生物在食品、化妆品或医药领域具有很大的应用潜力。

第5章 酚苷化合物及其月桂酰衍生物的 α-葡萄糖苷酶和葡萄糖肠吸收抑制活性

5.1 引言

根据《2023 世界卫生统计报告》，糖尿病是除了心血管疾病、癌症和慢性呼吸系统疾病外，造成死亡最多的慢性疾病[295]，是世界范围的公共健康问题。此外，根据国际糖尿病联盟的数据，至 2021 年全球有 5.366 亿成年人患糖尿病，并且如果不采取有效的预防措施，至 2045 年预计将增加到 7.83 亿人[296]。显然，有效干预和控制糖尿病对全民健康具有重大意义，这也是我国《“十四五”国民健康规划》中的一项重要内容。

根据发病机制不同，糖尿病可分为 1 型和 2 型。1 型糖尿病（Type 1 diabetes mellitus，T1DM）主要是自身免疫系统缺陷导致胰岛 β 细胞被破坏，而不能正常分泌胰岛素引起的高血糖症状。1 型糖尿病主要通过终身注射胰岛素对其进行治疗。2 型糖尿病（Type 2 diabetes mellitus，T2DM）占患者总数的 90%以上，它是由于胰腺分泌胰岛素不足或者分泌的胰岛素足够，但机体对胰岛素抵抗或敏感性降低而不能有效地利用胰岛素，导致的血糖水平升高[297]。高血糖水平只是糖尿病的一种表型，它主要会诱发一系列并发症，如冠状动脉疾病、中风、外周动脉疾病、视网膜病变、肾病和神经病变等，大部分糖尿病患者死于慢性并发症[298,299]。因此，降低血糖水平是控制糖尿病及其并发症的关键。

目前的口服降糖药物，如双胍类、磺酰脲类、格列奈类、噻唑烷二酮类和 SGLT2 抑制剂等，它们通过促进胰岛素分泌、增强细胞对胰岛素的敏感性、促进肝脏对葡萄糖的吸收和抑制肾小管对葡萄糖的重吸收等方式降低血糖水平，但是，长期服用药物不仅花费昂贵，且它们大多是化学合成的，具有不可忽视的副作用，如胃肠道紊乱、皮肤疾病、嗜睡、贫血和肝肾损伤等[299]。此外，针对 α-葡萄糖苷酶的抑制剂如阿卡波糖、米格列醇和伏格列波糖，它们

通过抑制肠道 α-葡萄糖苷酶对碳水化合物的水解活性，延缓葡萄糖的释放，从而降低餐后血糖水平，但它们也会引起腹胀、腹痛和腹泻等不良反应[300]。幸运的是，通过饮食摄入具有 α-葡萄糖苷酶抑制作用的天然产物（如花青素[301]、异黄酮[302]、脂肪酸[303]、生物碱[304] 和萜酸[305] 等），是一种安全有效的控制餐后血糖的方式[306,307]。

基于前一章的启发，相比于母体酚苷化合物（包括熊果苷、红景天苷、白藜芦醇苷和根皮苷），月桂酰酚苷酯衍生物可能表现出更好的 α-葡萄糖苷酶抑制活性，目前鲜有酚苷酯衍生物的 α-葡萄糖苷酶抑制活性的研究。此外，小肠作为从饮食摄入葡萄糖的主要器官，抑制剂对葡萄糖肠吸收的影响也至关重要，这也是被许多发掘天然 α-葡萄糖苷酶抑制剂的研究忽略的一点[301-303]。来源于人结肠腺癌的 Caco-2 细胞，在体外连续培养 21d 可完全分化，形成具有与人体小肠相似结构的单层膜。因此，Caco-2 细胞单层被用作体外模拟葡萄糖肠吸收的良好模型[308,309]。

基于以上认识，本章首先体外评估了酚苷化合物及其月桂酰衍生物的 α-葡萄糖苷酶抑制活性，然后通过可逆性分析、抑制动力学、圆二色光谱（circular Dichroism，CD)、荧光猝灭光谱（fluorescence quenching spectra)、表面等离子体共振（surface plasmon resonance，SPR）和分子对接（molecular docking）技术，探究显效活性化合物对 α-葡萄糖苷酶的抑制机制；基于人结肠腺癌 Caco-2 细胞构建完全分化的单层膜模型，探究酚苷化合物及其月桂酰衍生物对葡萄糖肠吸收的抑制作用。

5.2 实验方法

5.2.1 α-葡萄糖苷酶抑制实验

参考文献［285，310］的方法，用磷酸盐缓冲液（PBS，pH 6.8，50mmol/L）配制一系列不同浓度的阳性对照阿卡波糖、酚苷化合物及其酰化衍生物的工作液，将 50μL 样品工作液与 100μL PBS 配制的 α-葡萄糖苷酶溶液（0.3U/mL）于 96 孔板中混合，振荡均匀，置于 37℃孵育 10min，然后加入 50μL PBS 配制的反应底物对硝基苯基-α-D-吡喃葡萄糖苷（pNPG）溶液（3mmol/L)，振荡混匀后，置于 37℃继续反应 10min，最后将 96 孔板置于酶标仪中读取 405nm 下的吸光度值。α-葡萄糖苷酶抑制率的计算如下：

$$抑制率=\left(1-\frac{A_s-A_{sb}}{A_c-A_{cb}}\right)\times 100\% \tag{5-1}$$

式中，A_s 为样品孔的吸光度值；A_{sb} 为 PBS 代替酶的吸光度值；A_c 为 PBS 代替样品的吸光度值；A_{cb} 为 PBS 代替酶和样品的吸光度值。

半数抑制剂量（IC_{50}）表示样品达到 50%的抑制率需要的浓度。

5.2.2 抑制可逆性实验

参考文献［284，311］的方法，以 pNPG 为底物，设置若干不同的抑制剂浓度，探究固定抑制剂浓度下，不同的 α-葡萄糖苷酶浓度（0.038U/mL、0.075U/mL、0.15U/mL 和 0.3U/mL）与酶促反应速率的关系。步骤同 5.2.1，将样品溶液和 α-葡萄糖苷酶溶液混合并孵育后，加入 pNPG 溶液（3mmol/L），振荡混匀，将 96 孔板置于 37℃酶标仪中，10min 内在 405nm 下每间隔 1min 读取 1 次吸光度值。

5.2.3 抑制动力学实验

参考文献［312，313］的方法，以 pNPG 为底物，设置若干不同的抑制剂浓度，探究固定抑制剂浓度下，不同底物浓度（0.19mmol/L、0.38mmol/L、0.75mmol/L 和 1.5mmol/L）与酶促反应速率的关系。具体步骤同上，将抑制剂和酶溶液孵育后，加入不同浓度的 pNPG 溶液，将 96 孔板置于 37℃酶标仪中，10min 内在 405nm 下每间隔 1min 读取 1 次吸光度值。

5.2.4 圆二色光谱测定

参考文献［312］的方法，用 PBS 配制 α-葡萄糖苷酶溶液（0.3U/mL），向其中滴加样品母液可得到含有不同浓度抑制剂的酶溶液。每次测定前，轻轻振荡混匀，并在室温下平衡 3min。采用 1.0mm 石英比色皿在光谱仪下测定酶溶液在 190～260nm 的光谱图。狭缝宽度 1nm，用 PBS 校准基线，光谱图均扣除样品的背景。利用 CDNN 2.1 和 Pro-Data Viewer 4.2.26 软件分析 α-葡萄糖苷酶的 α 螺旋、β 折叠、β 转角和无规则卷曲的比例。

5.2.5 荧光猝灭滴定实验

参考文献［301］的方法，用 PBS 配制 α-葡萄糖苷酶溶液（0.3U/mL），然后向酶溶液逐次加入 2μL 样品母液，得到浓度梯度的样品-酶溶液，每次测定前，轻轻振荡混匀，室温下平衡 3min。荧光猝灭光谱测定参数为：激发波长 280nm，激发和发射的狭缝均为 10nm，发射波长 300～420nm。用 Origin 软件绘制图谱，并分析数据。

5.2.6 表面等离子体共振实验

参考文献［314］的方法，采用 OpenSPR 系统（Nicoya，Canada）进行表面等离子体共振实验。首先按照仪器标准操作程序安装 NTA 生物素芯片，初始以最大流速（150μL/min）运行，检测缓冲液为 PBS(pH 7.4)。达到信号基线后，调整缓冲液的流速到 20μL/min。然后激活芯片，完成芯片表面功能化。用 PBS 稀释配体后，将 α-葡萄糖苷酶固定到传感器芯片上。信号稳定后，注入高浓度的分析物以确认酶的活性，并确认大致的最大结合能力。将流速调至 150μL/min，用适当的再生缓冲液去除分析物。不同浓度的分析物用 PBS 配制后，以 20μL/min 上样，分析物与蛋白质结合时间为 240s，自然解离时间为 420s。实验完成后将数据导入 TracerDrawer 软件，平衡解离常数 K_D 值采用稳态亲和力（steady-state affinity）模块进行分析，以确定反应方程 $Y=R_{max}c/(c+K_D)$。其中，Y 为 SPR 反应；R_{max} 为饱和信号值；c 为分析物浓度；K_D 为平衡解离常数。

5.2.7 变构位点预测和分子对接

从 RCSB PDB 数据库中下载 PDB 格式的 α-葡萄糖苷酶（PDB ID：3AJ7，Chain A）的晶体结构。酚苷化合物的 3D 结构从 PubChem 下载，月桂酰酚苷酯衍生物的 3D 结构使用 Chem3D 20.0 软件绘制，并采用 Minimize Energy 功能将能量最小化。使用 AutoDockTools 1.5.6 软件对蛋白质和小分子结构进行前处理，包括去水、加全氢、检测扭转键和设置蛋白质受体和小分子配体等。α-葡萄糖苷酶的活性口袋确定为，坐标 X20.04，Y−6.90，Z21.77；对接盒子大小 X40，Y40，Z40；网格间距默认为 0.375Å。利用 ProteinsPlus 和 POCASA 在线网站共同预测并确定蛋白质的变构位点。对接次数为 50 次，其他参数使用默认值，根据最低结合能和最多对接 pose 确定最佳构象。对接结果采用 Pymol 2.2.0 软件分析和绘图。

5.2.8 Caco-2 细胞单层膜的构建

Caco-2 细胞的培养基为含 10%胎牛血清和 1%双抗的高糖 DMEM，细胞培养至 20～30 代即可用于铺板。将 Caco-2 细胞以 1×10^5 个/mL 的密度接种到 12 孔 Transwell 培养板的上室。上室（apical compartment，AP 侧）为 0.5mL 细胞悬液，下室（basolateral compartment，BL 侧）为 1.5mL 新鲜培

养基。细胞贴壁两天后，更换 AP 和 BL 侧的培养基，之后每 2d 更换 1 次新鲜培养基，连续培养 21d，至细胞单层膜形成并完全分化。

5.2.9 Caco-2 细胞单层膜的表征

5.2.9.1 跨膜电阻值的测定

细胞单层连续培养 21d 内的跨膜电阻测定需确保无菌操作。提前准备测定的电极，将其浸泡于 70%乙醇中 15min，HBSS 溶液润洗电极后，置于无菌环境下，紫外线照射 30min，最后置于室温 HBSS 溶液平衡后待用。每次测定前，将 Transwell 培养板从 37℃冷却至室温，整个过程在室温下进行。长端电极接触 BL 侧孔的底部，此时短端电极正好浸没于 AP 侧溶液中，不会触及到底部细胞，每个孔在 3 个区域分别测定，保证跨膜电阻值的准确性。空白孔无细胞，细胞孔的电阻值为 R。跨膜电阻值（TEER）的计算如下：

$$\mathrm{TEER}(\Omega \cdot \mathrm{cm}^2)=(R-R_0)\times A \tag{5-2}$$

式中，R 和 R_0 分别为有细胞孔和空白孔的电阻值，Ω；A 为膜表面积，取值 1.12cm^2，cm^2。

5.2.9.2 碱性磷酸酶活性测定

按照碱性磷酸酶（AKP）测定试剂盒的步骤，定期测定 Caco-2 细胞单层膜 AP 和 BL 侧的碱性磷酸酶活性。测定原理为：碱性磷酸酶分解磷酸苯二钠，产生游离酚和磷酸，酚在碱性溶液中与 4-氨基安替比林作用，经铁氰化钾氧化生成红色醌衍生物，根据红色深浅可以测定酶活性的大小。每次测定时，分别取 AP 和 BL 侧 30μL 样本溶液加入 96 孔板中，空白孔为超纯水，标准孔为 0.02mg/mL 的酚标准应用液。然后，每孔加入 50μL 缓冲液和 50μL 基质液，于 37℃孵育 15min，再加入 150μL 显色剂，轻轻振荡均匀后，于 520nm 处测定吸光度值。AKP 活力单位为金氏单位/100mL（King Unit/100mL），计算如下：

$$\mathrm{AKP}=\frac{A-A_b}{A_s-A_b}\times 0.02\times 100 \tag{5-3}$$

式中，A，A_s 和 A_b 分别为待测样品、标准孔和空白孔的吸光度值。

5.2.9.3 免疫荧光检测

将 PBS 润洗干净的细胞单层膜小心戳下，置于 4%多聚甲醛溶液中固定 15min，然后用 PBS 浸洗 3 次，每次 3min，用吸水纸吸干 PBS，在单层膜上滴加牛血清白蛋白（BSA），室温封闭 30min；吸水纸吸掉封闭液，然后在单层膜上滴加足量稀释好的 ZO-1 紧密连接蛋白的一抗，放入湿盒，于 4℃孵育过夜；用磷酸盐-吐温 20 缓冲液（PBST）浸洗 3 次，每次 3min，吸干单层膜上的液体后，滴加稀释的荧光二抗，置于湿盒中室温孵育 1h；然后避光操作，用 PBST 清洗 3 次，每次 3min；最后滴加 4′,6-二脒基-2-苯基吲哚（DAPI）染料避光孵育 5min，此操作染细胞核；用 PBST 清洗 3 次，洗去多余的 DAPI，吸水纸吸净单层膜上的液体后，滴加含抗荧光猝灭剂的封片液封片，最后用共聚焦显微镜观察 ZO-1 紧密连接蛋白的表达情况。

5.2.10 葡萄糖在 Caco-2 细胞单层的跨膜转运

参考文献［308，309］的方法，首先配制 *N*-2-hydroxyethylpiperazine-*N*′-2-ethanesulfonic acid（HEPES）缓冲液，其中含有 20mmol/L 的 HEPES、137mmol/L 的 NaCl、4.7mmol/L 的 KCl、1.8mmol/L 的 $CaCl_2$ 和 1.2mmol/L 的 $MgSO_4$，灭菌后，用于 Na^+ 环境下的葡萄糖转运。吸弃孔中的培养基后，用预热的 HEPES 轻轻润洗 Caco-2 单层膜 2 次，然后在 AP 和 BL 侧分别加入 0.4mL 和 1.2mL 的 HEPES 缓冲液，将 Transwell 板置于 37℃ 平衡 30min。对于葡萄糖的跨膜转运，将于 37℃预热的 0.4mL 含有 20mmol/L 葡萄糖和不同浓度样品的 HEPES 溶液加入 AP 侧，BL 侧加入 1.2mL 新鲜的 HEPES 溶液，然后将细胞单层置于培养箱继续孵育，分别在 60min、120min 和 180min 于 BL 侧取样 0.6mL，用于葡萄糖含量的测定，同时立即补充等体积预热的 HEPES。对照孔的 AP 侧不含样品，空白孔的 AP 和 BL 侧均为 HEPES。实验中的样品浓度对 Caco-2 细胞无毒性，如 3.2.7 所述。

无 Na^+ 环境下的转运，用 KCl 代替 HEPES 缓冲液中的 NaCl，其中含有 20mmol/L 的 HEPES、141.7mmol/L 的 KCl、1.8mmol/L 的 $CaCl_2$ 和 1.2mmol/L 的 $MgSO_4$，其他操作同上。用葡萄糖检测试剂盒测定葡萄糖含量，将样品和工作液振荡混匀后，于 37℃孵育 10min，于 505nm 下测定吸光度值。检测原理为：

$$\text{D-葡萄糖} + H_2O + O_2 \longrightarrow \text{D-葡萄糖酸} + H_2O_2$$

$$H_2O_2 + \text{4-氨基安替比林} + \text{3,5-二氯-2-羟基苯磺酸钠(DHBS)} \longrightarrow \text{红紫色色素}$$

在 505nm，其吸光度值和葡萄糖浓度成正比。

此外，计算葡萄糖从 AP 至 BL 侧的表观渗透系数 P_{app}（cm/s）值，计算公式如下：

$$P_{app} = \left(\frac{dQ}{dt}\right) \times \frac{V}{Ac_0} \tag{5-4}$$

式中，dQ/dt 是渗透速率，表示时间 t 内的转运量 μmol/(L·s)；V 是基底侧的体积，mL；A 是膜表面积，cm^2；c_0 是样品的初始浓度。

5.2.11 FITC 标记葡萄糖的共聚焦显微镜检测

将 Caco-2 细胞以 1×10^5 个/mL 的密度接种于 20mm 共聚焦皿中，连续培养一周至形成细胞单层膜。吸弃培养基，用 HEPES 轻轻润洗单层膜，然后加入 0.5mL HEPES 后将其置于 37℃孵育 30min。吸弃 HEPES 溶液，在共聚焦皿中加入 0.5mL 含有 200μg/mL FITC 标记的葡萄糖和样品的 HEPES 溶液，对照孔中不含样品。将共聚焦皿置于 37℃继续孵育 90min，吸弃 HEPES 溶液。接下来避光操作，用预冷的 PBS 润洗 Caco-2 单层膜，吸弃 PBS，向孔中加入 0.5mL 乙醇-丙酮（1∶1，体积比）溶液固定 30min。然后用 PBS 轻轻润洗单层膜 2～3 次，加入 200μL DAPI 染料（5μg/mL），避光孵育 5min，使细胞核染色。再次用 PBS 润洗单层膜后，滴加抗荧光猝灭封片剂，最后置于双光子共聚焦显微镜观察，蓝色激发波长为 405nm，绿色激发波长为 488nm。

5.2.12 葡萄糖转运相关基因的检测

5.2.12.1 细胞的总 RNA 提取

实验结束后，用 PBS 清洗细胞单层，用胰酶消化后收集细胞。步骤同 4.2.12.1。

5.2.12.2 cNDA 的获取

参考 4.2.12.2 的步骤。

5.2.12.3 Quantitative Real-time PCR 检测

参考 4.2.12.3 的步骤。

5.2.12.4 Real-Time qPCR 所用引物序列

见表 5-1。

表 5-1 Real-Time qPCR 所用引物序列信息

基因名	方向	引物序列（5′-3′）
β-actin	Forward	TAGTTGCGTTACACCCTTTCTTG-
	Reverse	TCACCTTCACCGTTCCAGTTT
SGLT1	Forward	ATTGACCTGGATGCGGAAGA
	Reverse	AAGGCTTCTCAGAGGTGTCC
GLUT2	Forward	ATGAGTGGGATGTTTGTTTGTG
	Reverse	AACTCAGCCACCATGAACCA
PKA	Forward	CCATCAAGGCTATATCCAGGTC
	Reverse	TGCCTTATTGTAGCCCTTGC
Na^+/K^+-ATPase	Forward	TTGGGGTTGCTATGGGGATT
	Reverse	TTGGGGTTGCTATGGGGATT

5.3 结果与讨论

5.3.1 α-葡萄糖苷酶抑制率分析

pNPG 法是一种间接测定 α-葡萄糖苷酶活性的方法，它可以被 α-葡萄糖苷酶水解生成葡萄糖和黄色的对硝基酚（*p*-nitrophenol），因此可以通过测定 OD_{405} 值计算 α-葡萄糖苷酶的相对活性。前期监测结果表明，本条件下 OD_{405} 值在前 10min 呈现良好的线性增加，这表明底物和酶量充足。因此，采用 10min 的 OD_{405} 值计算酚苷化合物及其月桂酰衍生物的 α-葡萄糖苷酶抑制率。如图 5-1 和表 5-2 所示，根皮苷和白藜芦醇苷在 2mmol/L 浓度的抑制率分别为 63.0%±2.1% 和 37.3%±0.3%，根皮苷的 IC_{50} 值为（0.97±0.08）mmol/L，白藜芦醇苷的 IC_{50} 值大于 2mmol/L，这表明根皮苷的抑制能力远强于白藜芦醇苷。阳性对照阿卡波糖在 2mmol/L 的抑制率仅为 43.5%±1.6%，其 IC_{50} 值为（2.46±0.42）mmol/L，与 Xie 等[315] 的测定结果 2.16mmol/L 比较接近，该值远大于根皮苷的 IC_{50} 值，因此，根皮苷的 α-葡萄糖苷酶抑制作用强于阿卡波糖。然而，熊果苷和红景天苷在 2mmol/L 时均未表现出 α-葡萄糖苷酶抑制活性。Yang 等[310] 报道了 5 种结构相似的类黄酮，它们对 α-葡萄糖苷酶的抑制能力有很大差异，尤其是高车前素和野黄芩素的结构差异为一个 CH_3，而 IC_{50} 值却相差一个数量级。月桂酰熊果苷在 0.1mmol/L 时表现出 16.2%±1.0% 的抑制率，这表明酰化修饰增强了熊果苷的 α-葡萄糖苷酶抑制活性。研究表明，α-葡萄糖苷酶的活性口袋是疏水空腔，月桂酰化修饰增强了熊果苷的疏水性，它可能增强了其与活性口袋的结合力或形成更多的疏水作用力，从而抑制了 α-葡萄糖苷酶的催化活性[310]。月桂酰红景天苷在 0.1mmol/L 时未表现出明显的 α-葡萄糖苷酶抑制活性。月桂酰化修饰显著增强了根皮苷和白藜芦醇苷的 α-葡萄糖苷酶抑制能力。月桂酰根皮苷和月桂酰白藜芦醇苷在 0.1mmol/L 时的抑制率分别高达 92.6%±0.7% 和 80.3%±1.7%，且 IC_{50} 值分别低至 0.055mmol/L 和 0.070mmol/L，这表明它们的 α-葡萄糖苷酶抑制能力约为阿卡波糖的 45 倍和 35 倍。尽管已有研究报道了酚苷化合物或其衍生物的 α-葡萄糖苷酶抑制活性或降血糖活性[316-319]，但是鲜有报道月桂酰根皮苷和月桂酰白藜芦醇苷的 α-葡萄糖苷酶抑制机制的。因此，将进一步探究月桂酰根皮苷和月桂酰白藜芦醇苷对 α-葡萄糖苷酶的抑制机制。

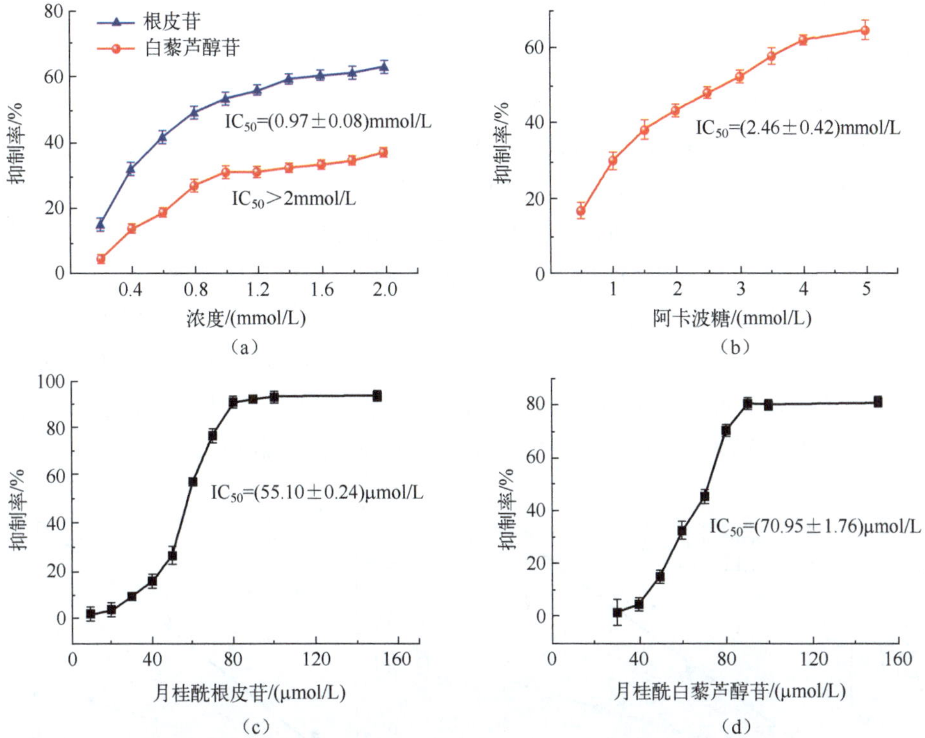

图 5-1 酚苷化合物及其月桂酰衍生物的 α-葡萄糖苷酶抑制率

表 5-2 酚苷化合物及其月桂酰衍生物的 α-葡萄糖苷酶抑制率和 IC_{50}（$p<0.05$）

化合物	浓度/（mmol/L）	抑制率/%	IC_{50}/（mmol/L）
阿卡波糖	2	43.5±1.6d	2.46±0.42
熊果苷	2	nd	nd
红景天苷	2	nd	nd
根皮苷	2	63.0±2.1c	0.97±0.08
白藜芦醇苷	2	37.3±0.3e	＞2
月桂酰熊果苷	0.1	16.2±1.0f	nd
月桂酰红景天苷	0.1	nd	nd
月桂酰根皮苷	0.1	92.6±0.7a	0.055
月桂酰白藜芦醇苷	0.1	80.3±1.7b	0.070

5.3.2 抑制可逆性分析

通过月桂酰根皮苷和月桂酰白藜芦醇苷作用下反应速率和酶浓度的关系，

可以判断其抑制可逆性。如图 5-2 所示，在无抑制剂作用下，反应速率随着 α-葡萄糖苷酶浓度的增加逐渐增大，经拟合可得到经过原点的线性良好的直线。在月桂酰根皮苷和月桂酰白藜芦醇苷的作用下，反应速率与酶浓度也呈现良好的线性关系，所有直线经过原点。这表明月桂酰根皮苷和月桂酰白藜芦醇苷对 α-葡萄糖苷酶的抑制作用是可逆的，它们不与 α-葡萄糖苷酶发生共价结合[277]。如果是不可逆抑制，抑制剂则通过共价键与酶形成稳定的化合物，使酶失活，当酶达到一定浓度后才表现出催化活性，此时反应速率与酶浓度的拟合直线不经过坐标原点[278]。随着月桂酰根皮苷和月桂酰白藜芦醇苷浓度的增大，拟合直线斜率逐渐下降，这表明抑制剂的作用没有减少有效的酶量，而是通过降低 α-葡萄糖苷酶的催化速率来抑制反应。因此，月桂酰根皮苷和月桂酰白藜芦醇苷在体内没有累积效应，是相对更安全的抑制剂。

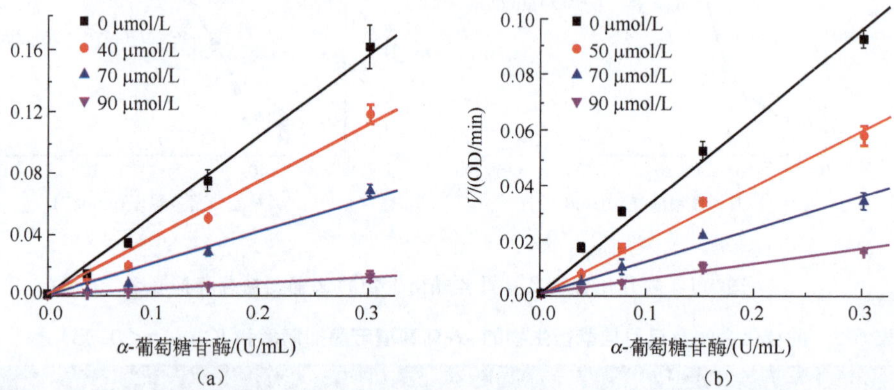

图 5-2 月桂酰根皮苷（a）和月桂酰白藜芦醇苷（b）作用下反应速率与酶浓度的关系

5.3.3 抑制动力学分析

参考文献［310］的方法，通过绘制 Lineweaver-Burk 双倒数曲线图判断月桂酰根皮苷和月桂酰白藜芦醇苷对 α-葡萄糖苷酶的抑制类型。结果如图 5-3（a）、（e）所示，在无抑制剂条件下，双倒数 $1/V$ 和 $1/[S]$ 呈线性关系，随着月桂酰根皮苷和月桂酰白藜芦醇苷的浓度增大，直线斜率逐渐增大，所有直线均相交于第三象限，这表明月桂酰根皮苷和月桂酰白藜芦醇苷对 α-葡萄糖苷酶的抑制为混合型抑制，且属于非竞争性和反竞争性混合[310]。混合型抑制的动力学参数按如下方程计算[320]：

$$\frac{1}{V}=\frac{K_m}{V_m}\left(1+\frac{[I]}{K_I}\right)\frac{1}{[S]}+\frac{1}{V_m}\left(1+\frac{[I]}{K_{IS}}\right) \tag{5-5}$$

$$斜率=\frac{K_m}{V_m}+\frac{K_m[I]}{V_m K_I} \tag{5-6}$$

$$Y\text{-截距}=\frac{1}{V_m}+\frac{1}{K_{IS}V_m}[I] \tag{5-7}$$

式中，V，V_m，K_I，K_m，K_{IS} 分别表示反应速率、最大反应速率、游离酶抑制常数、米氏常数和结合酶抑制常数；$[S]$ 和 $[I]$ 分别为底物和抑制剂的浓度。

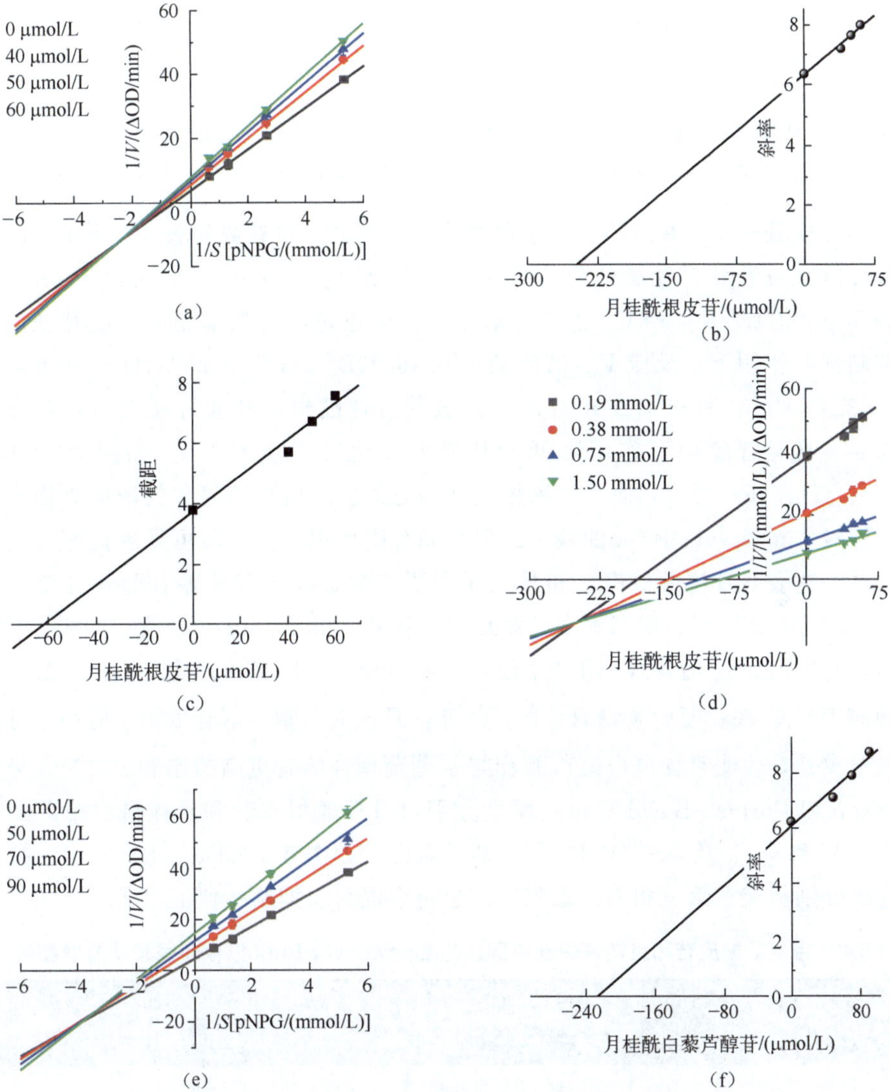

图 5-3

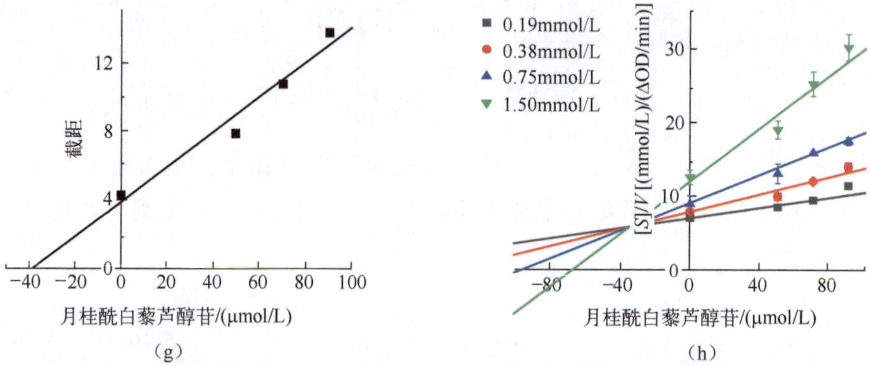

图 5-3 月桂酰根皮苷［(a)～(c)］和月桂酰白藜芦醇苷［(e)～(g)］的 Lineweaver-Burk 双倒数曲线和二级曲线以及 Dixon（d）和 Cornish-Bowden（h）的拟合曲线

月桂酰根皮苷和月桂酰白藜芦醇苷的抑制动力学参数如表 5-3 所示，随着月桂酰根皮苷和月桂酰白藜芦醇苷的浓度分别从 0μmol/L 增加到 60μmol/L 和 90μmol/L，K_m 和 V_m 值均逐渐减小，这也是混合型抑制的典型特征。在抑制剂的作用下，反应 V_m 值分别从 0.26ΔOD/min 和 0.23ΔOD/min 下降至 0.13ΔOD/min 和 0.07ΔOD/min，这表明月桂酰根皮苷和月桂酰白藜芦醇苷与 α-葡萄糖苷酶相互作用降低了其最大催化反应速率[310]。如图 5-3（b）、(c)、(f)、(g) 所示，以月桂酰根皮苷和与月桂酰白藜芦醇苷的浓度为横坐标分别对 Lineweaver-Burk 曲线图的斜率和截距作图，拟合后可呈现良好的线性关系，这表明月桂酰根皮苷和月桂酰白藜芦醇苷与 α-葡萄糖苷酶存在单一或一类结合位点[279]。根据斜率和截距的方程式计算 K_I 和 K_{IS} 值，如表 5-4 所示，它们的 K_{IS} 值均远小于 K_I 值，表明月桂酰根皮苷和月桂酰白藜芦醇苷更倾向于与酶-底物复合物结合[310]。此外，月桂酰白藜芦醇苷的 K_I 值小于月桂酰根皮苷，表明月桂酰白藜芦醇苷与 α-葡萄糖苷酶有更高的亲和力[301]。采用 Dixon 和 Cornish-Bowden plot 模型分别对月桂酰根皮苷和月桂酰白藜芦醇苷作 1/V 和［I］及［S］/V 和［I］的关系图，如图 5-3（d）、(h) 所示，拟合直线分别相交在第三和第二象限，这也符合混合型抑制的特征[283]。

表 5-3 月桂酰根皮苷和月桂酰白藜芦醇苷的 Lineweaver-Burk 拟合曲线和动力学参数

化合物/（μmol/L）		Lineweaver-Burk plot	K_m /（mmol/L）	V_m /（ΔOD/min）	抑制类型
月桂酰根皮苷	0	$1/V=6.44/[S]+3.89$	1.66	0.26	混合型
	40	$1/V=7.21/[S]+5.71$	1.26	0.17	

续表

化合物/(μmol/L)		Lineweaver-Burk plot	K_m /(mmol/L)	V_m /(ΔOD/min)	抑制类型
月桂酰根皮苷	50	$1/V=7.67/[S]+6.79$	1.13	0.15	混合型
	60	$1/V=8.03/[S]+7.56$	1.06	0.13	
月桂酰白藜芦醇苷	0	$1/V=6.29/[S]+4.29$	1.47	0.23	混合型
	50	$1/V=7.13/[S]+7.82$	0.91	0.13	
	70	$1/V=7.95/[S]+10.72$	0.74	0.09	
	90	$1/V=8.84/[S]+13.73$	0.64	0.07	

表 5-4 月桂酰根皮苷和月桂酰白藜芦醇苷的 Dixon 和 Cornish-Bowden 拟合曲线

化合物	pNPG /(mmol/L)	Dixon plot/ Cornish-Bowden plot	K_I /(μmol/L)	K_{IS} /(μmol/L)
月桂酰根皮苷	0.19	$1/V=0.21[I]+37.95$	249.35±2.42	63.20±0.64
	0.38	$1/V=0.14[I]+20.39$		
	0.75	$1/V=0.10[I]+11.57$		
	1.50	$1/V=0.09[I]+7.86$		
月桂酰白藜芦醇苷	0.19	$[S]/V=0.04[I]+7.03$	223.22±2.17	36.85±0.42
	0.38	$[S]/V=0.06[I]+7.90$		
	0.75	$[S]/V=0.10[I]+9.09$		
	1.50	$[S]/V=0.18[I]+12.0$		

5.3.4 圆二色光谱分析

为了探究月桂酰根皮苷和月桂酰白藜芦醇苷对 α-葡萄糖苷酶的作用机制，采用圆二色光谱图分析 α-葡萄糖苷酶的二级结构变化。如图 5-4 所示，游离 α-葡萄糖苷酶在 208nm 和 222nm 处有两个显著的负吸收峰，这是 α 螺旋的特征峰，分别是由酰胺基团在远紫外波长区域的 π-π^* 和 n-π^* 电子跃迁导致的[310,321]。随着月桂酰根皮苷和月桂酰白藜芦醇苷的添加，这两个负峰的强度显著减弱，表明 α-葡萄糖苷酶的二级结构发生了变化。如表 5-5 所示，月桂酰根皮苷和月桂酰白藜芦醇苷的浓度从 0μmol/L 增大到 90μmol/L，α-葡萄糖苷酶 α 螺旋和 β 折叠的含量均规律性下降和上升。尤其是 α 螺旋的含量分别从游离状态的 43.8%下降到 28.0%和 30.7%，这表明月桂酰根皮苷和月桂酰白藜芦醇苷与主多肽链发生相互作用，破坏了 α-葡萄糖苷酶的氢键网络结构，使 α-葡萄糖苷酶的结构更舒展，它们可能通过氢键和疏水作用与酶结合，从而降低酶的催化活性。牡荆黄素、野黄芩素、高车前素、三叶苷和槲皮素-3-*O*-葡萄糖酸苷等黄酮化合物均表现出相似的作用[310-312,315]。

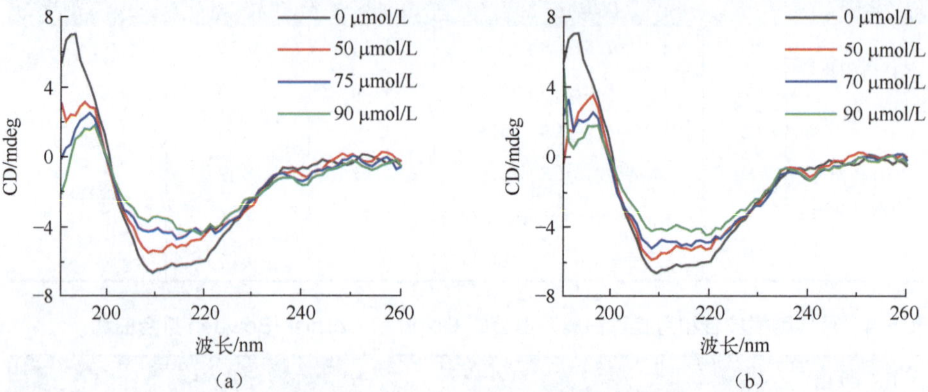

图 5-4　月桂酰根皮苷（a）和月桂酰白藜芦醇苷（b）对 α-葡萄糖苷酶的圆二色光谱的影响

表 5-5　月桂酰根皮苷和月桂酰白藜芦醇苷对 α-葡萄糖苷酶二级结构的影响

化合物	浓度/(μmol/L)	α 螺旋/%	β 折叠/%	β 转角/%	无规则卷曲/%
月桂酰根皮苷	0	43.8	13.9	16.7	25.4
	50	39.6	17.7	18.6	24.1
	75	32.7	21.7	18.4	27.2
	90	28.0	24.6	18.0	29.4
月桂酰白藜芦醇苷	0	43.8	13.9	16.7	25.4
	50	40.2	17.9	18.8	23.2
	70	37.4	19.0	18.6	24.9
	90	30.7	22.7	18.2	28.4

5.3.5 荧光猝灭光谱分析

荧光猝灭指荧光物质与其他分子相互作用导致荧光强度降低的物理或化学过程。蛋白质含有芳香族氨基酸，如色氨酸、酪氨酸和苯丙氨酸，它们在280nm 激发波长下可以发出荧光，但当其与小分子相互作用时，蛋白质的内源荧光强度会降低[322]。因此，可通过荧光猝灭光谱分析月桂酰根皮苷和月桂酰白藜芦醇苷与 α-葡萄糖苷酶的相互作用。

如图 5-5（a）、（d）所示，荧光光谱图均减去 PBS 背景和猝灭剂自身荧光值。在 280nm 激发波长下，游离 α-葡萄糖苷酶在 334nm 附近有最大的荧光发射峰，与之前的研究报道一致[323,324]。随着月桂酰根皮苷的浓度增大，α-葡萄糖苷酶的荧光发射强度呈剂量依赖性降低，这表明月桂酰根皮苷与α-葡萄糖苷酶发生相互作用，使酶分子构象或者微环境变化，导致内源荧光猝灭[310,325]。从图5-5（a）可以看到，月桂酰根皮苷的浓度从0μmol/L增加到14μmol/L，最大荧光发射波长从334nm逐渐增大到344nm，属于典型的红移现象[326]，这可能是由于月桂酰根皮苷的作用使α-葡萄糖苷酶分子的结构展开，荧光残基（酪氨酸、色氨酸和苯丙氨酸）被暴露至亲水环境导致的[327]。此前也有研究表明，紫杉叶素[322]、阿魏酸[323]、鞣酸和表儿茶酸[328]与α-葡萄糖苷酶相互作用可产生类似的红移现象。如图5-5（d）所示为月桂酰白藜芦醇苷与α-葡萄糖苷酶相互作用的荧光猝灭光谱图，然而，从中较难分辨最大荧光发射波长的变化。这可能是因为白藜芦醇苷本身是荧光物质，其在320nm激发波长下，在415nm有最大发射波长[329]。而在280nm激发波长下，月桂酰白藜芦醇苷在300～350nm均有较强的荧光发射强度，如图5-5（e）所示，从而对α-葡萄糖苷酶的最大荧光发射波长产生干扰。尽管如此，减去月桂酰白藜芦醇苷的自身荧光值后，335nm发射波长的荧光强度仍呈剂量依赖性降低，这表明月桂酰白藜芦醇苷与α-葡萄糖苷酶发生相互作用，导致荧光猝灭。

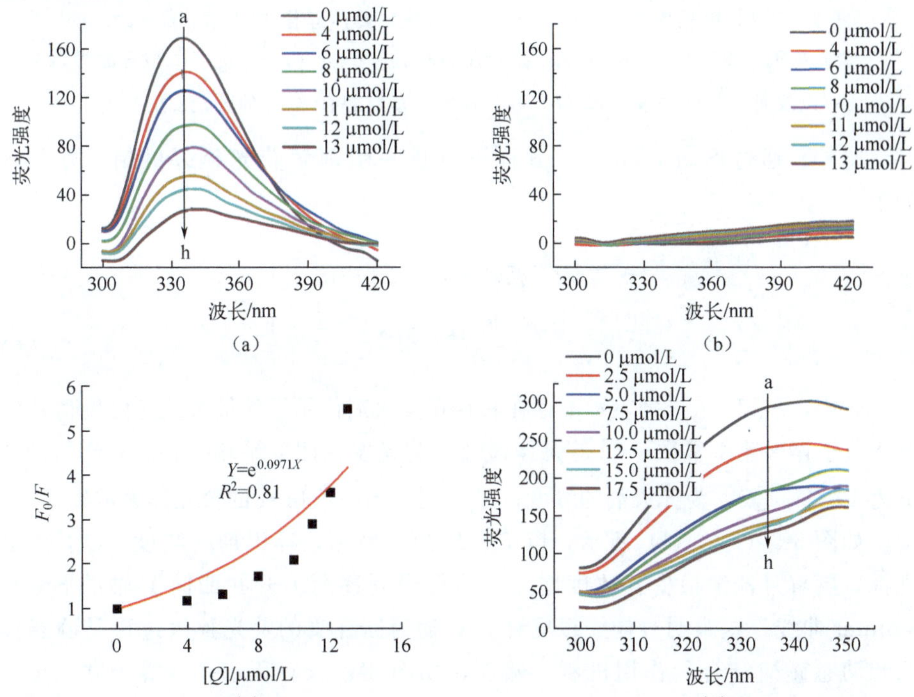

图 5-5

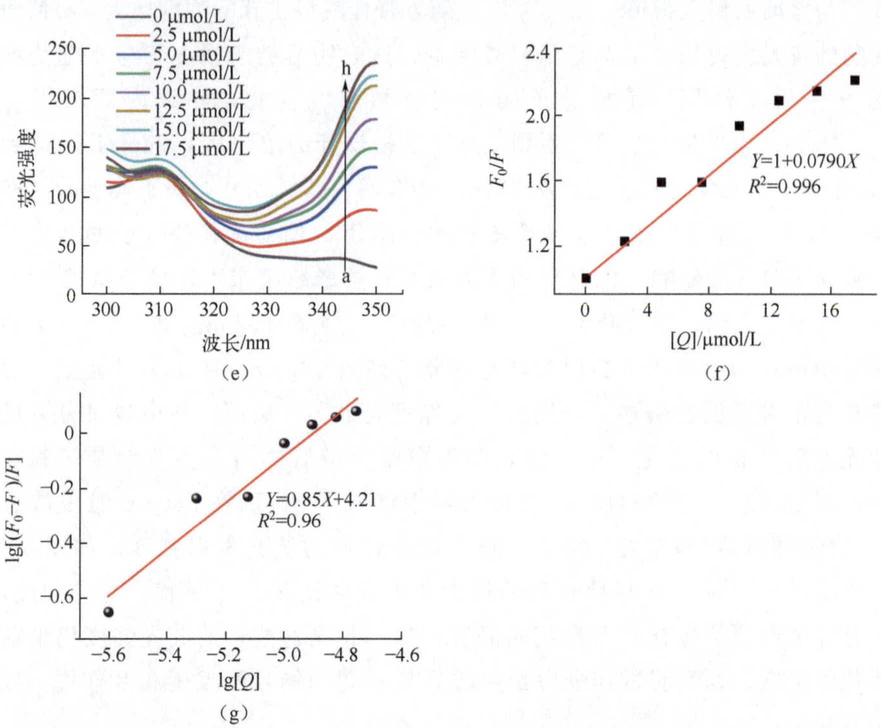

图 5-5 月桂酰根皮苷［(a)、(c)］和月桂酰白藜芦醇苷［(d)、(f)、(g)］的荧光猝灭光谱图、Stern-Volmer 拟合曲线和 lg[$(F_0-F)/F$]-lg[Q] 拟合曲线，以及游离月桂酰根皮苷（b）和月桂酰白藜芦醇苷（e）的荧光发射光谱

此外，通过 Stern-Volmer 方程可以进一步理解荧光猝灭机制，方程式如下[330]：

$$\frac{F_0}{F}=1+k_q\tau_0[Q]=1+K_{FQ}[Q] \tag{5-8}$$

$$\frac{F_0}{F}=\mathrm{e}^{(K_{FQ}[Q])} \tag{5-9}$$

式中，F_0 和 F 分别表示不存在和存在猝灭剂作用下的最大荧光强度值；k_q 是双分子猝灭速率常数；τ_0 是无猝灭剂时荧光发色团的平均寿命，α-葡萄糖苷酶为 10^{-8}s；［Q］为猝灭剂的浓度；K_{FQ} 是 Stern-Volmer 的荧光猝灭常数。

如图 5-5（c）、（f）所示，以 F_0/F 为纵坐标，猝灭剂的浓度［Q］为横坐标，随着月桂酰根皮苷浓度增大，拟合得到逐渐上升并凹向 Y 轴的 Stern-Volmer 曲线，这表明月桂酰根皮苷对 α-葡萄糖苷酶的荧光猝灭过程是静态猝灭和动态碰撞结合的作用机制。然而，如图 5-5（c）所示，计算公式（5-9）不适用于月桂酰根皮苷对 α-葡萄糖苷酶的荧光猝灭机制，拟合公式为 $Y=$

$e^{0.0971X}$ ($R^2=0.81$)，但 k_q 值暂无法评估。随着月桂酰白藜芦醇苷浓度的增大，拟合得到趋于线性上升的 Stern-Volmer 直线，采用方程式（5-8）拟合得到 $Y=1+0.0790X$，计算可得 k_q 值为 7.90×10^{12} L/(mol·s)，该值均远大于最大扩散碰撞速率常数 2.0×10^{10} L/(mol·s)，表明月桂酰白藜芦醇苷对 α-葡萄糖苷酶的荧光猝灭类型为静态猝灭，它与 α-葡萄糖苷酶形成复合物而不发生动力碰撞[310,323,331]。

对于静态猝灭，可以通过如下方程式计算结合常数并分析结合位点：

$$\lg\frac{F_0-F}{F}=\lg K_a+n\lg[Q] \tag{5-10}$$

式中，F_0 和 F 分别表示不存在和存在猝灭剂作用下的最大荧光强度值；$[Q]$ 为猝灭剂的浓度；K_a 为猝灭剂与 α-葡萄糖苷酶的结合常数；n 表示猝灭剂与 α-葡萄糖苷酶的结合位点数。

如图 5-5（g）所示，以 $\lg[(F_0-F)/F]$ 为纵坐标，月桂酰白藜芦醇苷的浓度对数 $\lg[Q]$ 为横坐标，得到良好的拟合直线，$Y=0.85X+4.21$，则 n 值为 0.85，接近 1，表明月桂酰白藜芦醇苷与 α-葡萄糖苷酶有单一或一类结合位点[312,320,323]。这与 5.3.3 的动力学分析结果一致。

5.3.6 表面等离子体共振分析

表面等离子体共振技术（SPR）是定量分析配体和蛋白质相互作用的广泛使用的分析方法[332]。如图 5-6 所示，月桂酰根皮苷和月桂酰白藜芦醇苷均能剂量依赖性地与 α-葡萄糖苷酶结合。采用稳态亲和力模型分析得到月桂酰根皮苷和月桂酰白藜芦醇苷的平衡解离常数 K_D 值分别为 1.198×10^{-5} mol/L 和 7.897×10^{-6} mol/L，该值远低于 Ma 等[333] 报道的鼠尾草酚的 K_D 值 72.6μmol/L。因此，这进一步证实了月桂酰根皮苷和月桂酰白藜芦醇苷与 α-葡萄糖苷酶的强亲和力。

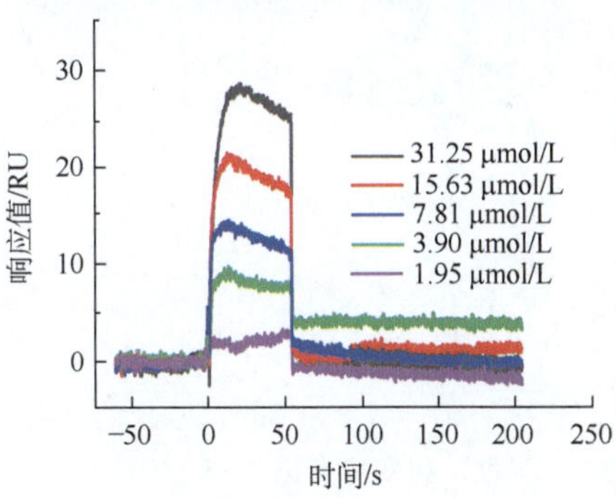

(a)

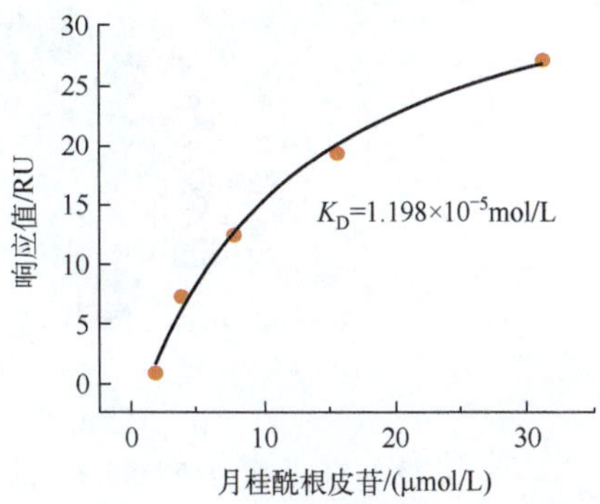

(b)

图 5-6

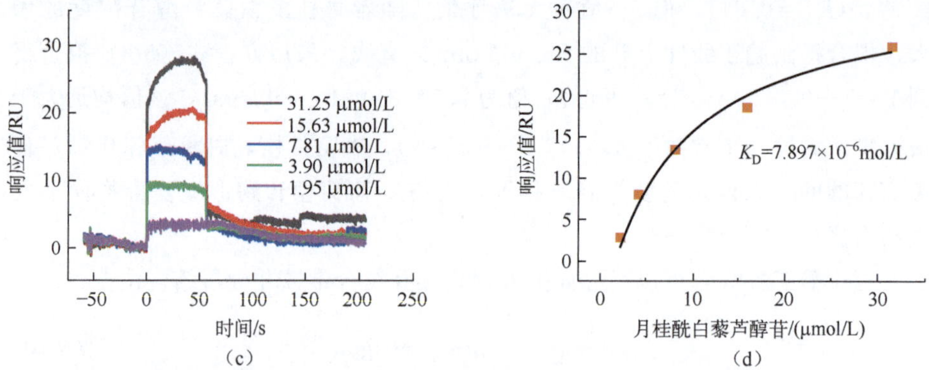

图 5-6 月桂酰根皮苷［(a)、(b)］和月桂酰白藜芦醇苷［(c)、(d)］的 SPR 测试，以及 α-葡萄糖苷酶的动力学［(a)、(c)］和稳态亲和力［(b)、(d)］分析

5.3.7 分子对接分析

以上结果表明，月桂酰根皮苷和月桂酰白藜芦醇苷通过混合型抑制降低 α-葡萄糖苷酶的催化活性，且更倾向于反竞争性抑制，即通过非共价相互作用与游离酶的变构位点或酶-底物复合物结合。因此，利用分子对接模拟小分子配体与大分子蛋白质的结合状态，有利于进一步理解它们的相互作用机制。图 5-7 和表 5-6 所示为 α-葡萄糖苷酶分子的催化活性位点和预测的变构位点信息。

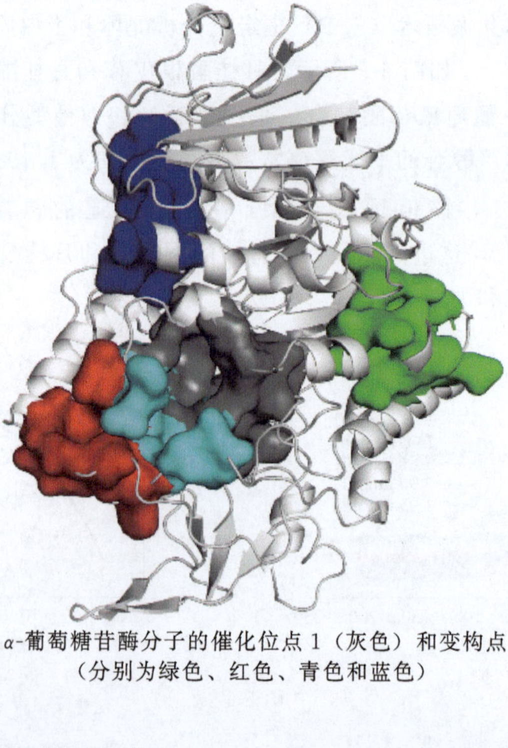

图 5-7 α-葡萄糖苷酶分子的催化位点 1（灰色）和变构点位 2～5（分别为绿色、红色、青色和蓝色）

表 5-6　α-葡萄糖苷酶分子的催化活性位点、变构位点和对接盒子信息

位点	盒子坐标（X，Y，Z）	盒子尺寸（X，Y，Z）	体积/$Å^3$	表面积/$Å^2$	深度/Å
催化位点 1	20.04，−6.90，21.77	40，40，40	191.49	265.77	10.91
变构位点 2	16.11，11.76，32.79	60，40，56	165.45	371.65	10.31
变构位点 3	12.86，−22.07，14.89	50，50，60	156.57	305.71	8.62
变构位点 4	13.66，−11.01，17.57	40，40，40	141.82	319.39	7.29
变构位点 5	14.09，1.86，0.05	50，46，48	69.63	120.93	5.43

阿卡波糖是α-葡萄糖苷酶的竞争性抑制剂[334]。因此，pNPG、阿卡波糖、根皮苷和白藜芦醇苷与催化活性位点对接，月桂酰根皮苷和月桂酰白藜芦醇苷与催化位点和变构位点对接。如表 5-6 所示，pNPG、阿卡波糖、根皮苷和白藜芦醇苷与活性位点的结合能分别为 −6.63kcal/mol、−4.29kcal/mol、−7.46kcal/mol 和 −7.32kcal/mol，pNPG 能与氨基酸残基 Asp69、Asp215、Glu277、Arg315、Asp352 和 Gln353 形成 6 个氢键，它们都是负责α-葡萄糖苷酶催化活性的关键残基，与文献报道一致[322,335,336]。结合能越小表示小分子与活性位点的亲和力越大，因此，根皮苷和白藜芦醇苷可能是通过与底物竞争活性位点发挥α-葡萄糖苷酶抑制活性的[306,328]，且它们的竞争性强于阿卡波糖。它们与活性口袋的结合构象如图 5-8 所示，pNPG、根皮苷和白藜芦醇苷都能以较舒展的姿势深入活性中心，根皮苷和白藜芦醇苷分别与活性中心的氨基酸残基形成 8 个和 6 个氢键，可占据并稳定结合在活性口袋。阿卡波糖能与氨基酸残基 Asp69、Tyr158、Arg213、Asp215、Glu277、Gln279、Arg315、Asp352、Arg442 形成 10 个氢键，然而，它以扭曲的姿势深入活性中心，这表明阿卡波糖分子存在更大的空间位阻，这可能是其抑制活性弱于根皮苷和白藜芦醇的原因之一。

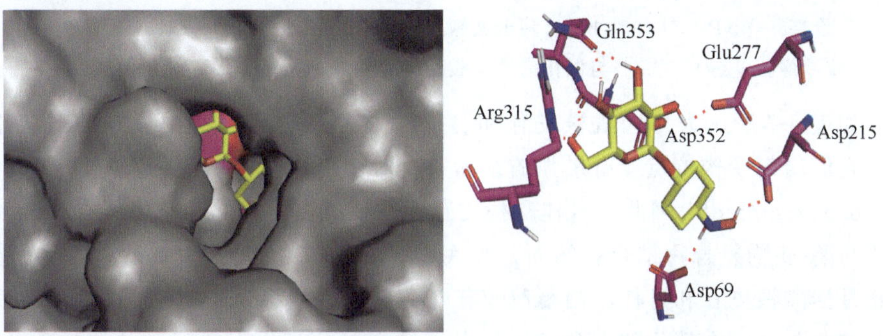

（a）　（b）

图 5-8

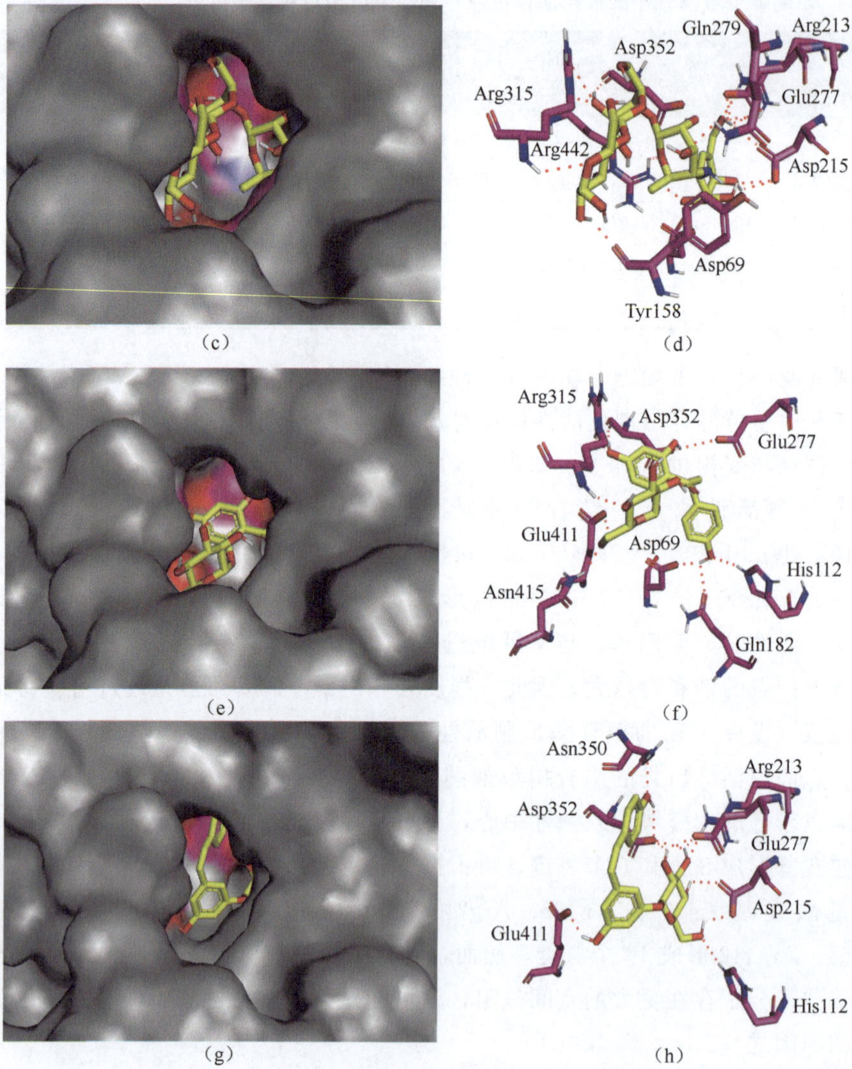

图 5-8 pNPG [(a)、(b)]、阿卡波糖 [(c)、(d)]、根皮苷 [(e)、(f)] 和白藜芦醇苷 [(g)、(h)] 与催化活性口袋的结合构象和氢键作用（红色虚线表示）

如表 5-7 所示为月桂酰根皮苷和月桂酰白藜芦醇苷与变构位点的对接结果，它们均与变构位点 4 有最强的亲和力，对接结合能分别为－7.29kcal/mol 和－8.60kcal/mol。因此，月桂酰根皮苷和月桂酰白藜芦醇苷有可能在变构位点 4 与酶-底物复合物结合；然而，当底物存在于催化位点 1 时，空间位阻会阻止月桂酰根皮苷和月桂酰白藜芦醇苷与变构位点 4 结合。如图 5-9 所示，底物和抑制剂分别在催化位点和变构位点 4 结合，此时出现空间和结构的重叠。因此，变构位点 4 可能不是抑制剂与酶-底物复合物的最佳结合位点。

表 5-7　底物和抑制剂与催化位点和变构位点的结合能、抑制常数和氢键相互作用

化合物	位点	结合能 /(kcal/mol)	抑制常数	氢键相互作用
pNPG	1	−6.63	13.91μmol/L	Asp69，Asp215，Glu277，Arg315，Asp352，Gln353
阿卡波糖	1	−4.29	714.62μmol/L	Asp69，Tyr158，Arg213，Asp215，Glu277，Gln279，Arg315，Asp352，Arg442
根皮苷	1	−7.46	3.4μmol/L	Asp69，His112，Gln182，Glu277，Arg315，Asp352，Glu411，Asn415
白藜芦醇苷	1	−7.32	4.32μmol/L	Arg213，Asp215，Glu277，Asn350，Asp352，Glu411，His112
月桂酰根皮苷	1	−1.8	47.78mmol/L	Tyr158，Glu277，Gln279，His280，Asp352，Glu411，Arg442
	2	−7.27	4.65μmol/L	Asn259，Arg270，Ser291，His295，Glu296
	3	−5.38	113.46μmol/L	Asn235，Asn317，Asn415，Glu429
	4	−7.29	4.54μmol/L	Asp242，Gln279，Glu411，Asn415
	5	−4.63	2.68mmol/L	Phe321，Thr358，Asp362，Ser545
月桂酰白藜芦醇苷	1	−5.17	162.9μmol/L	Asp69，Gln279，His280，Arg315，Glu411
	2	−6.74	11.51μmol/L	Asn259，Arg263，Arg270，Ile272，His295，Asp341
	3	−6.07	35.25μmol/L	Gly161，Asp233，Ser311，Asn317，Glu422
	4	−8.60	497.09mmol/L	Lys156，Asp242，Asp307，Thr310，Leu313，Arg315，Asn415
	5	−6.0	40.24μmol/L	Leu323，Phe360，Asp362，Lys523

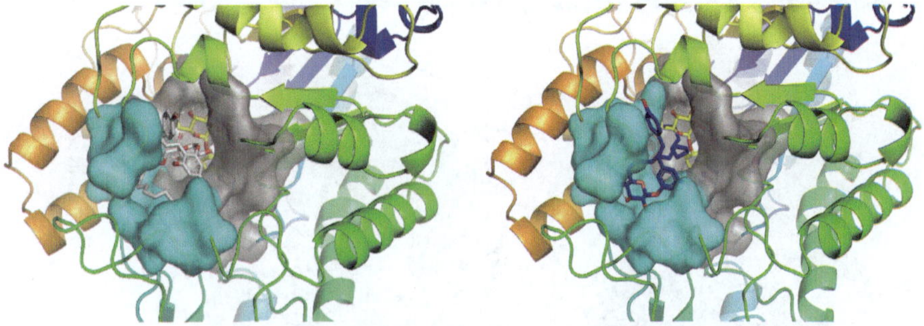

(a)　(b)

图 5-9　pNPG（黄色棍状）与月桂酰根皮苷（a）和月桂酰白藜芦醇苷（b）分别在催化位点和变构位点 4 结合的堆叠构象

此外，月桂酰根皮苷和月桂酰白藜芦醇苷与变构位点 2 也有较强的亲和力，对接结合能分别达到−7.27kcal/mol 和−6.74kcal/mol。如图 5-10 所示，

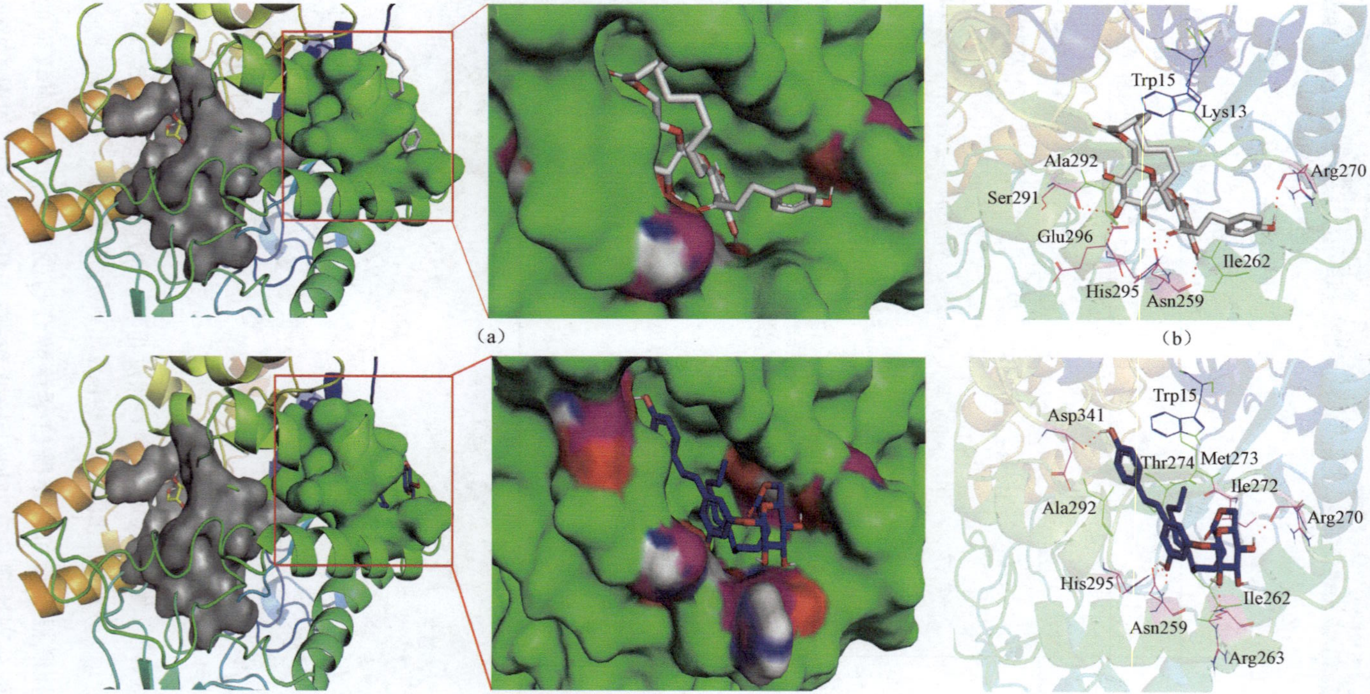

(a) (b) (c) (d)

图 5-10 月桂酰根皮苷［(a)、(b)］和月桂酰白藜芦醇苷［(c)、(d)］与变构位点 2 的结合构象和相互作用

它们的结合 pose 与变构位点 2 的形状吻合，且变构位点 2 位于 α 螺旋结构，因此，月桂酰根皮苷和月桂酰白藜芦醇苷有较大可能与变构位点 2 相互作用，诱导 α-葡萄糖苷酶的构象变化，从而影响活性中心的微环境或者抑制催化产物从活性口袋释放。月桂酰根皮苷与变构位点 2 的氨基酸残基 Asn259、Arg270、Ser291、His295 和 Glu296 形成 5 个氢键，它与氨基酸残基 Lys13、Trp15、Ile262 和 Ala292 还存在疏水作用力。月桂酰白藜芦醇苷能与氨基酸残基 Asn259、Arg263、Arg270、Ile272、His295 和 Asp341 形成 6 个氢键，它与氨基酸残基 Trp15、Ile262、Arg263、Ile272、Thr274 和 Ala292 存在疏水作用力。这些非共价相互作用使月桂酰根皮苷和月桂酰白藜芦醇苷与变构位点 2 有很强的亲和力，可引起 α-葡萄糖苷酶分子的构象变化，降低其催化活性。

5.3.8 Caco-2 细胞单层膜的表征

5.3.8.1 跨膜电阻测定

Caco-2 细胞之间的紧密连接很好地模拟了人肠上皮细胞对营养物质吸收的限速屏障。可通过定期测定跨膜电阻值来验证单层膜的完整性。如图 5-11 所示，TEER 值在前 8d 增速最大，随着时间增加至 21d 达到最大值，为 (1694±98)Ω · cm^2，远高于 1000Ω · cm^2，这表明单层膜紧密、完整，可用于转运实验[337,338]。

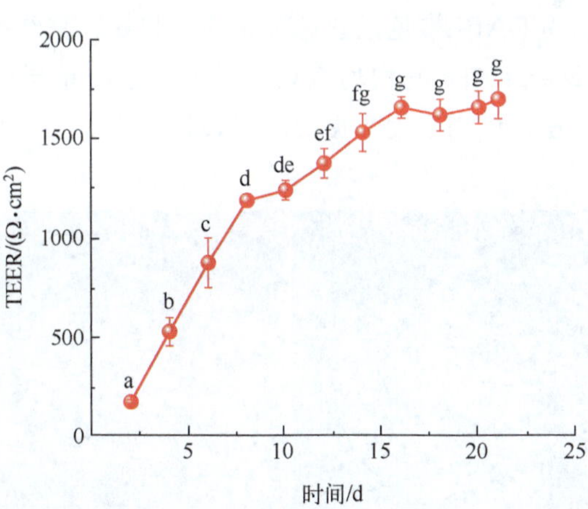

图 5-11 培养期间的跨膜电阻值

5.3.8.2 碱性磷酸酶活性的测定

连续培养 21d 的 Caco-2 细胞单层膜会发生极化，顶膜和底膜的 AKP 可以反映细胞极化程度。如图 5-12 所示，AP 侧的 AKP 活性随着培养时间逐渐增大，在 21d 达到最大值（1.38±0.02）金氏单位/100mL，BL 侧的 AKP 活性基本保持不变，而 AP、BL 侧的 AKP 活力比（AP/BL）随着时间升高，在 21d 时超过 9。这表明大部分碱性磷酸酶聚集在顶膜，Caco-2 细胞完成极化。

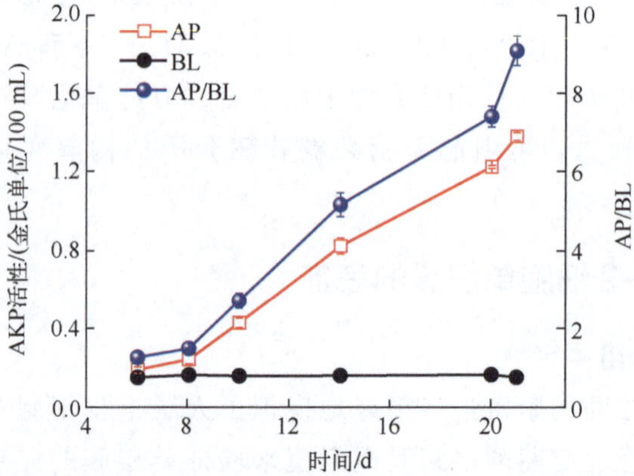

图 5-12　AP 和 BL 侧的碱性磷酸酶（AKP）活性的变化

5.3.8.3　免疫荧光检测

图 5-13（a）、（b）、（c）所示为免疫荧光染色后共聚焦显微镜下的 Caco-2 细胞单层膜，分别为 DAPI 染色呈蓝色荧光的细胞核、呈红色荧光的胞间紧密连接蛋白 ZO-1、Merge 图，它们均直观展示了完整的单层膜。这表明 Caco-2 细胞单层膜成功构建，可用于葡萄糖的肠道转运实验。

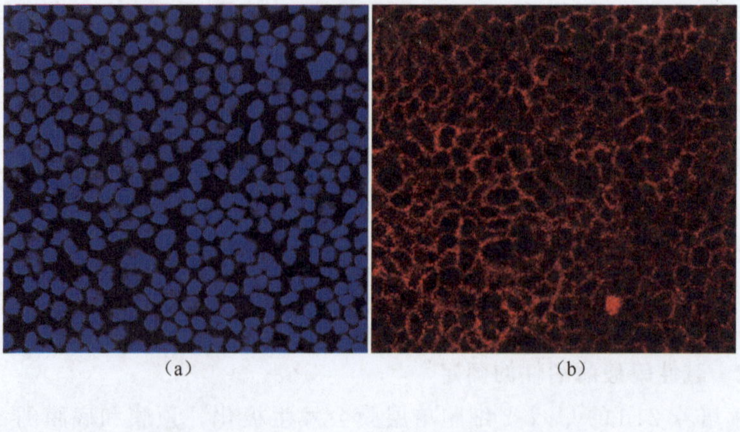

（a）　　　　（b）

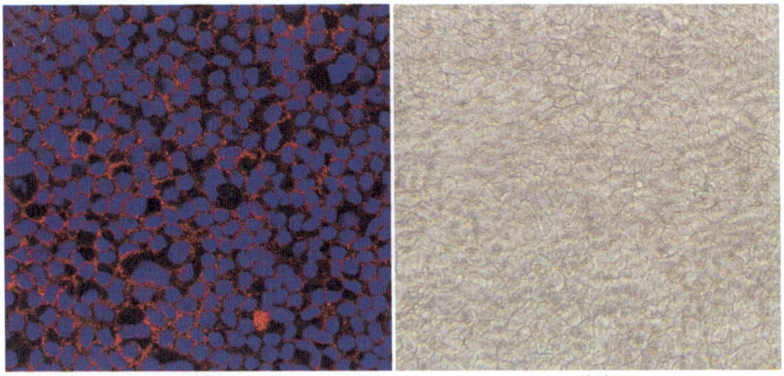

(c) (d)

图 5-13 共聚焦显微镜下 Caco-2 单层膜的免疫荧光染色，细胞核被 DAPI 染色呈蓝色荧光（a），紧密连接蛋白 ZO-1 呈红色荧光（b）和 merge 图（c），以及光学显微镜下的单层膜（d）

5.3.9 根皮苷、白藜芦醇苷及其月桂酰衍生物对葡萄糖转运的影响

研究表明，天然植物多酚提取物以及没食子酸、对香豆酸、银椴苷、山柰酚及其衍生物等化合物对葡萄糖在肠道的跨膜吸收具有抑制作用[308,309,339,340]。因此，基于 Caco-2 细胞单层模型进一步探究根皮苷、白藜芦醇苷及其月桂酰衍生物对葡萄糖转运的影响。如图 5-14（a）所示，在 Na^+ 存在的环境下，根皮苷、白藜芦醇苷及其月桂酰衍生物在 100μmol/L 浓度下显著抑制葡萄糖从 AP 至 BL 侧的跨膜运输，作用 180min 后，样品组 BL 侧的葡萄糖浓度显著低于对照组的 (0.75 ± 0.06)mmol/L，月桂酰白藜芦醇苷作用组最低。空白组中不加样品和外源葡萄糖，其基底侧的葡萄糖浓度随时间无明显变化，且远低于对照组，因此，细胞内源性葡萄糖不干扰实验结果。如图 5-14（b）所示，对照组在 Na^+ 环境下的葡萄糖表观渗透系数为 $(3.39\pm0.28)\times10^{-6}$cm/s，根皮苷、白藜芦醇苷及其月桂酰衍生物在 50μmol/L 和 100μmol/L 浓度下对葡萄糖的跨膜转运均表现出抑制作用，而在 100μmol/L 的作用浓度下，葡萄糖表观渗透系数分别下降至 $(2.72\pm0.12)\times10^{-6}$、$(2.97\pm0.22)\times10^{-6}$、$(2.11\pm0.13)\times10^{-6}$ 和 $(1.32\pm0.14)\times10^{-6}$cm/s，月桂酰白藜芦醇苷展现出最好的抑制活性，达到 61%的抑制率，其次是月桂酰根皮苷、根皮苷和白藜芦醇苷，这表明月桂酰化修饰增强了根皮苷和白藜芦醇苷对葡萄糖跨膜转运的抑制活性。

SGLT1 是一种 Na^+ 依赖的葡萄糖转运蛋白，在 Na^+ 存在的环境下，SGLT1 和 GLUT2 共同参与葡萄糖在肠道的主动转运，而在无 Na^+ 环境下，葡萄糖的转运主要依赖 GLUT2 转运蛋白[341]。因此，营造无 Na^+ 环境探究根皮苷、白藜芦醇苷及其月桂酰衍生物对葡萄糖跨膜转运的影响。如图 5-14（c）所示，样品组 BL 侧葡萄糖浓度在转运过程中低于对照组，表明根皮苷、白藜芦醇苷及其月桂酰衍生物在无 Na^+ 环境下均能抑制葡萄糖的跨膜转运。对照组 BL 侧的葡萄糖浓度在 180min 后仅为（0.37±0.01）mmol/L，显著低于 Na^+ 环境下的转运量，这表明 SGLT1 对葡萄糖的跨膜转运十分重要。根皮苷、白藜芦醇苷、月桂酰根皮苷和月桂酰白藜芦醇苷作用组 BL 侧葡萄糖浓度分别为（0.27±0.01）mmol/L、（0.29±0.02）mmol/L、（0.30±0.02）mmol/L 和（0.35±0.01）mmol/L，抑制率分别为 27%、22%、19%和 6%。相比于 Na^+ 环境下，月桂酰根皮苷和月桂酰白藜芦醇苷的抑制率显著降低，这表明它们对 SGLT1 和 GLUT2 共同介导的葡萄糖转运过程有更好的抑制活性。如图 5-14（d）所示，计算无 Na^+ 环境下 0～60min 和 0～180min 葡萄糖表观渗透系数，根皮苷、白藜芦醇苷、月桂酰根皮苷和月桂酰白藜芦醇苷在 60min 内表现出更高的抑制活性，这可能是因为 GLUT2 主要位于基底膜侧，而主要位于顶膜的 SGLT1 在无 Na^+ 环境下不参与葡萄糖的主动吸收[308,342]，而抑制剂对葡萄糖的细胞吸收有较大的抑制作用。此外，如图 5-14（e）、（f）所示，

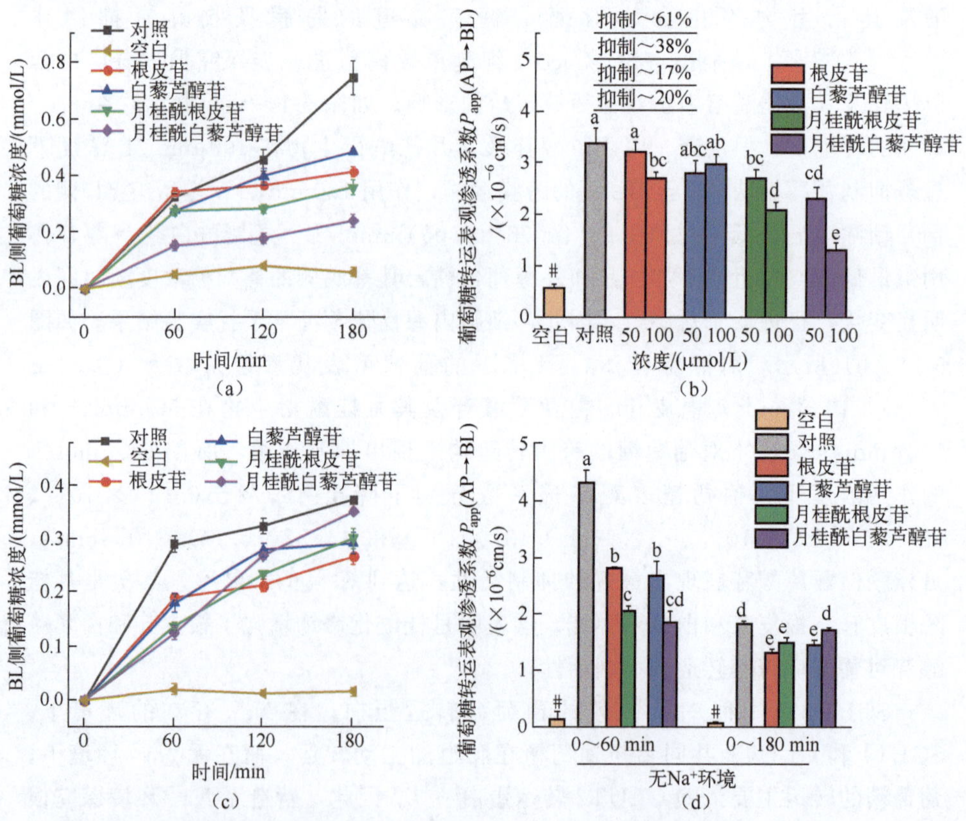

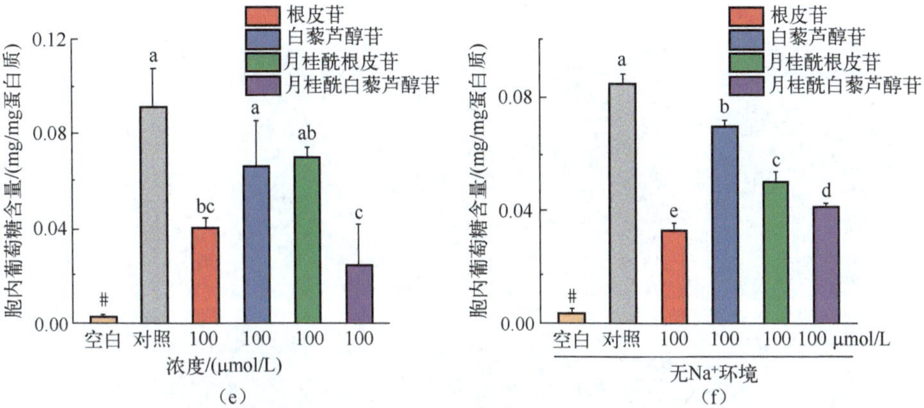

图 5-14 根皮苷、白藜芦醇苷、月桂酰根皮苷和月桂酰白藜芦醇苷（100μmol/L）对葡萄糖吸收［(e)、(f)］及其在 Na^+ 和无 Na^+ 环境下的跨膜转运［(a)、(c)］和葡萄糖表观渗透系数［(b)、(d)］的影响

（$p<0.05$，#表示与对照组有极显著差异）

相比于对照组，根皮苷、白藜芦醇苷、月桂酰根皮苷和月桂酰白藜芦醇苷在100μmol/L 均能降低葡萄糖的胞内摄入量。因此，根皮苷、白藜芦醇苷、月桂酰根皮苷和月桂酰白藜芦醇苷对葡萄糖的肠细胞吸收和其跨膜运输具有抑制作用，且月桂酰衍生物展现出更好的抑制活性。

5.3.10 FITC 标记葡萄糖的共聚焦显微镜检测

采用绿色荧光 FITC 标记的葡萄糖可以直观显示抑制剂对外源性葡萄糖细胞吸收的干预。如图 5-15 所示，对照组的绿色荧光强且均匀，显示葡萄糖进入胞内并均匀分布在细胞膜和细胞质中。而根皮苷、白藜芦醇苷、月桂酰根皮苷和月桂酰白藜芦醇苷处理组的绿色荧光显著弱于对照组，且分布不均，表明它们显著抑制了 Caco-2 细胞对葡萄糖的吸收。此外，月桂酰根皮苷和月桂酰白藜芦醇苷作用组的绿色荧光显著弱于根皮苷组和白藜芦醇苷组，这表明它们具有更强的抑制作用。Li 等[308] 采用 FITC 标记的葡萄糖也证实了没食子酸和山柰酚衍生物对葡萄糖在 Caco-2 细胞吸收的抑制作用。

5.3.11 葡萄糖转运相关基因的检测

SGLT1 是位于肠腔侧的 Na^+-葡萄糖协同转运蛋白，可将 1 分子葡萄糖和 2 个 Na^+ 一起从肠腔侧运输到肠上皮细胞内，位于肠细胞基底侧的 GLUT2 则

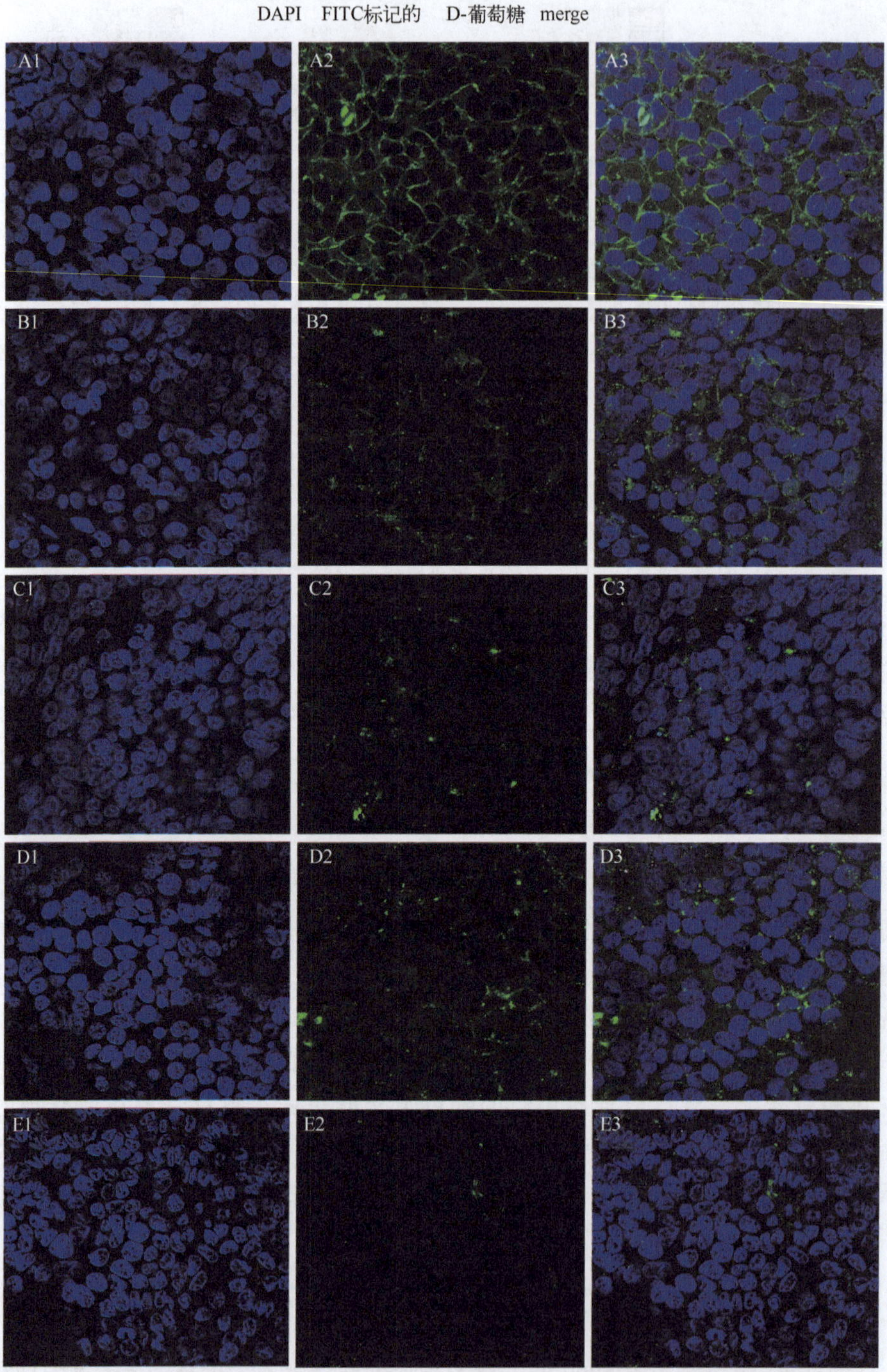

图 5-15　FITC 标记的葡萄糖在 Caco-2 细胞单层膜吸收的共聚焦显微镜图

A—对照组；B—根皮苷组；C—月桂酰根皮苷组；D—白藜芦醇苷组；E—月桂酰白藜芦醇苷组

将细胞内葡萄糖从基底侧运出，葡萄糖进入血管参与血液循环[341,343]。如图5-16（a）、（b）所示，根皮苷、白藜芦醇苷和月桂酰白藜芦醇苷在 50μmol/L 和 100μmol/L 作用浓度均显著抑制 SGLT1 和 GLUT2 的基因表达。月桂酰根皮苷对 SGLT1 基因的表达水平没有显著影响，而月桂酰白藜芦醇苷在 100μmol/L 作用浓度使 SGLT1 的基因表达水平降至对照组的 19%。月桂酰根皮苷和月桂酰白藜芦醇苷在 50μmol/L 作用浓度分别使 GLUT2 的基因表达水平降至对照组的 54% 和 52%。PKA 基因不直接参与葡萄糖的转运，然而，PKA 激活会刺激 SGLT1 介导的葡萄糖的摄取而使葡萄糖进入细胞[344]；此外，PKA 抑制能降低葡萄糖-6-磷酸酶（G6Pase）催化糖异生和糖原分解[345]。因此，PKA 基因对抑制葡萄糖跨膜转运和 T2DM 十分重要。如图 5-16（c）所示，根皮苷、白藜芦醇苷、月桂酰根皮苷和月桂酰白藜芦醇苷均显著降低 PKA 基因表达水平，100μmol/L 作用浓度分别使其降低至对照组的 31%、36%、9% 和 35%。Na^+/K^+ ATP 酶定位于肠细胞基底侧，它利用 ATP 水解释放的能量，将胞内 Na^+ 泵出胞外，相应地将 K^+ 泵入胞内，进而

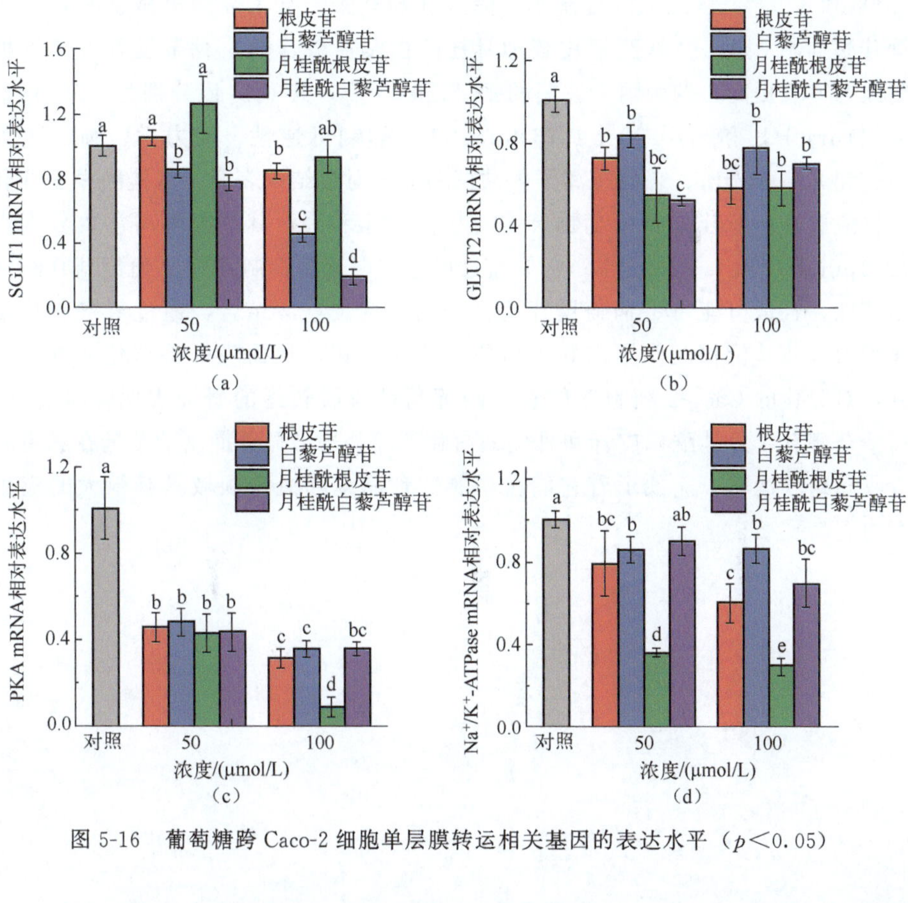

图 5-16　葡萄糖跨 Caco-2 细胞单层膜转运相关基因的表达水平（$p<0.05$）

维持胞内外的电化学梯度，这对 SGLT1 结合 Na^+ 将葡萄糖同向转运至胞内至关重要[340]。如图 5-16（d）所示，根皮苷、白藜芦醇苷、月桂酰根皮苷和月桂酰白藜芦醇苷均能抑制 Na^+/K^+ ATP 酶的基因表达水平，100μmol/L 作用浓度分别使其降低至对照组的 56%、29%、89%、69%。因此，根皮苷、白藜芦醇苷、月桂酰根皮苷和月桂酰白藜芦醇苷可能是通过抑制葡萄糖转运相关因子 SGLT1、GLUT2、PKA 和 Na^+/K^+ ATPase 的活性或其表达水平来发挥抑制葡萄糖跨膜运输活性的。

5.4 小结

本章以 pNPG 为反应底物评估了酚苷化合物及其月桂酰衍生物的 α-葡萄糖苷酶抑制活性，根皮苷和白藜芦醇苷在 2mmol/L 分别表现出 63.0%±2.1%和 37.3%±0.3%的抑制率，熊果苷和红景天苷未表现出显著的 α-葡萄糖苷酶抑制活性。月桂酰根皮苷和月桂酰白藜芦醇苷的 α-葡萄糖苷酶活性抑制能力显著提高，约为阿卡波糖的 45 倍和 35 倍，其 IC_{50} 值分别为（55.10±0.24）μmol/L 和（70.95±1.76）μmol/L。抑制可逆性、动力学、圆二色光谱、荧光猝灭光谱、表面等离子体共振和分子对接结果表明，月桂酰根皮苷和月桂酰白藜芦醇苷与 α-葡萄糖苷酶有极高的亲和力，其平衡解离常数分别为 12.0μmol/L 和 7.9μmol/L；它们通过可逆的混合型抑制发挥 α-葡萄糖苷酶抑制活性，且最可能与 α-葡萄糖苷酶分子的变构位点 2 结合，通过氢键和疏水作用力等非共价相互作用诱导蛋白质的构象变化，从而降低酶催化活性。此外，对分化的 Caco-2 细胞单层模型的葡萄糖跨膜转运的研究表明，根皮苷、白藜芦醇苷、月桂酰根皮苷和月桂酰白藜芦醇苷均可显著抑制葡萄糖在肠道的吸收和跨膜运输。这预示着它们在功能性食品或降血糖领域具有很大的应用潜力。

第6章 酚苷化合物及其月桂酰衍生物基于Caco-2细胞单层模型的肠渗透特性

6.1 引言

活性酚类化合物若要在体内发挥作用，就必须是生物可利用的。营养物质经口服摄入后，途径口腔、咽、食管和胃的消化后达到肠壁，由小肠上皮细胞完成对目标物的跨膜吸收，主要包括细胞旁路途径、被动运输、主动运输和胞吞作用等方式[185]。小肠作为营养物质的主要吸收器官，是生物活性物质进入血液循环进而发挥生理功能的至关重要的屏障。因此，探究酚苷化合物及其月桂酰衍生物在肠上皮细胞的吸收和转运机制，对其作用剂量和体内生物利用度评估具有重要意义。

生物活性化合物的跨膜吸收是一个复杂的生理过程，它受到分子本身大小、脂溶性、化学稳定性、极性表面积和晶体形式等影响，肠道代谢酶和多种转运蛋白也是影响其吸收过程的因素[346]。最早评估小肠吸收的在体法，包括动物或人体实验，不仅操作复杂、耗时且重现性差；离体法利用的材料包括翻转的小肠囊袋、肠片、刷状缘囊泡等离体组织，其维持活性的时间短且操作困难，均已不满足可靠、快速筛选评价体系的要求。来源于人结肠腺癌的Caco-2细胞，其完全分化形成细胞单层时，具有与人小肠相似的微绒毛、紧密连接、细胞极性和功能[347]。与小肠上皮细胞一样，分化的Caco-2细胞单层表达多种转运蛋白以及多种药物代谢酶，如细胞色素P450、羧酸酯酶（CES）和UDP-葡萄糖醛酸转移酶（UGT）等[243]，它们共同负责生物营养物质在肠上皮细胞的吸收、代谢和外排等活动。近年来，Caco-2细胞单层已被广泛用作体外模型，用于评价药物在肠道的吸收特性。Duan等[348]报道异鼠李素的跨膜转运涉及被动运输和转运蛋白OATP的参与。Lee等[241]利用体外消化和Caco-2细胞模型评估羟基肉桂酸的体内生物利用度。此外，Ohura等[243]以邻丁基普萘洛尔和乙基联苯胺为底物，利用Caco-2细胞单层模型证实羧酸酯酶对酯键具有水解作用。然而，目前缺乏月桂酰酚苷酯衍生物在肠道的渗透特性的研究。

基于以上认识，本章在体外构建完全分化的 Caco-2 细胞单层模型，通过测定跨膜电阻（TEER）、透射电子显微镜（transmission electron microscope，TEM）、免疫荧光（immuno fluorescence，IF）以及荧光素钠和普萘洛尔的转运、测定碱性磷酸酶（AKP）活性等手段，验证单层膜的完整性、分化和功能；并基于 Caco-2 细胞单层模型，探究酚苷化合物及其月桂酰衍生物在肠道的吸收、代谢和转运特性。

6.2 实验方法

6.2.1 细胞培养与接种

将 Caco-2 细胞培养于 T75 培养瓶中，培养基为含 10%胎牛血清和 1%青链霉素的高糖 DMEM。培养环境为 37℃恒温，二氧化碳含量 5%，相对湿度 90%。培养至 20～30 代的细胞可用于铺板。从培养瓶消化下来的 Caco-2 细胞以 1×10^5 个/mL 的密度接种到 12 孔 Transwell 培养板的上室。上室（apical compartment，AP 侧）为 0.5mL 细胞悬液，下室（basolateral compartment，BL 侧）为 1.5mL 新鲜培养基。细胞贴壁 2d 后，更换 AP 和 BL 侧的培养基，之后每 2d 更换 1 次新鲜培养基，连续培养 21d，至细胞单层膜形成并完全分化。

6.2.2 Caco-2 细胞单层膜的完整性验证

6.2.2.1 跨膜电阻值的测定

参考 5.2.9.1 的步骤。

6.2.2.2 碱性磷酸酶活性测定

参考 5.2.9.2 的步骤。

6.2.2.3 荧光素钠渗透检测

参考 Hubatsch 等[347] 的方法，吸弃 Transwell 孔 AP 和 BL 侧的培养基，用 37℃预热的 HBSS 润洗细胞单层膜 2 次，然后在 AP 和 BL 侧分别加入 0.4mL 和 1.2mL HBSS 溶液，将 Transwell 板置于 37℃平衡 30min。同时，用预热的 HBSS 配制荧光素钠工作液（300μmol/L），以及荧光素钠标准溶液，浓度梯度为 0.625μg/mL、1.25μg/mL、2.5μg/mL、5μg/mL、10μg/mL 和

20μg/mL，用于绘制荧光强度对荧光素钠浓度的标准曲线。

平衡结束后，吸弃 AP 和 BL 侧的 HBSS 溶液，在单层膜的 AP 侧加入 0.4mL 荧光素钠工作液，BL 侧加入 1.2mL 的 HBSS 溶液，置于培养箱中孵育 2h。期间在 20min、40min、60min、90min 和 120min 时于 BL 侧取样 0.6mL，同时立即补充等体积预热的 HBSS 溶液。样品在荧光酶标仪下检测荧光强度，激发波长 427nm，发射波长 536nm。最后根据标准曲线计算荧光素钠的浓度。

6.2.2.4 普萘洛尔转运

类似的，用预热的 HBSS 润洗 Caco-2 细胞单层，然后分别在 AP 和 BL 侧加入 0.4mL 和 1.2mL HBSS 溶液，将细胞单层置于 37℃平衡 30min。同时，用 HBSS 配制普萘洛尔工作液（800μmol/L），以及标准浓度梯度溶液，浓度梯度设置为 5μmol/L、10μmol/L、20μmol/L、40μmol/L 和 100μmol/L，用于绘制标准曲线。利用 HPLC 在 290nm 处检测普萘洛尔，参考 2.2.2 的条件和步骤。

对于普萘洛尔的转运（AP→BL），在 AP 侧加入 0.4mL 普萘洛尔工作液，在 BL 侧加入 1.2mL HBSS 溶液，置于 CO_2 培养箱中，孵育 2h 后取 BL 侧溶液检测普萘洛尔的浓度，并计算表观渗透系数 P_{app} 值。对于普萘洛尔的外排（BL→AP），在 BL 侧加入 1.2mL 普萘洛尔溶液，在 AP 侧加入 0.4mL HBSS 溶液，置于 CO_2 培养箱孵育 2h 后，取 AP 侧溶液检测普萘洛尔的浓度，并计算表观渗透系数 P_{app} 值。计算方法同 5.2.10 所述。

6.2.2.5 Caco-2 细胞单层的形貌

光学显微镜检测：将连续培养 21d 的 Caco-2 细胞单层用 HBSS 小心润洗 2～3 遍，然后置于光学显微镜下，观察细胞之间的紧密连接和膜完整性。

透射电镜检测：将润洗干净的单层膜用针头小心戳下，置于含 25%戊二醛的 PBS 中，在 4℃固定 12h，置于透射电镜下观察小肠微绒毛、细胞器和胞间紧密连接。

免疫荧光检测：将润洗干净的单层膜小心戳下，置于 4%多聚甲醛溶液中固定 15min，用 PBS 浸洗 3 次，每次 3min，用吸水纸吸干 PBS，在单层膜上滴加 BSA，于室温封闭 30min；用吸水纸吸掉封闭液，然后在单层膜上滴加足量稀释的 ZO-1 紧密连接蛋白的一抗，放入湿盒，于 4℃孵育过夜；用 PBST 浸洗 3 次，每次 3min，吸干单层膜上的液体后，滴加稀释的荧光二抗，置于湿盒中室温孵育 1h；接下来避光操作，用 PBST 清洗单层膜 3 次，每次 3min；最后滴加 5μg/mL DAPI 染料，再避光孵育 5min，此操作染细胞核；用 PBST 清洗 3 次，洗去多余的 DAPI，用吸水纸吸净单层膜上的液体后，滴加含抗荧光猝灭剂的封片液封片，最后用共聚焦显微镜观察 ZO-1 紧密连接蛋白的表达情况。

6.2.3 细胞毒性测定

参考 3.2.7 的步骤，测定酚苷化合物及其月桂酰衍生物对 Caco-2 细胞的毒性。

6.2.4 酚苷化合物及其月桂酰衍生物的渗透实验

实验前，用预热的 HBSS 溶液润洗 Caco-2 细胞单层膜，在 AP 和 BL 侧分别加入 0.4mL 和 1.2mL HBSS 溶液，置于 37℃平衡 30min，然后用于转运实验。对于酚苷化合物及其月桂酰衍生物的转运（AP→BL），在 AP 侧加入 0.4mL HBSS 配制的样品溶液，在 BL 侧加入 1.2mL HBSS，然后将细胞单层置于 37℃孵育，于 BL 侧在 20min、40min、60min、90min 和 120min 取样 0.6mL，同时立即补充等体积预热的 HBSS 溶液；而对于酚苷化合物及其月桂酰衍生物的外排（BL→AP），在 AP 侧加入 0.4mL HBSS 溶液，在 BL 侧加入 1.2mL HBSS 配制的样品溶液。细胞单层于 37℃孵育，于 AP 侧在 20min、40min、60min、90min 和 120min 取样 0.2 mL，并立即补充等体积预热的 HBSS 溶液。实验结束后，戳下 Caco-2 细胞单层膜，并收集细胞于含 50%甲醇（体积分数）的 PBS 中，采用液氮和 37℃水浴反复冻融裂解，用 HPLC 测定胞内酚苷化合物及其月桂酰衍生物的含量。酚苷化合物及其月桂酰衍生物的转运过程采用 HPLC 监测，检测波长 280nm。样品的表观渗透系数[347]，计算如下：

$$P_{\text{app}}=\left(\frac{\mathrm{d}Q}{\mathrm{d}t}\right)\times\frac{V}{Ac_0} \tag{6-1}$$

式中，$\mathrm{d}Q/\mathrm{d}t$ 是渗透速率，表示时间 t 内的转运量，μmol/(L·s)；V 是基底侧的体积，mL；A 是膜表面积，cm^2；c_0 是样品的初始浓度。

样品的回收率计算如下：

$$\text{回收率}(\%)=\left\{c_{\mathrm{D(fin)}}V_{\mathrm{D}}+\sum\left[c_{\mathrm{S}(t)}V_{\mathrm{S}(t)}\right]+c_{\mathrm{R(fin)}}V_{\mathrm{R(fin)}}\right\}100/\left[c_{\mathrm{D(0)}}V_{\mathrm{D(0)}}\right] \tag{6-2}$$

其中，c_{D} 和 c_{R} 分别是供给侧和接收侧的样品在初始和转运结束时的浓度；$c_{\mathrm{S}(t)}$ 是样品在时间 t 的取样浓度；t 和 V 分别表示时间和样品的体积。

6.2.5 羧酸酯酶的抑制

为了消除 CES 对酚苷酯衍生物的影响，单层膜用预热 HBSS 轻轻润洗两次，然后加入 CES 特异性抑制剂双（对硝基苯基）磷酸酯（BNPP，400μmol/L），于 37℃孵育 40min。吸弃 BNPP 溶液后，润洗细胞单层膜 2 次，再用新鲜的培养基于 37℃孵育 40min，待完全去除非特异性结合的 BNPP 后，轻轻润洗单层膜即可用于转运实验。

6.3 结果与讨论

6.3.1 跨膜电阻测定

为了验证 Caco-2 细胞单层膜的完整性，定期测定跨膜电阻值。如图 6-1 所示，TEER 值在前 8d 迅速升高，然后增速放缓，至 20d 达到最大值，为 (1548±228)Ω·cm^2，之后无显著变化。目前没有明确定义多大的电阻值最能反映真实的小肠情况。有的学者将大于 1000Ω·cm^2 的单层膜用于转运实验[338]，而 400Ω·cm^2 以上的也有被用于实验[18]。因此，本研究认为构建的单层膜是完整的。

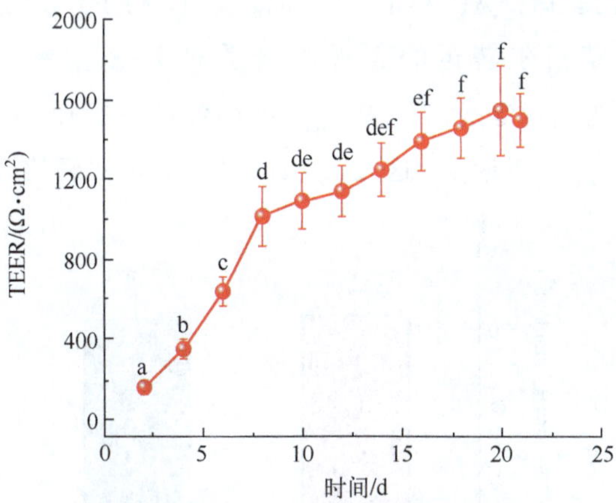

图 6-1 跨膜电阻 TEER 值在培养期间的变化

6.3.2 荧光素钠的渗透

荧光素钠水溶性极强，是细胞旁路途径运输的亲水性标记物。如图 6-2 所示，荧光素钠的转运量随时间逐渐增加，然而，它的表观渗透系数很低，为(0.75±0.07)×10^{-6} cm/s（表 6-2），小于 1×10^{-6} cm/s，这表明它是难吸收化合物[190]，这证实了细胞单层膜的完整性。

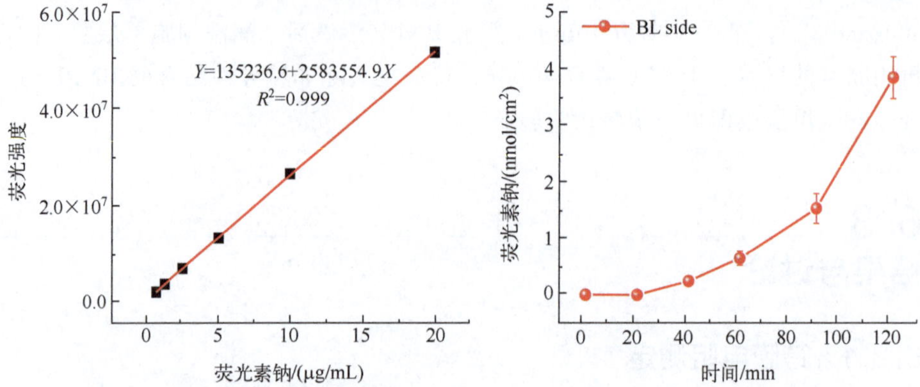

(a) 荧光素钠的标准曲线　　(b) 荧光素钠在BL侧的渗透量

图 6-2　荧光素钠的渗透

6.3.3　普萘洛尔的转运

普萘洛尔是一种高渗透性、高溶解度的化合物，主要通过跨细胞转运被吸收。作为跨细胞转运标记物，它常被用于检测细胞单层膜的通透性。如图 6-3 所示，普萘洛尔的转运（AP→BL）和外排（BL→AP）的表观渗透系数没有显著性差异。普萘洛尔转运的表观渗透系数 $P_{app,AB}$ = (32.80 ± 4.39) × 10^{-6} cm/s，外排的表观渗透系数 $P_{app,BA}$ = (32.17±3.42)×10^{-6} cm/s，外排比（$P_{app,BA}/P_{app,AB}$）接近 1，这表明 Caco-2 细胞单层膜的通透性良好。

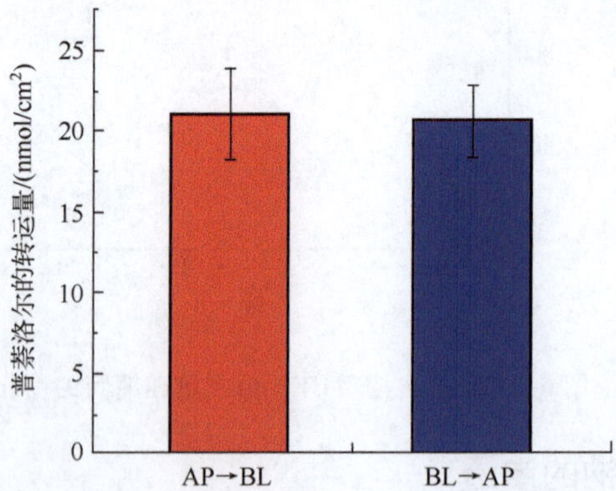

图 6-3　普萘洛尔的转运

6.3.4 碱性磷酸酶活性的测定

碱性磷酸酶是小肠刷状缘顶膜的标志酶，Caco-2 细胞单层膜 AP 和 BL 侧的 AKP 酶活性能反映细胞极化。如图 6-4 所示，AP 侧的 AKP 活性随着培养时间逐渐增大，在 21d 达到最大值（1.21±0.08）金氏单位/100mL；BL 侧的 AKP 活性基本保持不变，在 12d 之后有略微下降趋势，这可能是碱性磷酸酶从 BL 侧向 AP 侧转移造成的。AP 和 BL 侧的 AKP 活力比（AP/BL）随着时间升高，在 21d 时超过 9。这表明大部分碱性磷酸酶聚集在顶膜，Caco-2 细胞完成极化。

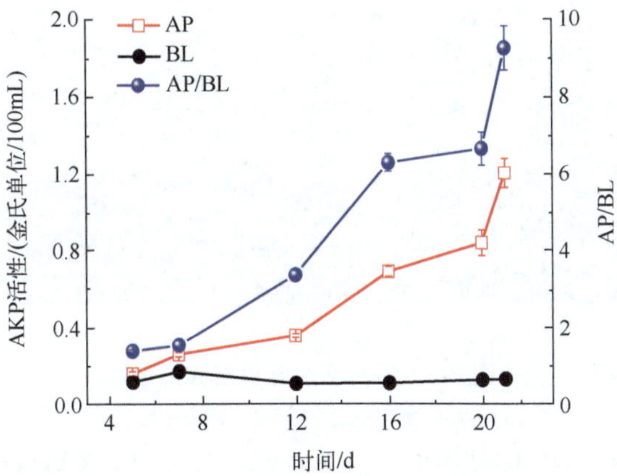

图 6-4 AP 和 BL 侧的碱性磷酸酶（AKP）活性的变化

6.3.5 Caco-2 细胞单层膜的形貌

如图 6-5（a）～(c）所示，透射电镜图片较好地呈现出分化后的细胞单层膜的微绒毛结构和胞间紧密连接（红色箭头指示）。完整的微绒毛和细胞器表明细胞没有损坏。免疫荧光染色后经共聚焦显微镜观察，如图 6-5（e）～(g）所示为 Caco-2 细胞单层膜的俯视图。细胞核被 DAPI 染色呈蓝色荧光，胞间紧密连接蛋白 ZO-1 呈绿色荧光，以及光学显微镜下的单层膜图片，它们直观反映出单层膜的完整性和细胞紧密连接。因此，构建的 Caco-2 细胞单层模型可用于酚苷化合物及其月桂酰衍生物的肠道渗透特性研究。

6.3.6 酚苷化合物及其月桂酰衍生物的细胞毒性

转运实验前，测定样品的细胞毒性。如图 6-6（a）所示，熊果苷、红景天苷和根皮苷在 6.4mmol/L 浓度内，对 Caco-2 细胞活力无显著影响。白藜芦醇苷在 0.8mmol/L 对 Caco-2 细胞无毒性，细胞活力高于 90%。如图 6-6（b）

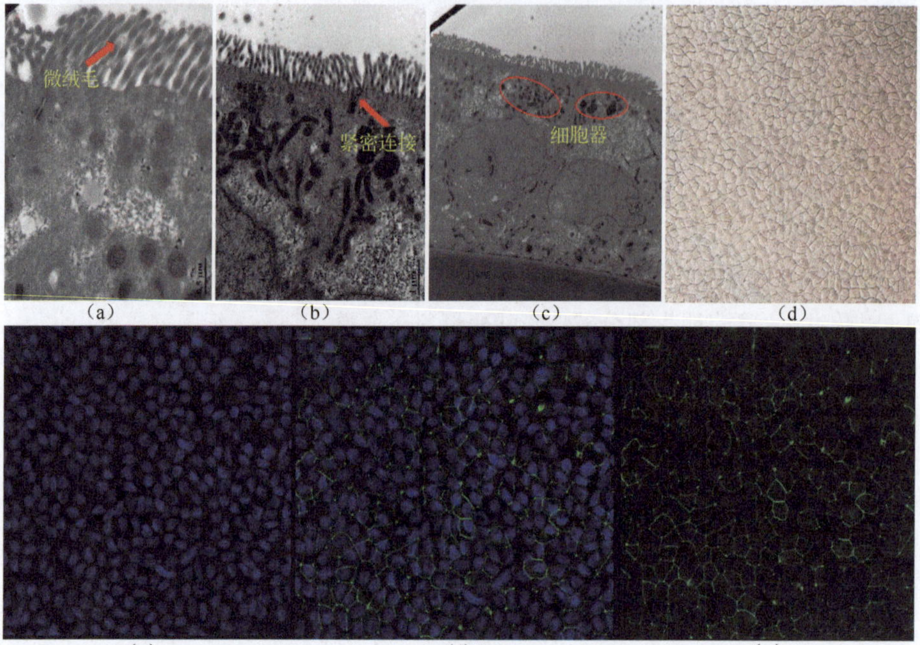

(a)　(b)　(c)　(d)

(e)　(f)　(g)

图 6-5　Caco-2 细胞单层膜的形貌

(a)～(c) 透射电镜图；(d) 光学显微镜图；

(e)～(g) 共聚焦显微镜下经免疫荧光染色的紧密连接蛋白 ZO-1

所示，酚苷月桂酰衍生物在 200μmol/L 内对 Caco-2 细胞无毒性。因此，在无细胞毒性的浓度内进行转运实验。

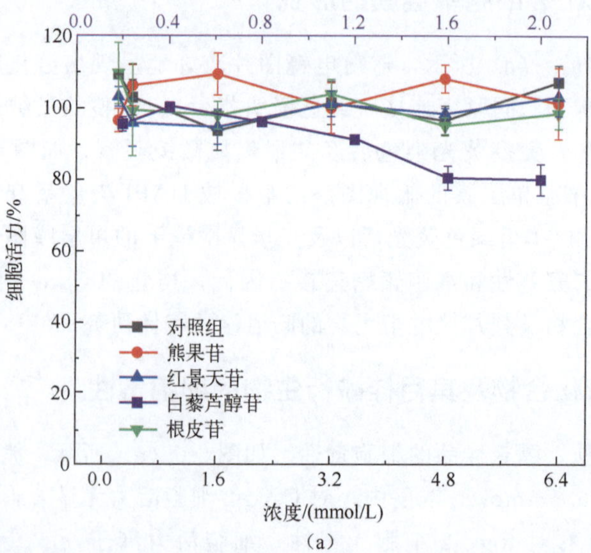

(a)

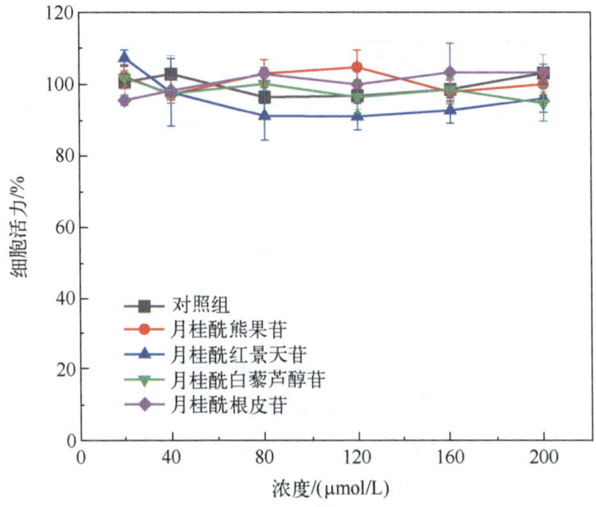

(b)

图 6-6 酚苷化合物（a）及其月桂酰衍生物（b）对 Caco-2 细胞的毒性

6.3.7 酚苷化合物及其月桂酰衍生物的单层膜渗透

转运实验开始前，用预热的 HBSS 溶液润洗单层膜，分别在 AP 和 BL 侧加入 0.4mL 和 1.2mL HBSS 溶液，于 37℃平衡 30min 后，冷却至室温，在 HBSS 溶液中测定跨膜电阻值。转运实验结束后，用 HBSS 溶液润洗单层膜，在室温下测定 Caco-2 细胞单层的跨膜电阻。如表 6-1 所示，荧光素钠、普萘洛尔、酚苷化合物及其月桂酰衍生物，在转运实验前、后的跨膜电阻均大于 600Ω·cm^2，且前后没有显著性差异，这表明转运过程不破坏单层膜的完整性。

表 6-1 转运实验（AP→BL）前、后在 HBSS 溶液中测定的跨膜电阻值

样品	浓度/（μmol/L）	TEER/（Ω·cm^2）	
		转运实验前	转运实验后
熊果苷	100	631±14a	620±11a
	200	659±15a	649±14a
红景天苷	100	642±10a	631±14a
	200	617±16a	610±16a
白藜芦醇苷	100	610±17a	615±22a
	200	646±21a	630±15a
根皮苷	100	623±12a	611±16a
	200	643±16a	638±9a
荧光素钠	300	622±13a	632±10a
普萘洛尔	800	644±16a	643±12a

续表

样品	浓度/(μmol/L)	TEER/(Ω·cm²)	
		转运实验前	转运实验后
月桂酰熊果苷	100	633±19a	625±10a
月桂酰红景天苷	100	632±8a	637±13a
月桂酰白藜芦醇苷	100	648±17a	640±15a
月桂酰根皮苷	100	643±12a	640±10a

注：同一列中不同的英文字母表示两组数据之间存在显著性差异（$p<0.05$）。

如图 6-7（a）～（d）和图 6-8 的 HPLC 图谱所示，酚苷化合物吸收（AP→BL）和外排（BL→AP）实验中，接收侧 AP 侧和接收侧 BL 侧浓度都随时间逐渐增大。这表明酚苷化合物跨 Caco-2 细胞单层膜运输稳定。酚苷化合物的初始浓度从 100μmol/L 增加到 200μmol/L，接收侧的浓度明显升高，且没有达到饱和，这表明浓度梯度推动了酚苷化合物的转运。酚苷化合物在接收侧的转运量如图 6-7（e）～（h）所示，初始浓度为 100μmol/L 时，熊果苷表现出最高的吸收（AP→BL），其次是红景天苷、白藜芦醇苷和根皮苷；初始浓度为 200μmol/L 时，红景天苷的吸收量略高于熊果苷，熊果苷的跨膜吸收量仍高于白藜芦醇苷和根皮苷。在两个浓度下，白藜芦醇苷的外排（BL→AP）始终最高；且吸收和外排过程中，根皮苷的转运量都是最低的，这表明根皮苷在 Caco-2 细胞单层中跨膜渗透性较差，同时，熊果苷和红景天苷具有较好的吸收（AP→BL）。这是因为化合物的肠道渗透性受多种因素的影响，除了亲脂性、氢键、分子大小外，还涉及化合物的主动、被动转运机制等[194]。

酚苷化合物吸收（AP→BL）和外排（BL→AP）的表观渗透系数如表 6-2 所示，初始浓度为 200μmol/L 时，酚苷化合物吸收过程的表观渗透系数 $P_{app,AB}$ 值均大于 1×10^{-6}cm/s，表明它们在体内都能被完全吸收[349]。此外，它们的表观渗透系数均大于荧光素钠的 $P_{app,AB}$ 值，荧光素钠是细胞旁路途径的标志物，这表明酚苷化合物在 Caco-2 细胞单层膜的吸收过程是跨细胞转运。在初始浓度 100μmol/L 时，酚苷化合物的外排（BL→AP）比吸收（AP→BL）更占优势，$P_{app,BA}$ 值显著高于 $P_{app,AB}$ 值。尤其是，白藜芦醇苷和根皮苷的 UR($P_{app,AB}/P_{app,BA}$) 值低于 0.5，这表明它们在胞内被主动外排[194]。根皮苷已被报道是外排转运体 MRP2 的底物[350]。熊果苷和红景天苷在 100μmol/L 浓度时的 UR 值在 0.5～1.0 范围，接近 1，这表明其跨膜转运过程更倾向于被动运输。酚苷化合物的浓度对其跨膜吸收（AP→BL）有显著的影响，熊果苷、红景天苷、白藜芦醇苷和根皮苷在 200μmol/L 浓度时的 $P_{app,AB}$ 值分别是 100μmol/L 浓度时的 2.74 倍、3.90 倍、5.53 倍和 9.30 倍；

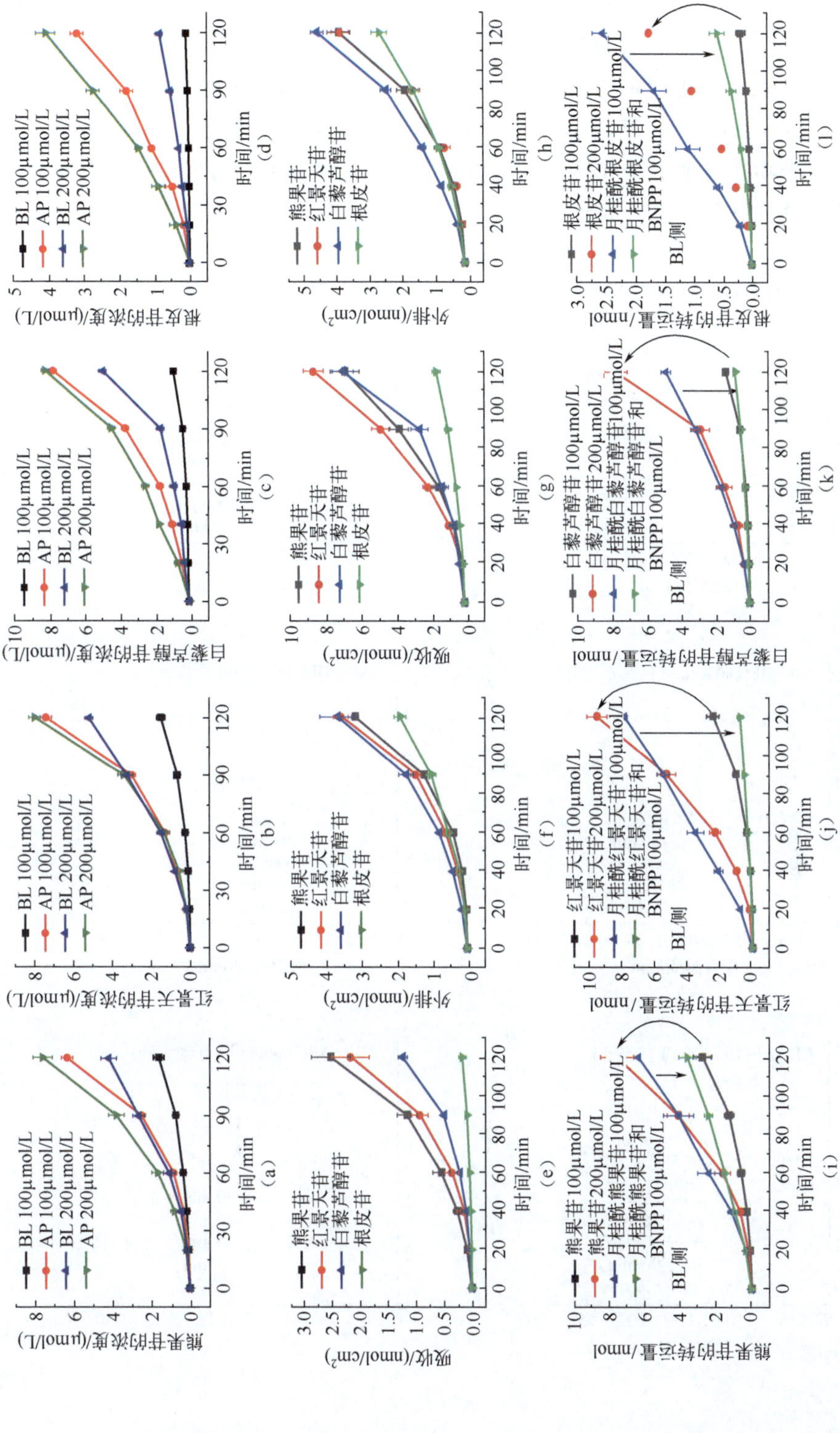

图 6-7 酚苷化合物及其月桂酰衍生物跨膜转运过程

(a)~(d)：酚苷化合物在AP和BL侧的浓度；(e)、(f)和(g)、(h)：酚苷化合物分别在100μmol/L和20μmol/L浓度时的吸收和外排；

(i)~(l)：有/无BNPP处理下酚苷化合物在BL侧的转运量

此外，熊果苷、红景天苷和白藜芦醇苷的 UR 值增大至 1.73、2.21 和 1.50，均大于 1.5，表明这是主动吸收的过程[351]。然而，根皮苷在 100μmol/L 和 200μmol/L 初始浓度时的 UR 值均小于 0.6，即外排比 ER（$P_{\mathrm{app,BA}}/P_{\mathrm{app,AB}}$）值大于 1.5，这表明根皮苷在 Caco-2 细胞单层的跨膜运输过程中主动外排占据优势。化合物在肠道的跨膜转运是多机制共同参与的过程，还需要利用转运蛋白的特异性抑制剂进一步验证[352]。

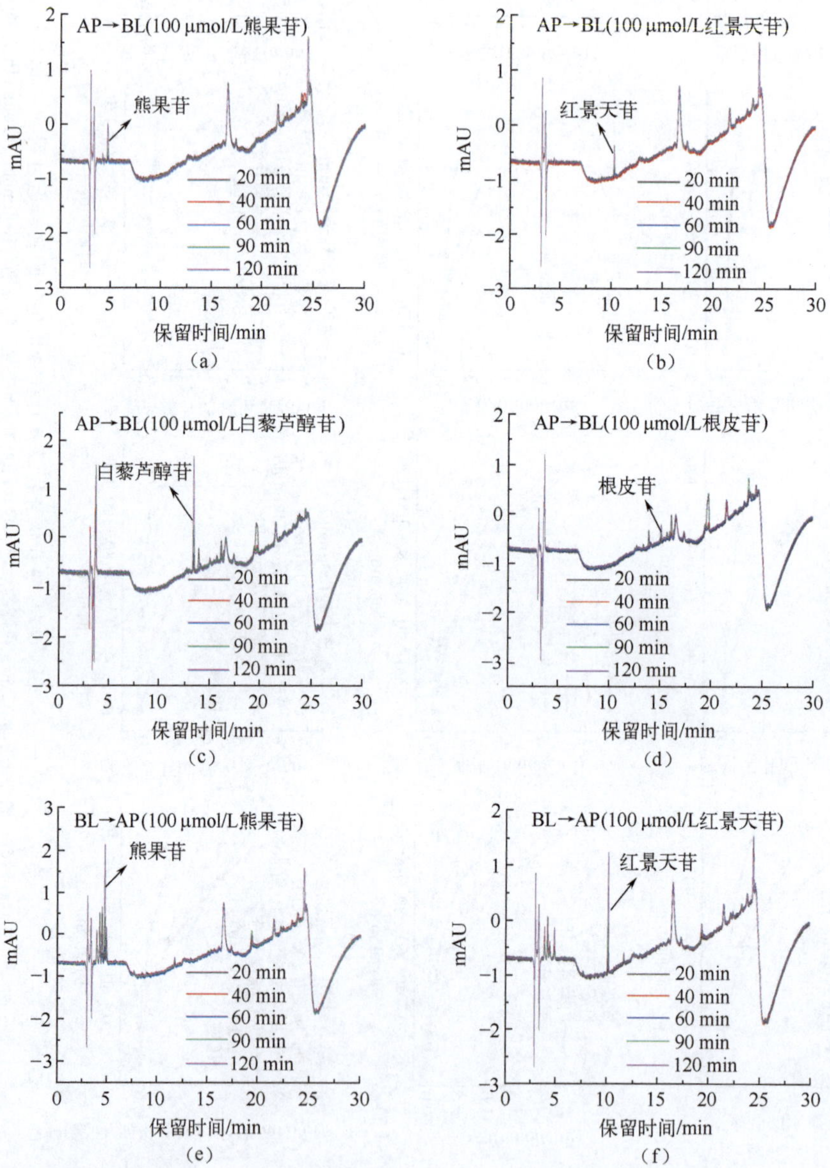

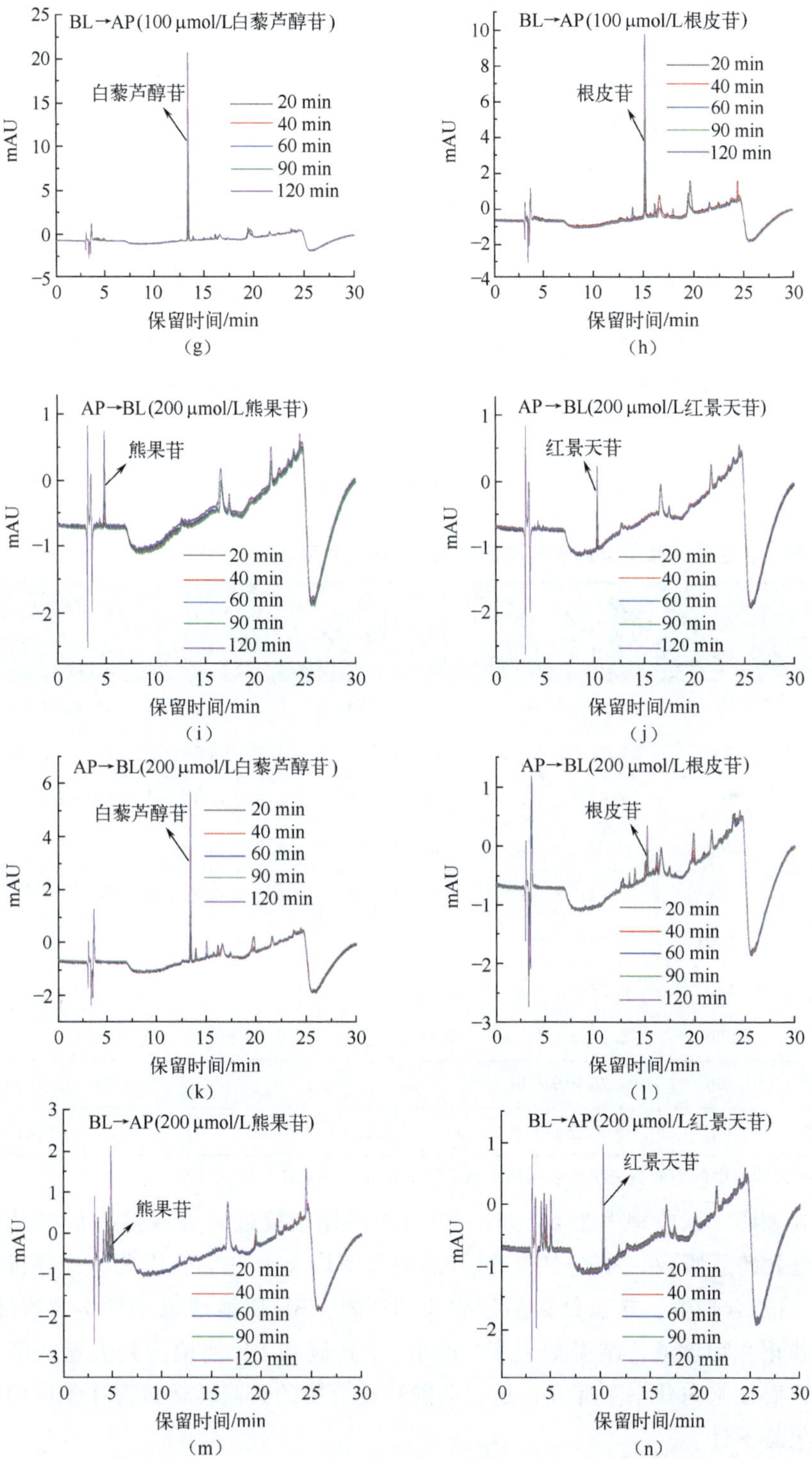
BL→AP(100 μmol/L白藜芦醇苷)
白藜芦醇苷
20 min
40 min
60 min
90 min
120 min
mAU
保留时间/min
(g)
BL→AP(100 μmol/L根皮苷)
根皮苷
20 min
40 min
60 min
90 min
120 min
mAU
保留时间/min
(h)
AP→BL(200 μmol/L熊果苷)
熊果苷
20 min
40 min
60 min
90 min
120 min
mAU
保留时间/min
(i)
AP→BL(200 μmol/L红景天苷)
红景天苷
20 min
40 min
60 min
90 min
120 min
mAU
保留时间/min
(j)
AP→BL(200 μmol/L白藜芦醇苷)
白藜芦醇苷
20 min
40 min
60 min
90 min
120 min
mAU
保留时间/min
(k)
AP→BL(200 μmol/L根皮苷)
根皮苷
20 min
40 min
60 min
90 min
120 min
mAU
保留时间/min
(l)
BL→AP(200 μmol/L熊果苷)
熊果苷
20 min
40 min
60 min
90 min
120 min
mAU
保留时间/min
(m)
BL→AP(200 μmol/L红景天苷)
红景天苷
20 min
40 min
60 min
90 min
120 min
mAU
保留时间/min
(n)

图 6-8

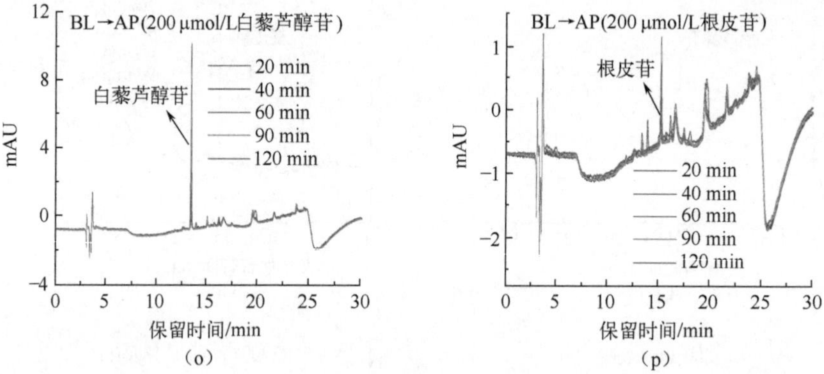

图 6-8 酚苷化合物跨膜转运的 HPLC 图谱

表 6-2 酚苷化合物跨膜转运的表观渗透系数、UR 值和回收率

化合物	浓度 /(μmol/L)	$P_{app, AB}$ /(×10^{-6}cm/s)	$P_{app, BA}$ /(×10^{-6}cm/s)	UR($P_{app, AB}$/$P_{app, BA}$)	回收率/%
熊果苷	100	3.41±0.64c	4.09±0.21d	0.83±0.12	99.9±0.13
	200	9.35±1.15f	5.40±0.50d	1.73±0.06	98.9±0.16
红景天苷	100	3.03±0.47c	4.97±0.29d	0.61±0.06	97.4±0.95
	200	11.85±0.75g	5.35±0.37d	2.21±0.15	98.4±0.13
白藜芦醇苷	100	1.72±0.11c	5.10±0.71d	0.34±0.03	98.1±0.23
	200	9.51±0.80f	6.34±0.28e	1.50±0.06	94.6±0.83
根皮苷	100	0.23±0.09a	2.64±0.24c	0.09±0.01	94.3±0.20
	200	2.14±0.38c	3.66±0.32c	0.58±0.05	96.1±0.33
荧光素钠	300	0.75±0.07b	—	—	94.2±0.32
普萘洛尔	800	32.80±4.39h	32.17±3.42h	1.02±0.03	97.4±0.80

注：每列数据中的不同英文字母表示两组值之间存在显著性差异（$p<0.05$）。

研究表明，回收率大于 80%时可以反映出比较接近的表观渗透系数[347]。酚苷化合物跨膜吸收（AP→BL）过程的回收率均大于 90%，因此，计算得到的 P_{app} 值是合理值。转运结束后，收集 AP 侧、BL 侧溶液以及细胞裂解液，测定酚苷化合物含量。结果如表 6-3 所示，AP 侧和 BL 侧检测到大量的酚苷化合物，而在胞内几乎不存在，这表明酚苷化合物的跨膜转运过程在胞内的损失可以忽略不计。

表 6-3　酚苷化合物在转运结束时 AP 侧、 BL 侧及胞内的含量

化合物	浓度 /（μmol/L）	AP→BL/nmol			BL→AP/nmol		
		AP 侧	BL 侧	胞内	AP 侧	BL 侧	胞内
熊果苷	100	36.6±2.1	1.34±0.22	nd	2.42±0.13	105.1±4.4	0.21±0.09
	200	69.3±4.7	5.00±0.36	0.21±0.03	3.05±0.26	223.0±6.2	0.33±0.11
红景天苷	100	36.3±1.9	1.80±0.18	nd	2.97±0.37	103.9±5.9	nd
	200	67.5±4.5	6.20±0.28	nd	3.21±0.52	226.9±4.6	nd
白藜芦醇苷	100	37.8±1.4	1.03±0.09	0.10±0.02	3.08±0.24	107.8±3.7	nd
	200	65.0±3.3	5.81±0.44	nd	3.26±0.46	221.4±5.3	0.25±0.12
根皮苷	100	37.5±2.5	0.13±0.01	nd	1.38±0.16	111.4±3.3	nd
	200	75.1±4.6	1.07±0.13	0.13±0.01	1.77±0.33	230.1±4.2	0.13±0.05

此外，探究 100μmol/L 初始浓度下月桂酰酚苷酯衍生物在 Caco-2 细胞单层膜的跨膜运输。如图 6-9 (a)～(h) 所示的 HPLC 图谱，在月桂酰酚苷酯衍生物的跨膜转运（AP→BL）和外排（BL→AP）过程中，接收侧均检测不到酚苷酯化合物。然而，接收侧检测到其对应的母体酚苷化合物，且含量随时间逐渐增加。这可能是因为月桂酰酚苷酯衍生物不能直接渗透 Caco-2 细胞单层膜，或酯衍生物已经被代谢。裂解 Caco-2 细胞单层膜后，检测胞内酚苷化合物及其月桂酰衍生物的含量。如表 6-4 所示，在月桂酰酚苷酯衍生物的跨膜转运（AP→BL）中，AP 侧的酯化合物含量显著下降，少量的酯存在于胞内。尽管 BL 侧未检测到月桂酰酚苷酯衍生物，AP 侧、BL 侧和胞内均检测到大量母体酚苷化合物。这可能是因为月桂酰酚苷酯衍生物进入细胞后，被大量水解，因而生成母体酚苷化合物，然后被转运（AP→BL）和外排（BL→AP）至 BL 侧和 AP 侧。从表 6-4 可以看到，BL 接收侧的熊果苷含量最高，其次是红景天苷、白藜芦醇苷和根皮苷，这与酚苷化合物的跨膜吸收（AP→BL）一致。类似地，在月桂酰酚苷酯衍生物的外排（BL→AP）过程中，AP 侧未检测到酯衍生物，AP 侧检测到少量的母体酚苷化合物，而 BL 侧检测到大量的母体酚苷化合物和残留的酚苷酯衍生物。以上结果表明，月桂酰酚苷酯衍生物不能直接渗透 Caco-2 细胞单层膜，它们在跨膜运输过程中会被广泛水解。

6.3.8 羧酸酯酶抑制后的跨膜转运

完全分化的 Caco-2 细胞单层膜具有与人小肠相似的形态和功能，除了表达多种药物代谢酶外，还包括肠上皮细胞中发现的吸收和外排转运体[243]。羧酸酯酶（CES）作为一种重要的酯酶，对含酯键的药物前体具有水解作用[353]。为了消除 CES 对月桂酰酚苷酯衍生物跨膜渗透的影响，采用特异性抑制剂 BNPP 对细胞单层膜进行前处理。如图 6-9 (i)～(l) 所示的 HPLC 图谱，在月桂酰酚苷酯衍生物的跨膜吸收（AP→BL）过程中，BL 侧检测到大量的酚苷酯衍生物。如表 6-5 所示，月桂酰熊果苷、月桂酰红景天苷、月桂酰白藜芦醇苷和月桂酰根皮苷的表观渗透系数分别为 $(26.1\pm3.2)\times10^{-6}$ cm/s、$(17.5\pm0.6)\times10^{-6}$ cm/s、$(17.2\pm2.1)\times10^{-6}$ cm/s 和 $(16.7\pm3.0)\times10^{-6}$ cm/s，且它们的回收率大于 85%，得到的 P_{app} 值是近似的合理值。这表明月桂酰酚苷酯衍生物的跨膜渗透主要受到羧酸酯酶的水解作用。

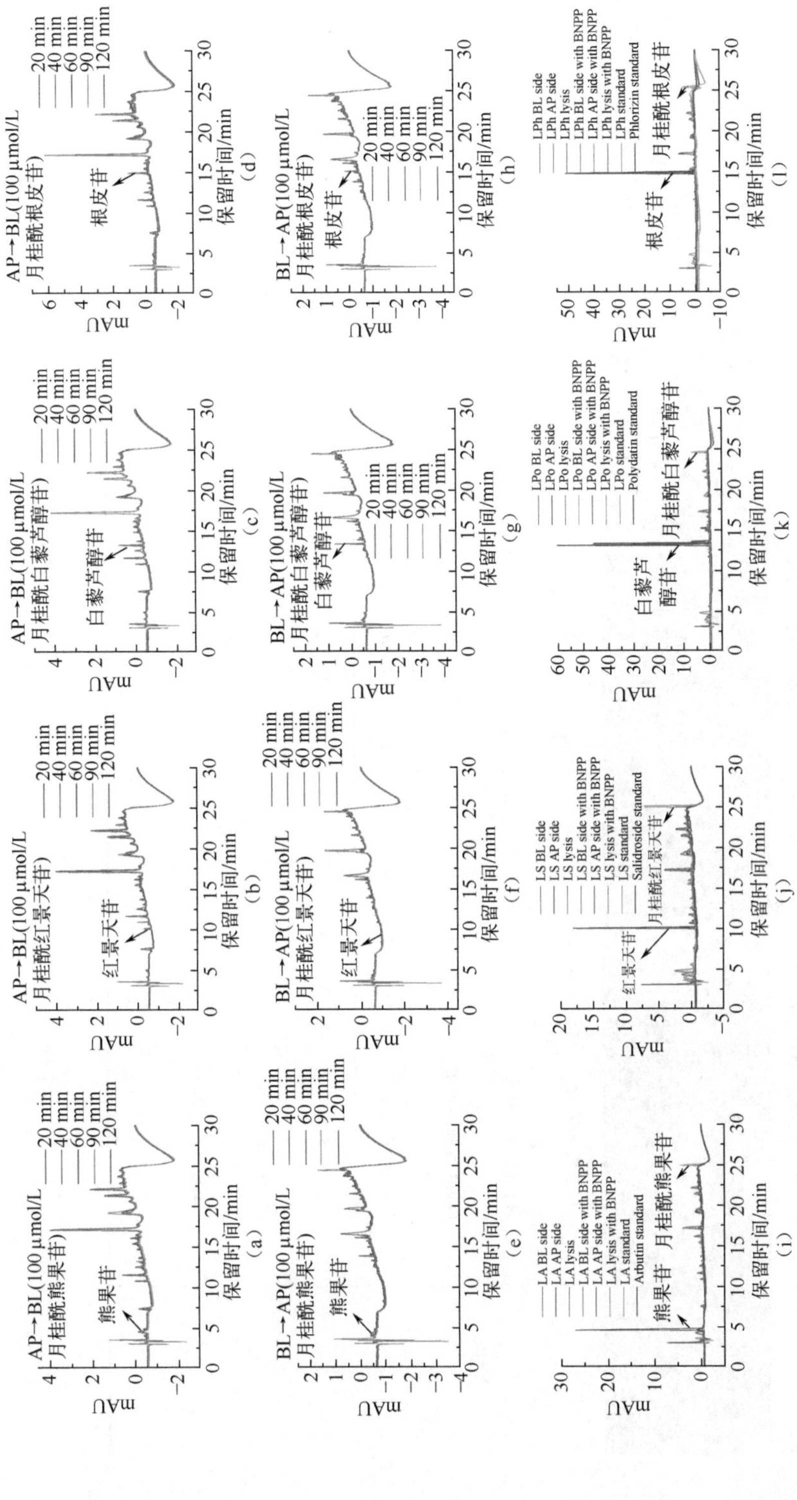

图 6-9　月桂酰酚苷酯衍生物跨膜转运的 HPLC 图谱

表 6-4 月桂酰酚苷酯衍生物及其水解产物转运结束时在 AP 侧、BL 侧及胞内的含量

吸收和外排	化合物	酚苷酯衍生物/nmol			酚苷化合物/nmol		
		AP 侧	BL 侧	胞内	AP 侧	BL 侧	胞内
AP→BL	月桂酰熊果苷	8.50±0.50	nd	2.52±0.12	7.59±0.85	4.65±1.13	8.77±0.97
	月桂酰红景天苷	9.56±0.90	0.53±0.09	3.60±0.57	9.67±0.77	3.93±1.05	4.15±1.39
	月桂酰白藜芦醇苷	4.72±0.62	0.35±0.04	1.40±0.20	16.75±1.6	2.70±0.32	3.47±1.01
	月桂酰根皮苷	3.37±0.41	nd	6.45±0.78	15.18±1.58	1.31±0.25	6.75±1.25
BL→AP	月桂酰熊果苷	nd	58.4±3.0	1.48±0.09	0.58±0.10	39.6±1.9	0.84±0.16
	月桂酰红景天苷	nd	57.0±3.9	2.58±0.66	0.17±0.04	50.0±3.8	0.80±0.12
	月桂酰白藜芦醇苷	nd	92.2±5.2	6.68±1.45	0.42±0.08	11.8±1.4	0.78±0.10
	月桂酰根皮苷	nd	89.1±4.5	10.9±3.1	0.15±0.08	9.43±1.72	1.35±0.11

表 6-5　月桂酰酚苷酯衍生物跨膜吸收（AP→BL）的表观渗透系数和回收率

化合物/（100μmol/L）	P_{app}/（×10^{-6}cm/s）	回收率/%
月桂酰熊果苷	26.1±3.2	87.1±2.4
月桂酰红景天苷	17.5±0.6	90.8±1.3
月桂酰白藜芦醇苷	17.2±2.1	87.6±3.8
月桂酰根皮苷	16.7±3.0	87.3±4.8

实际上，羧酸酯酶主要定位于内质网，它包括 5 个亚型（CES1～CES5）。人体小肠中主要的 CES 同工酶是 hCE2，而 hCE1 主要存在于 Caco-2 细胞[243]。hCE1 和 hCE2 具有不同的底物特异性，hCE2 水解酰基修饰的具有醇基的药理活性前药，而 hCE1 优先水解简单醇基修饰的具有羧基的前药。此外，hCE2 的底物可以被 hCE1 以较低水平水解，而 hCE1 的底物不能被 hCE2 水解[353]。因此，月桂酰酚苷酯衍生物在 Caco-2 细胞中被 hCE1 和 hCE2 共同水解。经过 BNPP 预处理后，单层膜 BL 接收侧仍能检测到少量酚苷化合物，但是远低于不加 BNPP 处理组。这可能是因为 BNPP 抑制了大部分但没有完全抑制 CES 的水解活性，此外，其他具有必需活性氨基酸丝氨酸的丝氨酸酯酶，也能水解酯键，但它们不是 BNPP 的底物[243]。

从图 6-7（i）～（l）可以看到，月桂酰酚苷酯衍生物的跨膜吸收（AP→BL）中，酚苷酯衍生物在胞内被水解，然而 BL 侧的酚苷化合物的转运量高于同浓度 100μmol/L 下酚苷化合物的跨膜转运量（AP→BL）。月桂酰根皮苷的跨膜吸收（AP→BL）中，BL 侧根皮苷的转运量高于母体根皮苷在 100μmol/L 和 200μmol/L 的跨膜转运量（AP→BL）。在 90min 之内，月桂酰熊果苷、月桂酰红景天苷和月桂酰白藜芦醇苷在 BL 侧的转运量高于其母体酚苷化合物在 200μmol/L 浓度的跨膜转运量，因此，月桂酰酚苷酯衍生物在胞内水解后，大部分被转运至 BL 侧，少部分被外排至 AP 侧。这可能与分化的 Caco-2 细胞单层膜的刷状缘表面积、胞内转运蛋白以及 AP 侧外排蛋白（如 MRP2、P-糖蛋白等）的表达量和活性有关。以上结果表明，酚苷化合物表现出很好的 Caco-2 细胞单层膜渗透性，尽管月桂酰酚苷酯衍生物被胞内酶水解，酰化修饰仍提高了酚苷化合物的跨膜运输量。

6.4 小结

本章在体外构建了完全分化的 Caco-2 细胞单层膜模型，通过跨膜电阻值、透射电镜、免疫荧光、荧光素钠和普萘洛尔转运，以及碱性磷酸酶活性检测等手段验证了单层膜的微绒毛结构、胞间紧密连接和细胞极性。对分化的Caco-2细胞单层的跨膜转运研究表明，熊果苷、红景天苷和白藜芦醇苷在200μmol/L浓度主要通过主动转运被肠道吸收，而根皮苷在跨膜转运过程中会被主动外排，跨膜运输过程与其酚苷化合物的浓度有关。尽管月桂酰酚苷酯衍生物在Caco-2细胞单层的跨膜运输中被胞内酶大量水解，月桂酰化修饰仍提高了酚苷化合物的跨膜转运量。

第7章 酚苷化合物及其月桂酰衍生物基于秀丽隐杆线虫模型的体内抗氧化活性

7.1 引言

前一章研究表明，月桂酰化修饰增强了酚苷化合物的肠道吸收，尽管在体外 DPPH、ORAC 和 PSC 实验中，月桂酰酚苷酯衍生物表现出略微下降的抗氧化能力，然而，它们的体内抗氧化活性不得而知。秀丽隐杆线虫是一种多细胞真核生物，属于线虫动物门线虫纲动物，它们以细菌为食，生长周期短，平均寿命一般为 3 周，且产卵量大，可以在实验室条件下大量繁殖和培养。此外，它们的结构简单，主要包括口、咽、肠、性腺、胶原蛋白表皮层以及雌、雄线虫不同的生殖器官，而它们的消化系统仅由咽和肠构成[354,355]。因此，秀丽隐杆线虫是一种很好的研究天然活性化合物体内抗氧化活性的模式生物。

秀丽隐杆线虫也是研究衰老的一种经典模式生物[356]，人们在 1998 年对秀丽隐杆线虫完成全基因组测序[357]，线虫有 65%以上与人类疾病相关的同源基因[358]，活性化合物对其生理功能和寿命的影响对人类疾病研究具有重要的参考价值。研究表明，植物多酚提取物包括蓝莓[359]、红景天[360] 和枸杞[361] 提取物，以及柚皮素[362]、川陈皮素[363] 和三叶苷[364] 等酚类化合物，在秀丽隐杆线虫体内发挥抗氧化活性，并延长其寿命。活性氧（ROS）是影响机体健康的最主要因素之一，过量累积的 ROS 会诱发许多衰老相关的慢性疾病[365,366]。在外界环境的刺激下，线虫体内会产生过量的 ROS，导致氧化应激增加和细胞损伤。因此，线虫的氧化应激能力与寿命密不可分。

Song 等[367] 研究表明蓝莓和苹果皮提取物增强了线虫的抗氧化应激能力，并激活了 SKN-1/Nrf2 信号通路，进而延长了线虫的寿命；Yang 等[368] 发现阿魏酸结肠代谢物可以提高线虫的抗逆性，*daf-16* 基因参与调控寿命的延长；此外，Jiang 等[360] 证实红景天提取物可以清除线虫体内 ROS，并激活胰岛素信号通路 IIS 和 SKN-1 信号通路，从而发挥延长线虫寿命的作用。衰老是一个受外部环境（如氧化压力、辐射和热应激等）影响，受内部因素［包括多种信号转导途径，如胰岛素/类胰岛素生长因子信号通路（IIS）、蛋白激酶信号通路（AMPK）、雷帕霉素靶蛋白信号通路（mTOR）、c-Jun 氨基末端蛋白激酶信号通路（JNK）和 SKN-1/Nrf 信号通路等］共同调节的生理过程[365,369-372]。然而，目前鲜有关于月桂酰酚苷酯衍生物在线虫体内抗氧化活性的研究。

基于以上认识，本章以秀丽隐杆线虫为模型，探究酚苷化合物及其月桂酰衍生物的体内抗氧化活性，研究指标包括体内 ROS 清除、线虫寿命和抗氧化酶活性；通过构建氧化压力、UV 辐照和热应激环境探究显效活性化合物对线虫抗逆性的影响，并评估其对线虫的生理功能（如体长、繁殖力和脂褐素）的影响。此外，利用 RT-qPCR 技术探究显效活性化合物对线虫抗氧化和抗衰老相关基因的影响，并结合突变体线虫进一步研究抗衰老机制。

7.2 实验方法

7.2.1 试剂配制

试剂的配制和使用参考文献［373，374］报道的方法。尿嘧啶缺失型大肠杆菌（*E. coil*）OP50 和秀丽隐杆线虫株均购于美国 CGC（Caenorhabditis Genetics Center）官网，如表 7-1 所示。

表 7-1 线虫株的信息

线虫株	基因型
N2	*C. elegans* wild type
TJ356	*zls356* Ⅳ.
LG333	*skn-1*（*zu135*）Ⅳ.
TJ1052	*age-1*（*hx546*）Ⅱ.
CB1370	*daf-2*（*e1370*）Ⅲ.
GR1307	*daf-16*（*mgDf50*）Ⅰ.
VC8	*Jnk-1*（*gk7*）Ⅳ.

7.2.2 大肠杆菌 OP50 的培养

大肠杆菌 OP50 是线虫主要的食物，线虫从卵发育成成虫仅需 3d 左右，普通的大肠杆菌在培养基上生长迅速，会影响线虫的生长和观察。大肠杆菌OP50属于尿嘧啶缺陷型大肠杆菌，其只能从培养基中摄取尿嘧啶，因此生长相对缓慢。大肠杆菌OP50既能满足线虫的食物需求，又不影响线虫的生长发育和观察。

(1) 大肠杆菌OP50的复苏　从－80℃超低温冰箱取出冻存的大肠杆菌OP50，于37℃水浴中快速解冻，转移至液体培养基（LB），振荡混匀后，将其置于37℃恒温摇床过夜培养。

(2) 大肠杆菌OP50的单克隆培养　用接种环蘸取大肠杆菌悬液，充分稀释后按“Z”形在LB固体培养基上划线，然后于37℃过夜培养，至长出白色单菌落。

(3) 大肠杆菌OP50的扩大培养　挑取2～3个单克隆培养的大肠杆菌单菌落至10mL LB液体培养基中，置于37℃摇床扩大培养，待菌液的OD_{600}值达到0.7～0.8即可使用。

(4) 大肠杆菌OP50的冻存　甘油与LB以1∶3的体积比混合配制得冻存液，然后将大肠杆菌OP50菌液高速离心，去上清得到沉淀，向其中加入1.0mL冻存液混匀，于－80℃冻存。

(5) 大肠杆菌OP50涂平板　将300μL大肠杆菌OP50菌液滴加到60mm培养皿中，使菌液在平板中央均匀分散，尽量不流至培养皿边缘，将菌液吹干后，于37℃孵育12h，即得到大肠杆菌OP50扩培的平板。

7.2.3　线虫的复苏与培养

(1) 线虫的复苏　从－80℃取出冻存的线虫，于37℃水浴中快速解冻，高速离心后，将沉淀的线虫吸取至含有大肠杆菌OP50的平板中，于20℃恒温培养，确保线虫的食物充足。否则，饥饿的幼虫会进入休眠期（dauer期），停止正常生长。

(2) 线虫的传代和计数　当食物不充足或者环境不利时，可用“切块法”将线虫转移至新的NGM培养板中，线虫趋向爬行至新鲜的大肠杆菌OP50，然后于20℃继续培养。线虫的计数和转板一般用挑虫器将线虫从旧的NGM板挑至新板上。剔除异常线虫的标准为：①钻入琼脂里面或者爬至琼脂边缘与平板缝隙中；②爬至平板边缘干死；③形成虫袋。判断线虫死亡的标准为：①无明显移动或吞咽动作；②身体僵直；③用挑虫器轻轻刺激后，数秒内无反应。

(3) 线虫的同期化　线虫生长至L4期或在体内能看到虫卵时，即可同期化处理。用M9缓冲液将线虫从NGM板洗下，收集至离心管，自然沉降后弃上清，向线虫中加入 200μL/板的裂解液，充分振荡裂解，高速离心得到虫卵沉淀，再用 M9 润洗虫卵去除残留裂解液，整个过程在 5min 内完成。虫卵用 M9 重悬后转入新的 NGM 板，于 20℃培养。

(4) 线虫的冻存　生长至 L1～L2 期，并处于饥饿状态的线虫最适合冻存，此时的线虫进入 dauer 期，复苏后更容易存活。将 dauer 期的线虫用 M9 洗下，自然沉降后弃上清，加入冻存液后于液氮中冻存。

7.2.4 酚苷化合物及其月桂酰衍生物对大肠杆菌 OP50 的影响

为了保证线虫的食物充足，探究酚苷化合物及其月桂酰衍生物对大肠杆菌 OP50 生长的影响。用生长状态良好的大肠杆菌 OP50 悬液配制不同浓度的样品溶液，然后一起置于 37℃恒温摇床，培养 12h 后用分光光度计测定 OD_{600} 值，分析酚苷化合物及其月桂酰衍生物对大肠杆菌 OP50 生长的影响。

7.2.5 酚苷化合物及其月桂酰衍生物对线虫寿命的影响

酚苷化合物及其月桂酰衍生物用 DMSO 助溶配制样品母液，再用生长良好的大肠杆菌 OP50 菌液配制成不同浓度的样品工作液，最高浓度中 DMSO 的含量低于 0.25%。吸取 300μL 样品工作液加至预先涂布 300μL 菌液的含有 5-氟-2′-脱氧尿嘧啶核苷（FUDR）的 NGM 板上，FUDR 的作用是抑制线虫产卵，保证样品均匀分布在 NGM 板中央，避免流出至平板边缘而渗漏。对照组是含有 0.25% DMSO 的菌液。每个样品浓度准备 3 个 NGM 板，每板挑取 30～35 条 L4 期成虫，保证每组不少于 85 条线虫，然后于 20℃恒温箱培养。上虫当天记为第 0d，之后每天记录线虫的死亡数，并每天将其转至新加样的 NGM 板中，过程中剔除异常线虫。实验进行 3 次生物学重复。用 GraphPad Prism 8.0 处理数据并绘图。

7.2.6 酚苷化合物及其月桂酰衍生物对线虫 ROS 含量的影响

NGM 板的准备同 7.2.5。将同期化后长至 L4 期的线虫用 M9 洗下收集至离心管，计数后将线虫加到对照组和加有不同浓度样品工作液的 NGM 板中，保证每组不少于 800 条线虫。在 20℃培养 5d 后，收集线虫至离心管，自然沉降弃上清，用生物研磨器在生理盐水中研磨裂解线虫获得匀浆。在 4℃以 12000*g* 高速离心 20min 后吸取上清液。采用 BCA 试剂盒测定上清液蛋白质浓度，并将上清液的蛋白质浓度标准化。取 100μL 上清液与等量 100μmol/L 的 DCFH-DA 溶液混合，加入 96 孔黑板中，振荡混匀。空白组为生理盐水，对照组为上清液加生理盐水。将 96 孔黑板置于荧光酶标仪中，在 37℃读取 2h

内的荧光值。检测条件为：激发波长 485nm，发射波长 538nm，每 5min 检测一次。最后根据荧光曲线下面积，计算 ROS 抑制率。

7.2.7 酚苷化合物及其月桂酰衍生物对线虫体内抗氧化酶活性的影响

将同期化后生长至 L4 期的线虫加到对照组和加有不同浓度样品工作液的 NGM 板中，保证每组不少于 1500 条线虫。在 20℃培养 5d 后，收集线虫，用生理盐水研磨裂解得到线虫匀浆。于 4℃以 12000*g* 高速离心 20min，吸取上清液。采用 SOD 试剂盒和 MDA 试剂盒测定，至少做 3 个平行[309,310]。

7.2.8 酚苷化合物及其月桂酰衍生物对线虫繁殖力的影响

将同期化后生长至 L4 期的线虫挑到对照组和加有不同浓度样品工作液的 NGM 板（不含 FUDR）中，每板 1 条线虫，置于 20℃培养。每天将线虫转移至新的 NGM 板中，并保留旧板，继续培养 3d 后，计数旧板上的线虫数量。线虫的产卵周期为 5d[375]，因此，统计对照组和样品组在 5d 内的总产卵量。

7.2.9 酚苷化合物及其月桂酰衍生物对线虫脂褐素和身体长度的影响

将同期化后生长至 L4 期的线虫挑到对照组和加有不同浓度样品工作液的 NGM 板中，于 20℃培养 5d 后，每组挑取约 30 条线虫至 PAD 板，并用 0.5% 的 NaN_3 溶液麻醉线虫，将其置于倒置荧光显微镜下观察并拍照。通过 Image J 软件分析线虫体长和在体内发绿色荧光的脂褐素相对含量[361]。

7.2.10 酚苷化合物及其月桂酰衍生物对线虫应激损伤的影响

7.2.10.1 热应激损伤

将同期化后生长至 L4 期的线虫挑到对照组和加有不同浓度样品工作液的 NGM 板中，于 20℃培养 5d 后，将 NGM 板置于 35℃恒温条件下热激 10h，其间更换位置确保均匀受热，然后计算各组线虫的存活率[368]。

7.2.10.2 紫外线辐照损伤

将同期化后生长至 L4 期的线虫挑到对照组和加有不同浓度样品工作液的 NGM 板中，于 20℃培养 5d 后，对其进行紫外线辐照（$120mJ/cm^2$），当天记为第 0 天，然后继续按照寿命实验培养、转板并记录线虫死亡数[376]。

7.2.10.3 百草枯氧化损伤

向灭菌后的液体 NGM 培养基中加入甲基紫精，使其浓度为 10mmol/L。

将同期化后生长至L4期的线虫挑到对照组和加有不同浓度样品工作液的NGM板上，在20℃培养，按照寿命实验记录线虫的死亡数[377]。

7.2.11 酚苷化合物及其月桂酰衍生物对DAF-16::GFP核定位的影响

TJ356线虫是用绿色荧光蛋白（GFP）对DAF-16蛋白标记的突变体。将同期化后生长至L4期的TJ356线虫挑到对照组和加有不同浓度样品工作液的NGM板上，于20℃培养5d后，每组挑取约30条线虫至PAD板，并用0.5%的NaN_3溶液麻醉线虫，然后用共聚焦显微镜观察并拍照。将DAF-16∷GFP的定位模式分为三种：①细胞质，线虫体内几乎观察不到GFP；②核间质，GFP仅在头部或者尾部；③细胞核，GFP遍布虫身。根据观察情况，将GFP的分布用百分比表示[378]。

7.2.12 酚苷化合物及其月桂酰衍生物对线虫抗衰老相关基因的影响

7.2.12.1 线虫总RNA的提取

将同期化后并生长至L4期的线虫挑到对照组和加有不同浓度样品工作液的NGM板上，每组至少1200条线虫，培养5d后，用M9洗下并收集虫子，自然沉降弃上清液。

(1) 将线虫转入1.5mL EP管中，每组加入1mL Trizol试剂裂解，于液氮和65℃水浴中反复冻融，前几次需要剧烈振荡，直至看不到明显虫体，样品呈均匀的浑浊液，此过程在50min内完成。

(2) 向每管线虫中加入200μL三氯甲烷，涡旋振荡30s，室温静置3min，随后于4℃以12000*g*高速离心15min。此时样品分为三层：上层为透明RNA，中间为白色蛋白质层，下层为粉红色Trizol层。

(3) 小心吸取上层350～400μL RNA至无酶EP管中，加入等体积异丙醇，轻轻混匀，静置10min后于4℃以12000*g*高速离心15min。弃上清，得到少量白色沉淀，即为RNA。

(4) 加入约1mL的75%乙醇，清洗RNA中残留的异丙醇，然后于4℃以12000*g*高速离心5min，弃上清，于超净台通风干燥片刻。

(5) 用约50μL的DEPC水溶解RNA，并测定RNA浓度和纯度，参考4.2.12.1。

7.2.12.2 cDNA的获取

参考4.2.12.2的步骤。

7.2.12.3 Quantitative Real-time PCR 检测

参考 4.2.12.3 的步骤。

7.2.12.4 Real-time qPCR 所用引物序列

见表 7-2。

表 7-2 Real-time qPCR 引物序列信息

基因名	方向	引物序列（5′-3′）
β-actin	Forward	TCGGTATGGGACAGAAGGAC
	Reverse	CATCCCAGTTGGTGACGATA
hsf-1	Forward	TTGACGACGACAAGCTTCCAGT
	Reverse	AAAGCTTGCACCAGAATCATCCC
jnk-1	Forward	TATGCTCCACCTCCACTT
	Reverse	GGGTTCTTGCGTAATCTG
daf-16	Forward	TCAAGCCAATGCCACTACC
	Reverse	TGGAAGAGCCGATGAAGAAG
daf-2	Forward	TGAAAGCGAAGCAGCGAGAAGG
	Reverse	CGTCCGAACTTCCGCATCACTC
age-1	Forward	CGCCACGGCAACATCCTCAG
	Reverse	GGCTGCTCAATCGCCAACTCC
isp-1	Forward	ATCAGCGGATCCCAGCAACATG
	Reverse	CTTCAGCCGTGGAGAACTCAGC
clk-1	Forward	AGTGTGGCTGCTTATGCTCTCG
	Reverse	GCTGAACCGACACCTGCAAGG
skn-1	Forward	CACGCCGTCAGCGAAGTA
	Reverse	ATGCTCGGTGAGTATTGG
ctl-1	Forward	AGCGTGTCGTTCATGCCAAGG
	Reverse	CCGATTCTCCAGCGACCGTTG
dod-17	Forward	ACAGCACAGGACCGACTGGATG
	Reverse	TACACCAACGCGCTTCTCAACG

7.3 结果与讨论

7.3.1 酚苷化合物及其月桂酰衍生物对大肠杆菌 OP50 生长的影响

实验中必须保证线虫有充足的食物，饥饿的线虫会停止发育，进入休眠期。如图 7-1 所示，在低浓度（50μmol/L）和高浓度（400μmol/L）作用下，酚苷化合物及其月桂酰衍生物对大肠杆菌 OP50 的生长均无明显抑制作用。因此，本研究通过观察 NGM 板上的菌液即可判断食物量，并保证线虫有充足的食物。

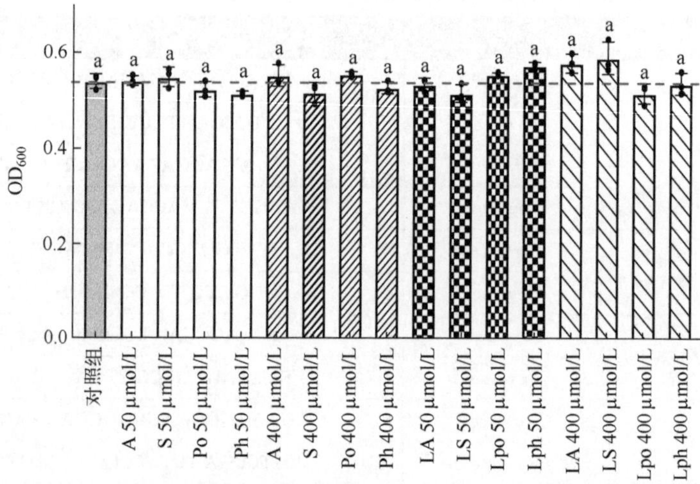

图 7-1　酚苷化合物及其月桂酰衍生物对大肠杆菌生长的影响（$p<0.05$）

A、S、Po 和 Ph 分别表示熊果苷、红景天苷、白藜芦醇苷和根皮苷；LA、LS、Lpo 和 Lph 分别表示月桂酰熊果苷、月桂酰红景天苷、月桂酰白藜芦醇苷和月桂酰根皮苷，下文相同

7.3.2　酚苷化合物对线虫寿命的影响

由 7.3.1 可知，酚苷化合物及其月桂酰衍生物在 400μmol/L 作用浓度内对大肠杆菌 OP50 的生长没有显著的抑制作用。如图 7-2 和表 7-3 所示，对照组线虫的平均寿命在 20.14～21.17d 之间，前人的研究也大多在 21d 左右[368,376]，这表明线虫的培养条件是适宜的。相比于对照组，红景天苷和根皮苷在 400μmol/L 作用浓度内对线虫的平均寿命均无显著影响。熊果苷在最高作用浓度 400μmol/L 使线虫寿命仅延长 5.3%。相比之下，白藜芦醇苷表现出最好的延长线虫寿命的作用，白藜芦醇苷在 50μmol/L 使线虫的平均寿命延长 6.5%，当其作用浓度升高至 200μmol/L 时，线虫的平均寿命可延长 10.5%，线虫的最长寿命从 30d 增大至 32d。当白藜芦醇苷的作用浓度增大至 400μmol/L 时，其对线虫的延寿作用无显著变化，反而略微降低至 8.3%。这可能是因为白藜芦醇苷在 200μmol/L 已接近最佳的延寿作用效果，过高剂量的抗氧化剂可能不利于线虫体内氧化还原的平衡，反而会降低线虫的平均寿

命。Bai 等[379] 的研究表明，鞣花酸在 25μmol/L 作用浓度时延长线虫寿命和提高其抗氧化应激能力的作用较大，而更高的作用浓度反而缩短线虫的平均寿命。

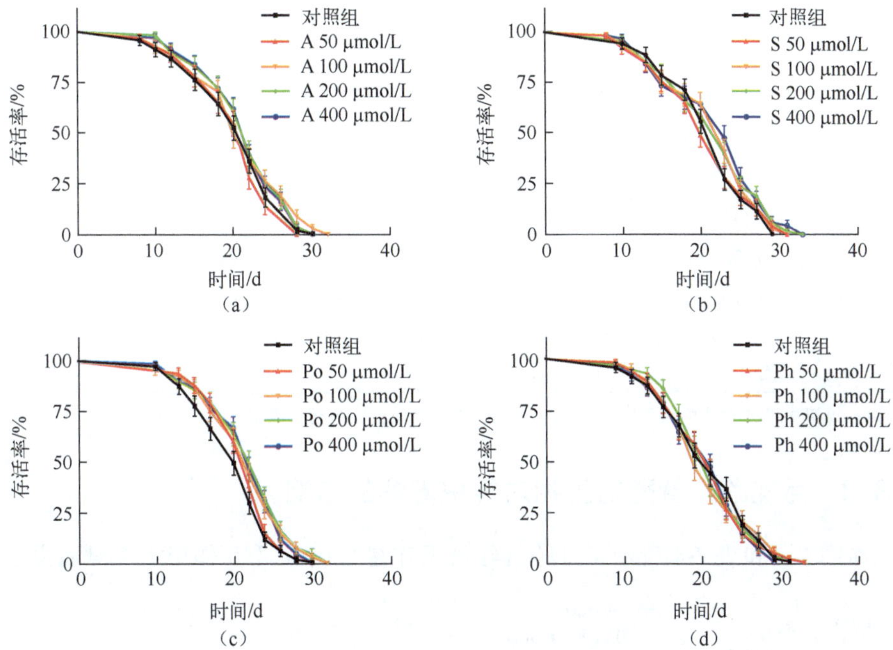

图 7-2 酚苷化合物对线虫寿命的影响

表 7-3 酚苷化合物对线虫寿命的影响

化合物		数量	平均寿命/d	与对照相比/%	最长寿命/d
熊果苷	对照组	94	20.40±0.43a	100.0	30
	50μmol/L	96	20.42±0.54a	100.0	28
	100μmol/L	98	21.00±0.59a	102.9	32
	200μmol/L	98	21.52±0.53b	105.5	30
	400μmol/L	98	21.49±0.74ab	105.3	30
红景天苷	对照组	100	21.17±0.70ab	100.0	29
	50μmol/L	97	20.86±0.42a	98.5	31
	100μmol/L	98	21.66±0.76ab	102.3	31
	200μmol/L	98	21.85±0.59ab	103.2	33
	400μmol/L	95	22.14±0.64b	104.6	33

续表

化合物		数量	平均寿命/d	与对照相比/%	最长寿命/d
白藜芦醇苷	对照组	101	20.14±0.54a	100.0	30
	50 μmol/L	98	21.44±0.42b	106.5	30
	100 μmol/L	99	21.86±0.40bc	108.5	32
	200 μmol/L	99	22.26±0.32c	110.5	32
	400 μmol/L	102	21.99±0.52bc	109.2	30
根皮苷	对照组	97	20.55±0.62a	100.0	31
	50 μmol/L	98	20.75±0.23a	101.0	33
	100 μmol/L	95	20.43±0.44a	99.4	33
	200 μmol/L	100	20.85±0.60a	101.5	31
	400 μmol/L	97	20.41±0.30a	99.3	29

注：每组中每列数据中的不同英文字母表示两个值之间存在显著性差异（$p<0.05$）。

7.3.3 月桂酰酚苷酯衍生物对线虫寿命的影响

如图 7-3 和表 7-4 所示，月桂酰红景天苷在 200μmol/L 作用浓度对线虫的

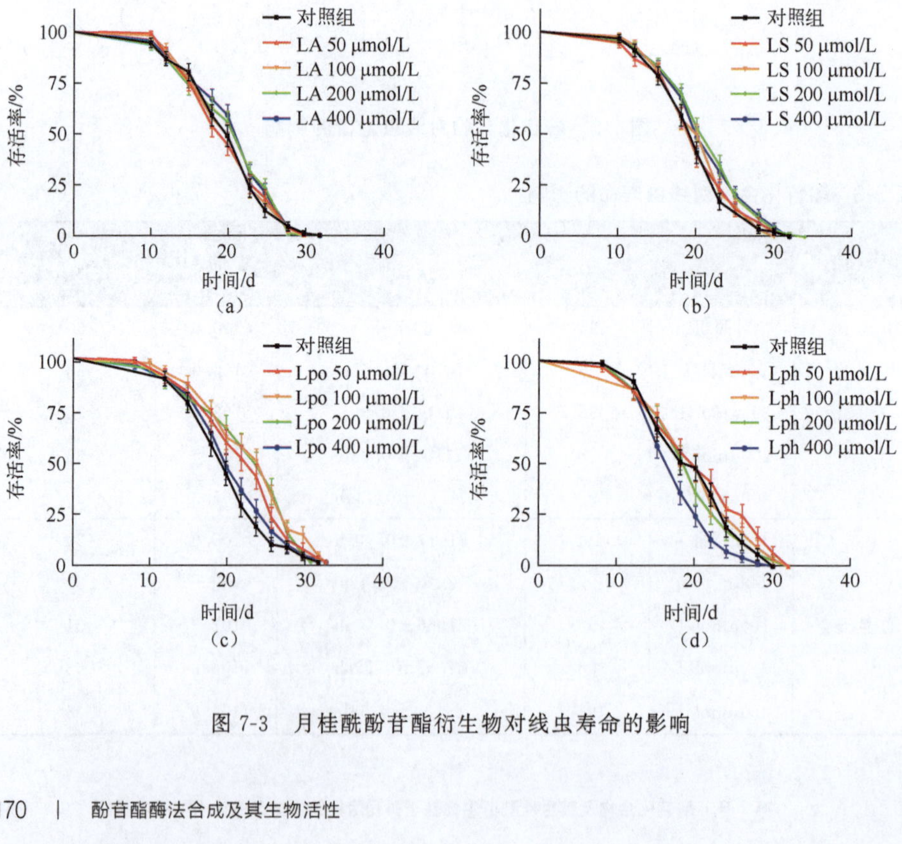

图 7-3　月桂酰酚苷酯衍生物对线虫寿命的影响

平均寿命仅表现出4.4%的延长作用，与对照组无显著性差异。月桂酰熊果苷和月桂酰根皮苷在400μmol/L作用浓度内对线虫的平均寿命没有显著影响。月桂酰根皮苷在50μmol/L对线虫的平均寿命有4.1%的延长效果，当其作用浓度增加至400μmol/L时反而显著降低线虫的平均寿命，这表明过量的月桂酰根皮苷可能对线虫产生毒性，导致其寿命缩短。相比之下，月桂酰白藜芦醇苷表现出最好效果，月桂酰白藜芦醇苷在50μmol/L作用浓度下可使线虫的平均寿命延长9.8%，在100μmol/L时表现出最大的延寿作用，达到14.9%，而当其作用浓度增加至200μmol/L时，延寿作用反而略微降低至11.8%，这表明适量的月桂酰白藜芦醇苷可以显著延长线虫寿命，超过200μmol/L的高剂量可能对线虫的健康不利。相比于白藜芦醇苷，月桂酰白藜芦醇苷在200μmol/L作用浓度内对线虫表现出更好的延长寿命的作用，这可能是因为亲脂性的月桂酰白藜芦醇苷在线虫体内有更好的吸收，从而表现出更好的抗氧化活性。

表7-4　月桂酰酚苷酯衍生物对线虫寿命的影响

组别		数量	平均寿命/d	与对照相比/%	最长寿命/d
月桂酰熊果苷	对照	108	20.35±0.37a	100.0	32
	50μmol/L	109	20.40±0.48a	100.2	30
	100μmol/L	109	20.60±0.52a	101.2	30
	200μmol/L	109	20.82±0.40a	102.3	30
	400μmol/L	109	21.15±0.50a	103.9	32
月桂酰红景天苷	对照	108	20.78±0.63ab	100.0	32
	50μmol/L	110	20.26±0.56a	99.6	32
	100μmol/L	109	20.74±0.34a	99.8	30
	200μmol/L	109	21.69±0.55b	104.4	34
	400μmol/L	109	21.48±0.42b	103.4	32
月桂酰白藜芦醇苷	对照	99	20.35±0.61a	100.0	32
	50μmol/L	95	22.34±0.30b	109.8	33
	100μmol/L	99	23.39±0.35c	114.9	33
	200μmol/L	95	22.75±0.60bc	111.8	31
	400μmol/L	99	20.98±0.74a	103.1	32
月桂酰根皮苷	对照	99	20.03±0.20b	100.0	30
	50μmol/L	101	20.85±0.40b	104.1	32
	100μmol/L	96	20.48±0.71b	102.2	32
	200μmol/L	100	19.84±0.72ab	99.1	32
	400μmol/L	97	18.14±0.78a	90.6	30

注：每组中每列数据中的不同英文字母表示两个值之间存在显著性差异（$p<0.05$）。

7.3.4 酚苷化合物及其月桂酰衍生物对线虫体内 ROS 的影响

自由基衰老学说认为，细胞内的 ROS 会引起随机的分子损伤，累积的 ROS 可能是引起衰老的最主要原因之一[366]。正常机体内的 ROS 处于动态平衡中，而随着年龄的增长，抗氧化酶的表达或活性降低，导致机体内 ROS 动态失衡，累积的 ROS 诱导细胞损伤，从而加速衰老。因此，抗氧化剂对线虫体内 ROS 水平的调节与其寿命密切相关。

如图 7-4 所示，酚苷化合物及其月桂酰衍生物在 200μmol/L 内均显著降低线虫体内的 ROS 水平。随着熊果苷和月桂酰熊果苷的浓度增大，线虫体内 ROS 含量逐渐降低，200μmol/L 作用浓度分别使 ROS 降低至对照组的 64.5%和 71.1%。红景天苷和月桂酰红景天苷在 100μmol/L 作用浓度下表现出最好的 ROS 清除能力，分别使线虫体内 ROS 降低至对照组的 66.2%和 77.4%。根皮苷和月桂酰根皮苷的作用对 ROS 清除能力较弱，它们分别在 50μmol/L 和 200μmol/L 使线虫体内 ROS 降低至对照组的 79.6%和 85.6%。相比之下，白藜芦醇苷和月桂酰白藜芦醇苷表现出更好的 ROS 清除活性。随着白藜芦醇苷和月桂酰白藜芦醇苷的浓度增大，线虫体内 ROS 含量呈剂量依赖性降低，200μmol/L 作用浓度使 ROS 含量分别降低至对照组的 58.2%和 44.0%。这些结果表明，线虫寿命的延长可能与抗氧化剂对体内 ROS 的清除活性相关。研究表明，毛蕊异黄酮[380] 和根皮素[381] 能清除线虫体内的 ROS，提高其抗氧化应激能力，从而发挥延长线虫寿命的作用。此外，衰老还受到机体内多种途径的调节或多种环境因素的影响。因此，需要进一步探究白藜芦醇苷和月桂酰白藜芦醇苷的抗氧化和抗衰老机制。

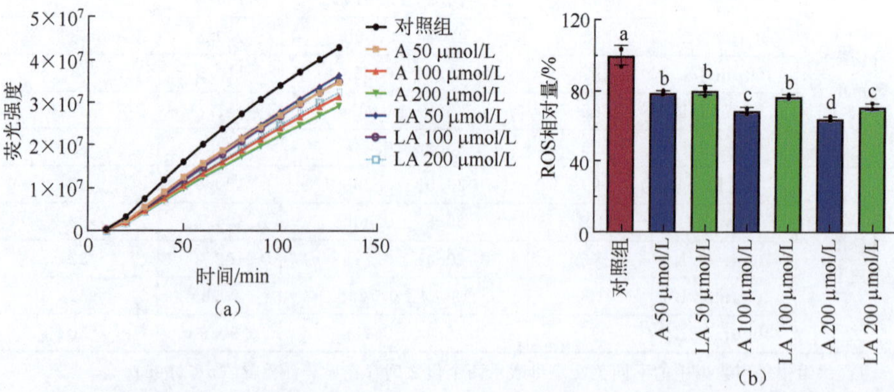

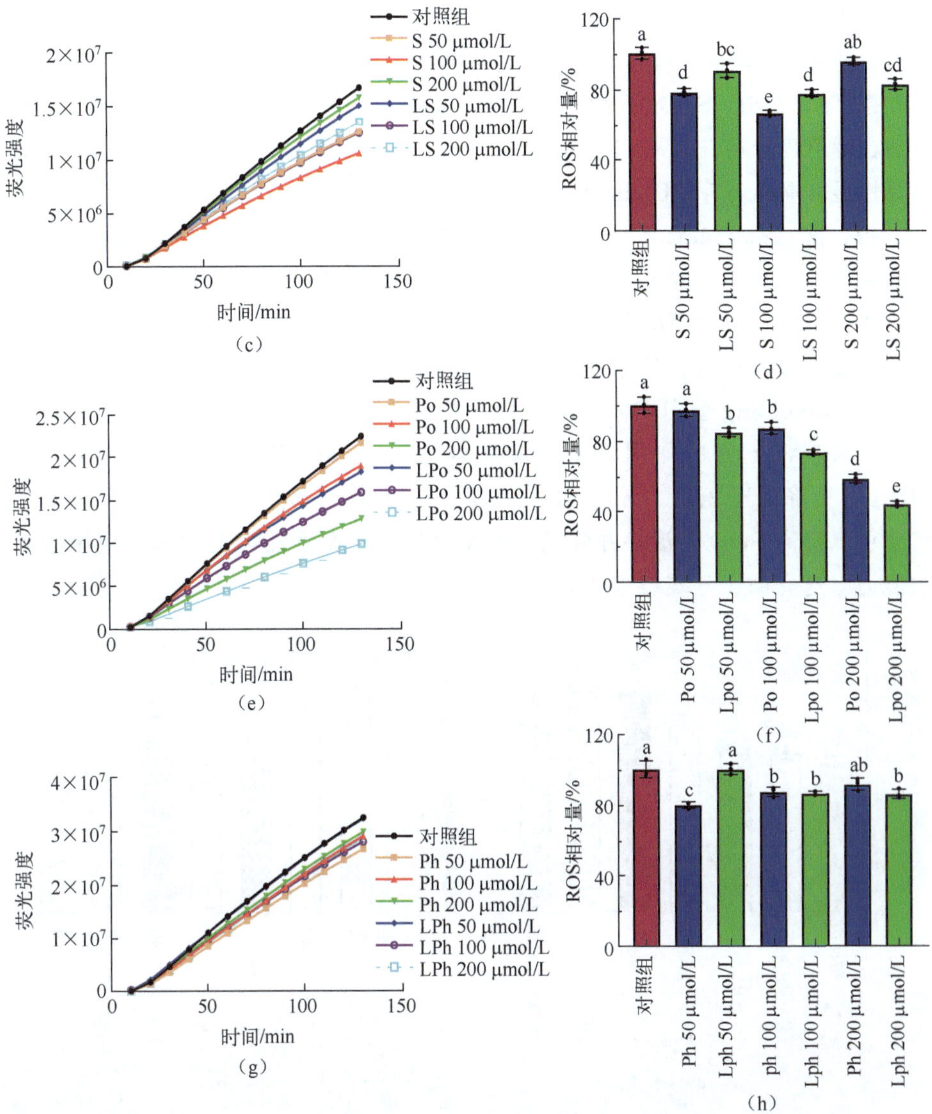

图 7-4 酚苷化合物及其月桂酰衍生物对线虫体内 ROS 的影响（$p<0.05$）

图中 A、S、Po 和 Ph 分别表示熊果苷、红景天苷、白藜芦醇苷和根皮苷；

LA、LS、Lpo 和 Lph 分别表示月桂酰熊果苷、月桂酰红景天苷、月桂酰白藜芦醇苷和月桂酰根皮苷

7.3.5 白藜芦醇苷和月桂酰白藜芦醇苷对线虫体内 SOD 和 MDA 的影响

氧化应激能力的提高一般伴随着内源抗氧化系统的增强，超氧化物歧化酶（superoxide dismutase，SOD）是生物体内一种重要的抗氧化酶，对抵抗自由基

损伤和维持氧化还原平衡十分重要。如图 7-5（a）所示，白藜芦醇苷和月桂酰白藜芦醇苷能显著提高线虫体内 SOD 的活性。随着白藜芦醇苷的浓度增大至 200μmol/L，相比于对照组，SOD 的活性从 5.21U/mg 蛋白质升高至 6.56U/mg 蛋白质。月桂酰白藜芦醇苷在 50μmol/L、100μmol/L 和 200μmol/L 作用浓度下，可使 SOD 的活性显著提高至 7.62U/mg 蛋白质、8.17U/mg 蛋白质和 6.57U/mg 蛋白质。

丙二醛（malondialdehyde，MDA）是生物体内细胞发生氧化应激时，脂质发生氧化后的一种产物，MDA 含量可以反映机体内的氧化应激状态。如图 7-5（b）所示，白藜芦醇苷和月桂酰白藜芦醇苷均显著降低线虫体内 MDA 含量。随着白藜芦醇苷作用浓度增大至 200μmol/L，相比于对照组，MDA 含量从 501.3μmol/mg 蛋白质降低至 302.7μmol/mg 蛋白质。然而，月桂酰白藜芦醇苷表现出更好的作用效果，其在 100μmol/L 作用浓度下，使线虫体内 MDA 含量降低至 268.2μmol/mg 蛋白质。因此，白藜芦醇苷和月桂酰白藜芦醇苷可以提高 SOD 的活性并降低 MDA 含量，从而增强线虫对氧化应激的抵抗能力，这有助于延缓线虫的衰老。

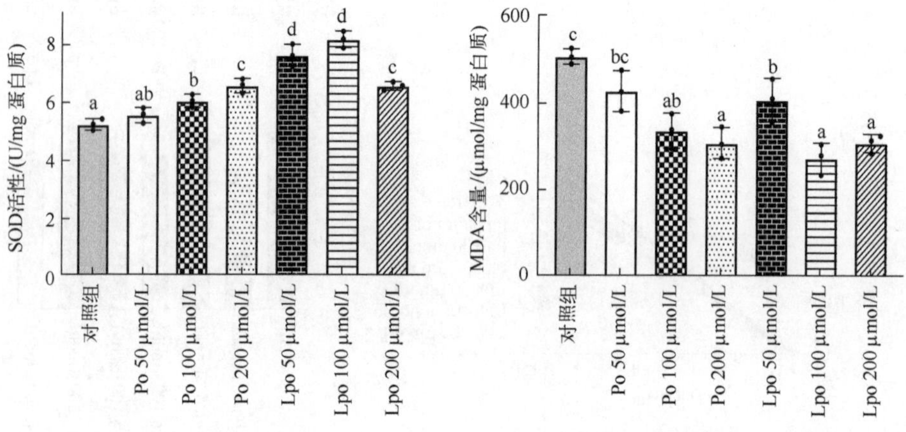

图 7-5 白藜芦醇苷和月桂酰白藜芦醇苷对线虫体内 SOD 活性（a）和 MDA 含量（b）的影响（$p<0.05$）

7.3.6 白藜芦醇苷和月桂酰白藜芦醇苷对线虫生理功能的影响

7.3.6.1 线虫体长的测定

一次性躯体理论（the disposable soma theory）认为，生物体的能量是守恒的，且分配给维持、生长和繁殖，寿命的延长可能会额外消耗其他分配的能量，对生物体造成躯体变小或者繁殖力下降的影响[382,383]。如图 7-6 所示，对

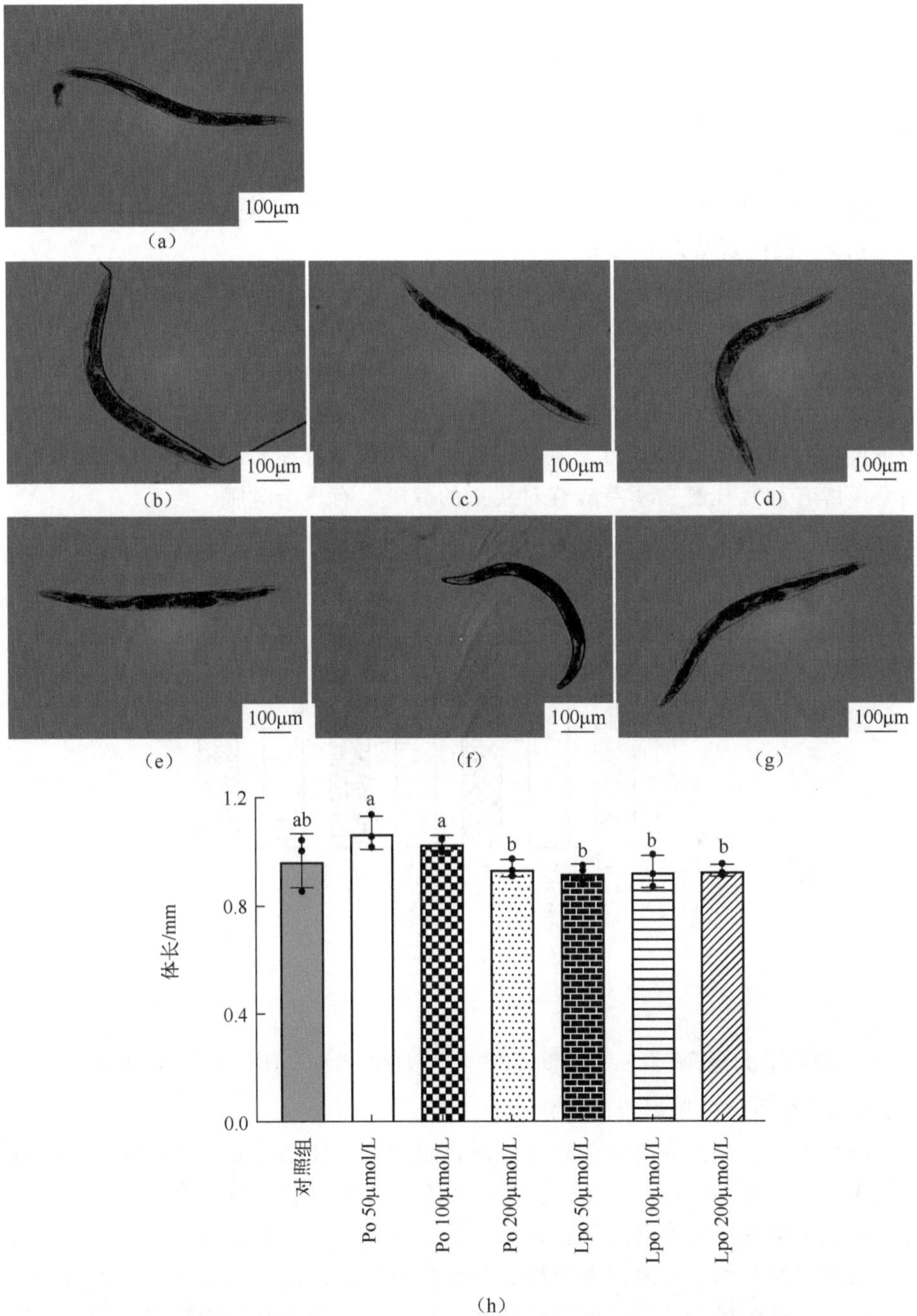

图 7-6　白藜芦醇苷和月桂酰白藜芦醇苷对线虫体长的影响（$p<0.05$）

(a) 对照组；(b)～(d) 分别为 50μmol/L、100μmol/L 和 200μmol/L 白藜芦醇苷作用组；(e)～(g) 分别为 50μmol/L、100μmol/L 和 200μmol/L 月桂酰白藜芦醇苷作用组；(h) 不同作用组线虫的体长

照组的线虫体长约为 0.96mm，然而，白藜芦醇苷和月桂酰白藜芦醇苷的作用均没有降低线虫的体长。月桂酰白藜芦醇苷在 200μmol/L 作用浓度内对线虫的体长无显著影响。白藜芦醇苷在 50μmol/L 和 100μmol/L 的作用浓度下略微增加了线虫的体长。这表明白藜芦醇苷和月桂酰白藜芦醇苷延长线虫寿命的作用不是以牺牲线虫的身体长度为代价的。诸多研究报道，植物提取物和天然活性化合物，如川陈皮素在延缓线虫衰老的同时不影响其身体长度[363,384]。

7.3.6.2 线虫繁殖力的测定

产卵或繁殖是线虫的重要生理功能之一，研究认为繁殖能力和线虫的平均寿命呈负相关[385]，寿命的延长伴随着产卵量的下降。研究表明，活性物质会提高线虫的繁殖能力[361]，也有研究表明活性物质在延长寿命的同时不影响繁殖能力[363]。如图 7-7 所示，白藜芦醇苷和月桂酰白藜芦醇苷在 200μmol/L 作用浓度内对线虫的繁殖能力无显著影响。综合线虫身体长度的结果，本研究中白藜芦醇苷和月桂酰白藜芦醇苷对线虫的健康没有显著危害。

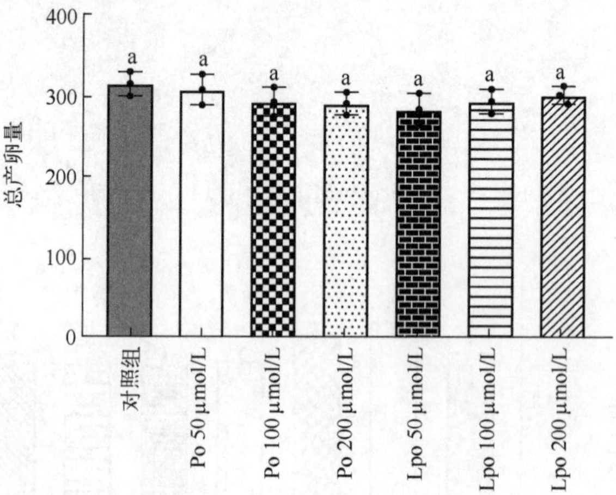

图 7-7 白藜芦醇苷和月桂酰白藜芦醇苷对线虫繁殖力的影响（$p<0.05$）

7.3.6.3 线虫体内脂褐素的测定

脂褐素是线虫体内自发荧光的颗粒，它由溶酶体消化后的产物和脂肪酸残基组成[386]。随着线虫的发育和衰老，其体内的脂褐素会不断累积。因此，采用荧光显微镜观察脂褐素的累积含量，可以判断线虫的衰老程度。如图 7-8 所示，白藜芦醇苷和月桂酰白藜芦醇苷的作用可以显著降低线虫体内脂褐素的积累。相比于对照组，随着白藜芦醇苷和月桂酰白藜芦醇苷作用浓度的增大，线虫体内脂褐素的相对含量逐渐降低。白藜芦醇苷和月桂酰白藜芦醇苷在 200μmol/L 作用浓度时，可使脂褐素含量分别降低至对照组的 61.4%和 53.5%。这表明白藜芦醇苷和月桂酰白藜芦醇苷延缓了线虫的衰老进程。

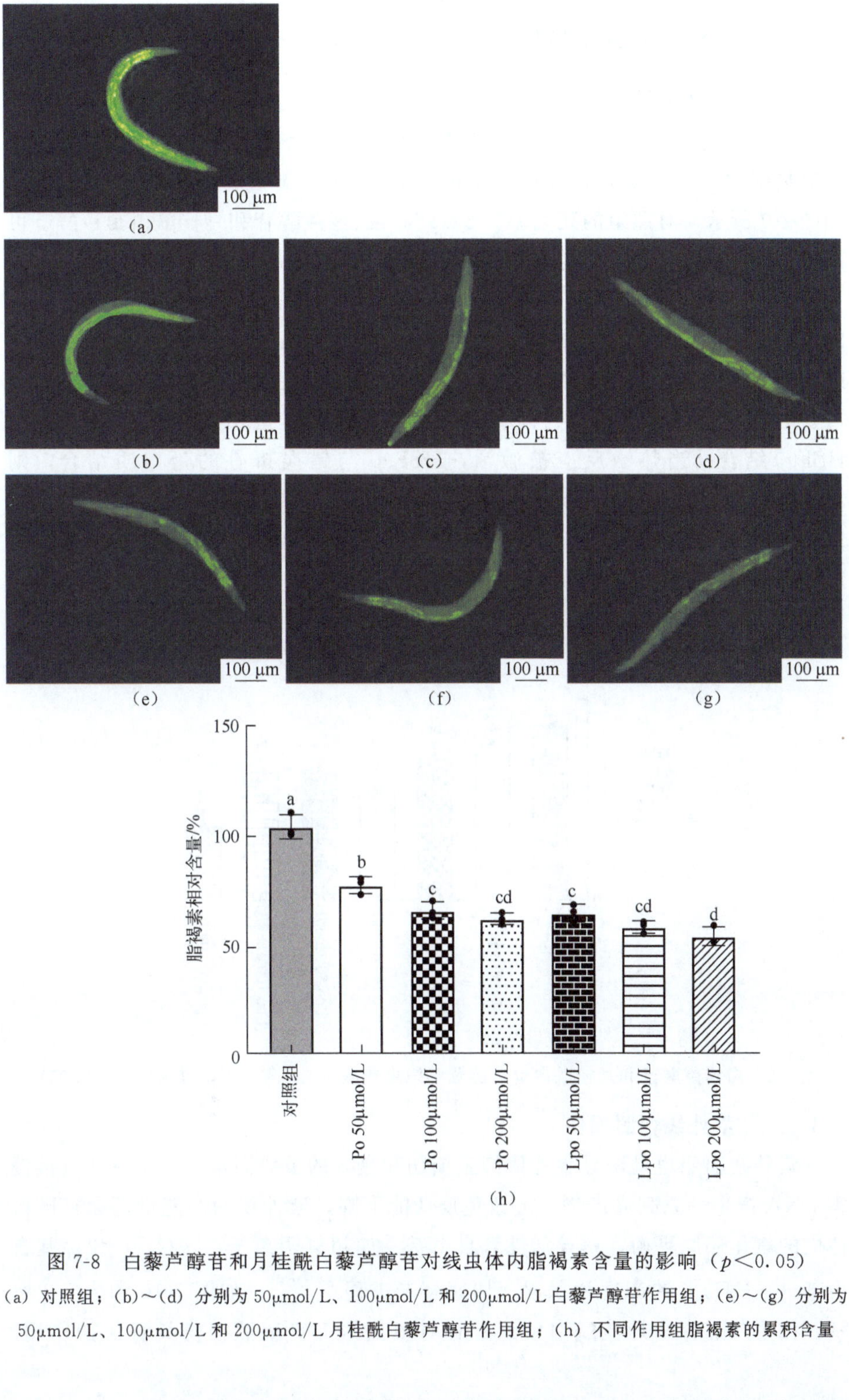

图 7-8　白藜芦醇苷和月桂酰白藜芦醇苷对线虫体内脂褐素含量的影响（$p<0.05$）

(a) 对照组；(b)～(d) 分别为 50μmol/L、100μmol/L 和 200μmol/L 白藜芦醇苷作用组；(e)～(g) 分别为 50μmol/L、100μmol/L 和 200μmol/L 月桂酰白藜芦醇苷作用组；(h) 不同作用组脂褐素的累积含量

7.3.7 白藜芦醇苷和月桂酰白藜芦醇苷对线虫急性损伤的影响

7.3.7.1 热应激损伤

研究报道，寿命的延长与对环境的耐热性也密切相关[387]。将线虫置于35℃热刺激 9.5h，评估白藜芦醇苷和月桂酰白藜芦醇苷作用下线虫的死亡率。如图 7-9 所示，对照组的死亡率为 52.8%，白藜芦醇苷和月桂酰白藜芦醇苷可以显著降低线虫死亡率，它们在 200μmol/L 作用浓度下，分别降低死亡率至33.6%和 22.7%。这可能是因为白藜芦醇苷和月桂酰白藜芦醇苷激活了线虫的热激反应。热激反应是机体通过诱导热激蛋白（heat shock protein，HSP）或分子伴侣的表达来抑制高温引起的蛋白质聚集或变性。HSF-1 是线虫体内重要的热激因子同源物，它在正常环境中以单体蛋白的形式存在，并与HSF90 结合。当热激反应被激活，HSF90 与错误折叠的蛋白质结合，则HSF-1 得到释放，随后三聚化并在细胞核内形成核颗粒，并促进蛋白质折叠，进而抑制热激导致的蛋白质聚集[388]。随后的 RT-qPCR 检测结果也表明白藜芦醇苷和月桂酰白藜芦醇苷的作用显著增强了 *hsf-1* 基因表达水平。

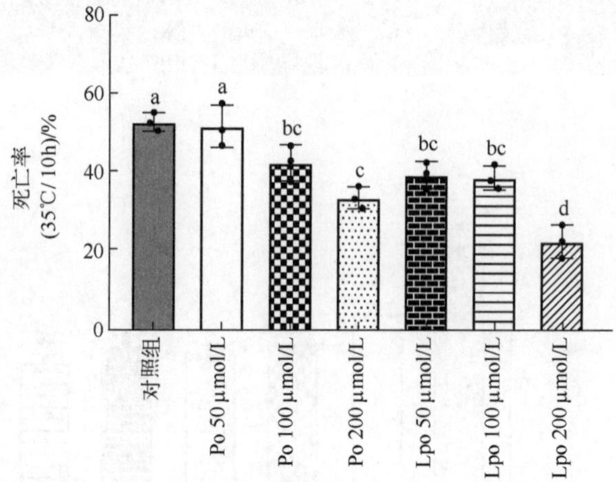

图 7-9 白藜芦醇苷和月桂酰白藜芦醇苷对线虫热激压力下死亡率的影响（$p<0.05$）

7.3.7.2 紫外线辐照损伤

紫外线辐照也是诱导生物体细胞损伤和衰老的重要因素，它不仅能直接侵害 DNA 产生一系列光产物，导致免疫功能下降，紫外线的高能量还会打破机体内的氧化还原平衡，诱导活性氧自由基［如超氧阴离子（$\cdot O_2^-$）和羟基自由基（·OH)］的产生和积累，加速衰老进程[389-391]。如图 7-10 和表 7-3 所示，白藜芦醇苷和月桂酰白藜芦醇苷对线虫的 UV 辐照损伤具有保护作用，对照组线虫受到 120mJ/cm^2 紫外线辐照后的平均寿命仅 15.45d，白藜芦醇苷和月桂酰白藜芦醇苷的作用使线虫的平均寿命呈剂量依赖性地延长。白藜芦醇苷和月桂酰白藜芦醇苷在 200μmol/L 作用浓度下，分别延长线虫寿命至 17.49d 和 18.16d，且最长寿命增加至 23d。这表明白藜芦醇苷和月桂酰白藜芦醇苷能够增强线虫对 UV 损伤的抵抗力，延缓线虫衰老。

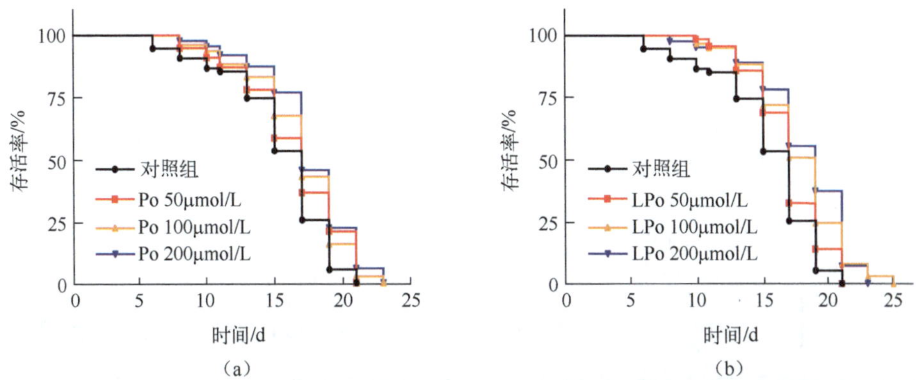

图 7-10　白藜芦醇苷（a）和月桂酰白藜芦醇苷（b）对紫外损伤下线虫寿命的影响

表 7-5　白藜芦醇苷和月桂酰白藜芦醇苷对紫外线损伤下线虫寿命的影响（$p<0.05$）

组别		数量	平均寿命/d	与对照相比/%	最长寿命/d
白藜芦醇苷/(μmol/L)	对照	96	15.45±0.16a	100.0	21
	50	106	16.52±0.32b	106.9	21
	100	107	16.86±0.35b	109.1	23
	200	107	17.49±0.18cd	113.2	23
月桂酰白藜芦醇苷/(μmol/L)	50	110	16.93±0.29bc	109.6	21
	100	109	17.82±0.34de	115.3	25
	200	109	18.16±0.32e	117.5	23

注：每组中每列数据中的不同英文字母表示两个值之间存在显著性差异（$p<0.05$）。

7.3.7.3　百草枯氧化损伤

百草枯是一种典型的超氧自由基激发剂，它在机体内会产生致命的氧化链式反应，因此，采用百草枯的主要成分甲基紫精作为氧化损伤引发剂[392,393]。如图 7-11 和表 7-6 所示，对照组线虫在含有 10mmol/L 甲基紫精的培养基条件下，其寿命仅为 4.53d，这表明急性氧化应激模型建立成功。白藜芦醇苷和月桂酰白藜芦醇苷均能显著提高线虫的平均寿命，白藜芦醇苷和月桂酰白藜芦醇苷作用组线虫的平均寿命分别为 4.69～5.07d 和 4.62～5.27d，其在 200μmol/L 作用浓度下，分别使线虫的平均寿命延长 11.9%和 16.3%。这表明白藜芦醇苷和月桂酰白藜芦醇苷均能提高线虫对急性氧化环境的抵抗力。以上结果表明，白藜芦醇苷和月桂酰白藜芦醇苷对线虫的急性损伤具有保护作用，且月桂酰白藜芦醇苷表现出更好的作用效果。

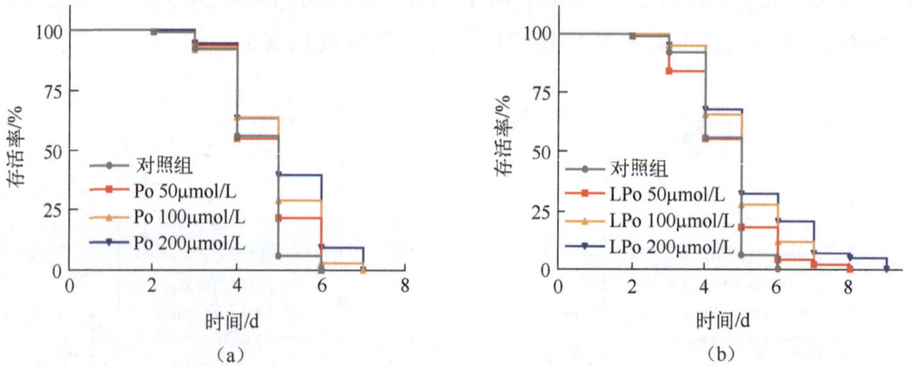

图 7-11　白藜芦醇苷（a）和月桂酰白藜芦醇苷（b）对百草枯氧化损伤下线虫寿命的影响

表 7-6　白藜芦醇苷和月桂酰白藜芦醇苷对百草枯氧化损伤下线虫寿命的影响（$p<0.05$）

组别		数量	平均寿命/d	与对照相比/%	最长寿命/d
	对照	103	4.53±0.21a	100.0	6
白藜芦醇苷/(μmol/L)	50	107	4.69±0.29a	103.5	6
	100	108	4.86±0.13bc	107.3	7
	200	107	5.07±0.31cd	111.9	7
月桂酰白藜芦醇苷/(μmol/L)	50	102	4.62±0.26a	102.0	8
	100	103	5.02±0.18cd	110.8	8
	200	104	5.27±0.37d	116.3	9

注：每组中每列数据中的不同英文字母表示两个值之间存在显著性差异（$p<0.05$）。

7.3.8　白藜芦醇苷和月桂酰白藜芦醇苷对线虫衰老相关基因的影响

如前所述，衰老除了受到外部环境压力的影响，机体内多种信号通路都涉及寿命的调节[369-372]。胰岛素/类胰岛素生长因子信号通路（IIS）是一条经典的途径，且在多个物种（如酵母[394]、果蝇[395]和人类[396]）中都高度保守。编码胰岛素/类胰岛素生长因子受体的同源物 DAF-2 首先磷酸化磷脂酰肌醇-3-激酶（AGE-1），激活的 AGE-1 通过磷酸化激活磷酸肌醇依赖激酶（PDK-1），其再进一步激活 AKT-1/AKT-2，而激活的 AKT 磷酸化叉头转录因子 FOXO/DAF-16，DAF-16 随后与 14-3-3 蛋白相互作用，从而被限制从细胞质进入细胞核发挥转录功能[397-399]。1993 年，Kenyon 等[400]首次在线虫中发

现 *daf-2* 基因缺失使线虫寿命延长至 2 倍，而叉头转录因子 FOXO 的同源基因 *daf-16* 的敲除使延寿作用消失。这表明 DAF-2 的抑制或低表达有利于寿命的延长，DAF-16 的激活或上调，从胞质转移入核可以延长线虫的寿命。

如图 7-12（a）、（b）所示，白藜芦醇苷和月桂酰白藜芦醇苷均可显著降低 *daf-2* 和升高 *daf-16* 基因的表达水平。相比于对照组，白藜芦醇苷和月桂酰白藜芦醇苷在 200μmol/L 作用浓度下使 *daf-2* 基因表达水平分别下调至对照组的 55%和 53%，然而，它们在 200μmol/L 和 100μmol/L 作用浓度下使 *daf-16* 基因表达水平分别提高至对照组的 1.60 倍和 2.18 倍。这表明白藜芦醇苷和月桂酰白藜芦醇苷通过 IIS 信号通路，抑制 *daf-2* 和促进 *daf-16* 基因表达发挥延长线虫寿命的作用。如图 7-12（c）所示，*age-1* 作为 *daf-2* 的下游基因，它的表达水平随白藜芦醇苷和月桂酰白藜芦醇苷的浓度增加而逐渐降低，白藜芦醇苷和月桂酰白藜芦醇苷在 200μmol/L 作用浓度下，使 *age-1* 基因表达水平分别降低至对照组的 69%和 71%。这表明上游 *daf-2* 基因下调导致 *age-1* 基因表达降低，从而降低对 *daf-16* 基因表达的抑制。DAF-16 蛋白在正常情况下滞留在胞质，导致线虫衰老，而激活的 DAF-16 则进入细胞核调节线虫对外源压力的抵抗，延长其寿命[401,402]。

研究表明，c-Jun 氨基末端蛋白激酶（JNK）是 DAF-16 的正调节因子，JNK 信号通路与 IIS 通路平行作用调节寿命，并汇集在 DAF-16[403]。此外，JNK-1 能直接与 DAF-16 相互作用并促进其磷酸化，在应对热应激时，JNK-1 促进了 DAF-16 的核易位[371]。如图 7-12（d）所示，白藜芦醇苷和月桂酰白藜芦醇苷显著提高了 *jnk-1* 基因表达水平，且呈剂量依赖性增强。白藜芦醇苷和月桂酰白藜芦醇苷在 200μmol/L 时分别使 *jnk-1* 上调至对照组的 1.83 倍和 3.19 倍。如 7.3.7.1 所述，HSF-1 是线虫体内重要的热激因子同源物，它的激活增强了线虫的热抵抗力[388]。此外，HSF-1 也是衰老速率的调控因子，过表达的 HSF-1 促进了秀丽隐杆线虫的长寿[404]。如图 7-12（e）所示，白藜芦醇苷和月桂酰白藜芦醇苷显著增强了 *hsf-1* 基因表达水平，在 200μmol/L 作用浓度下使 *hsf-1* 基因表达水平分别升高至对照组的 1.46 倍和 2.10 倍。

skn-1 是哺乳动物中 *Nrf2* 的同源基因，*skn-1*/*Nrf2* 与线虫的氧化应激、代谢和衰老密切相关[405-407]。研究表明，*skn-1* 基因突变会导致线虫的寿命缩短，抗氧化应激能力以及其他应激能力下降，而 *skn-1* 过表达可显著延长线虫的寿命[408-410]。此外，SKN-1 蛋白参与多个与寿命调控相关的信号途径。*daf-2* 基因的突变会导致下游 PI3K/AKT 蛋白激酶失活，促进 SKN-1 蛋白转移入肠道细胞核，并激活下游靶基因，从而增强线虫抗氧化应激能力并延长其寿命[408]。然而，如图 7-12（f）所示，白藜芦醇苷对 *skn-1* 基因表达水平无显

著影响，月桂酰白藜芦醇苷仅在 50μmol/L 作用浓度下使 *skn-1* 基因表达水平上调至对照组的 1.57 倍。因此，SKN-1 可能不参与线虫对氧化应激的抵抗，线虫主要通过 JNK-1 激活 DAF-16，进而调控下游蛋白的表达来抵抗外源氧化压力。

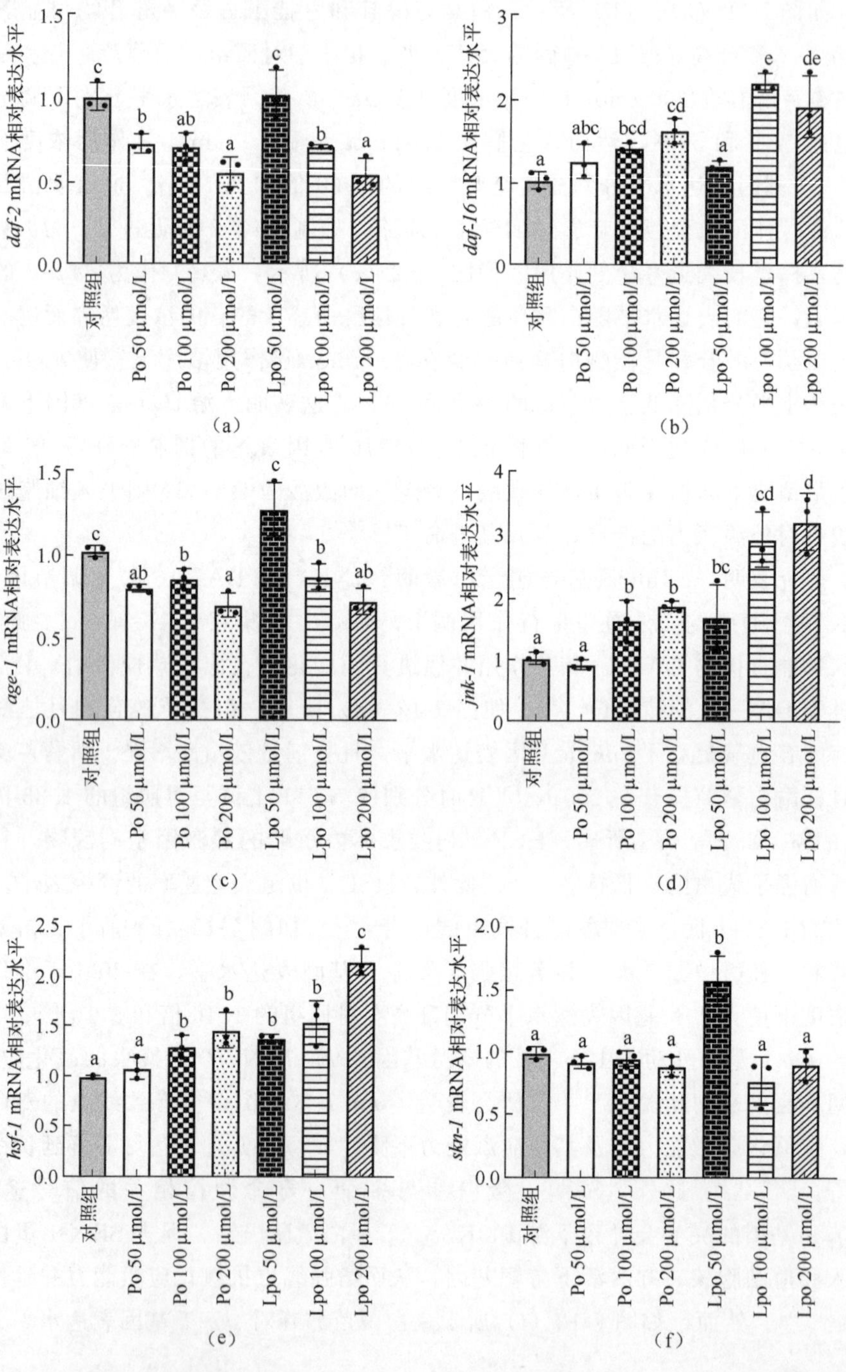

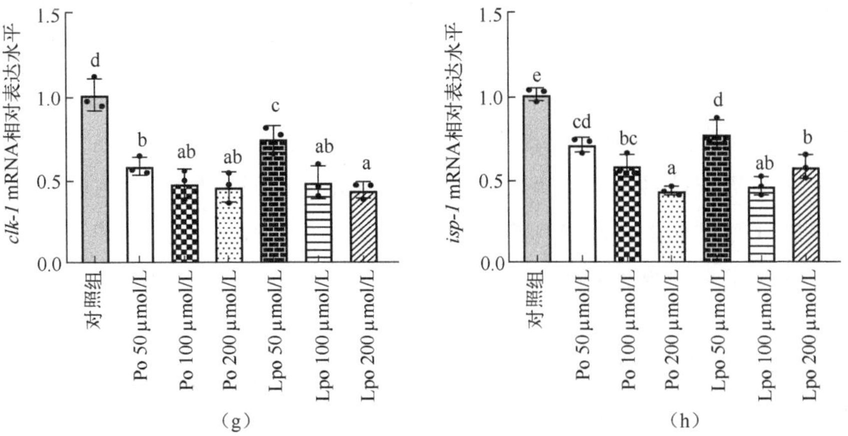

图 7-12 白藜芦醇苷和月桂酰白藜芦醇苷对线虫衰老相关基因的影响（$p<0.05$）

图中 Po 和 Lpo 分别表示白藜芦醇苷和月桂酰白藜芦醇苷

线粒体是细胞中供能的重要细胞器，也是 ROS 产生的主要部位。线粒体功能失调会释放许多 ROS，且无法通过正常的呼吸链进行传递，多余的 ROS 会造成胞内氧化应激反应和细胞损伤，加速机体衰老[411,412]。Harman 基于自由基衰老学说，进一步提出线粒体损伤和功能紊乱是衰老的根本原因[413,414]。*clk-1* 基因编码线粒体羟化酶，它是合成泛醌必需的物质，它通过调节线粒体呼吸链的传递，来影响线粒体功能。研究表明，*clk-1* 基因突变会减弱线粒体活性，导致线虫的发育、行为和衰老速率减慢；*clk-1* 突变株线虫的寿命是野生型的 2 倍[415,416]，且其对 UV 处理诱导的胁迫也有更强的抗性[417]。此外，*isp-1* 基因编码电子呼吸链中复合体Ⅲ的 Rieske 铁硫蛋白，研究表明，*isp-1* 突变株线虫对氧化应激表现出更强的抵抗力且具有长寿特征[418]。

如图 7-12（g）、（h）所示，白藜芦醇苷和月桂酰白藜芦醇苷显著抑制了 *clk-1* 和 *isp-1* 基因的表达水平，它们在 200μmol/L 作用浓度下分别降低 *clk-1* 基因表达水平至对照组的 46%和 43%，且 *isp-1* 基因表达水平降低至对照组的 42%和 56%。这表明白藜芦醇苷和月桂酰白藜芦醇苷通过下调 *clk-1* 和 *isp-1* 基因表达水平来调控线粒体功能，减慢呼吸链的传递，增强线虫对氧化应激的抵抗力，从而使生理活动的速率减慢，使其寿命得以延长[418-420]。

7.3.9 白藜芦醇苷和月桂酰白藜芦醇苷对 DAF-16：：GFP 核定位的影响

如 7.3.8 所述，DAF-16 是 IIS 和 JNK 信号通路平行作用并最终汇集的靶点，它还参与多个压力应激和寿命调节途径[403]，它的去磷酸化入核对下游基因的激活和寿命延长至关重要。TJ356 是绿色荧光蛋白 GFP 标记 DAF-16 蛋白后的突变株，用于观察 DAF-16 蛋白的核定位。如图 7-13 所示，白藜芦醇苷和月桂酰白藜芦醇苷能显著促进 DAF-16 蛋白入核。相比于对照组，DAF-16 蛋白转移入核的线虫比例随着白藜芦醇苷和月桂酰白藜芦醇苷作用浓度的增大呈剂量依赖性升高，而 DAF-16 蛋白处于胞质的线虫比例逐渐下降。白藜芦醇苷和月桂酰白藜芦醇苷在 200μmol/L 作用浓度下使 DAF-16 处于细胞核、核间质和细胞质的线虫比例从对照组的 8.3%、25.0%、66.7%分别变为 38.4%、32.0%、29.6%和 55.0%、26.3%、18.4%。这表明白藜芦醇苷和月桂酰白藜芦醇苷能有效地促进 DAF-16 蛋白核易位而发挥延长寿命的作用。

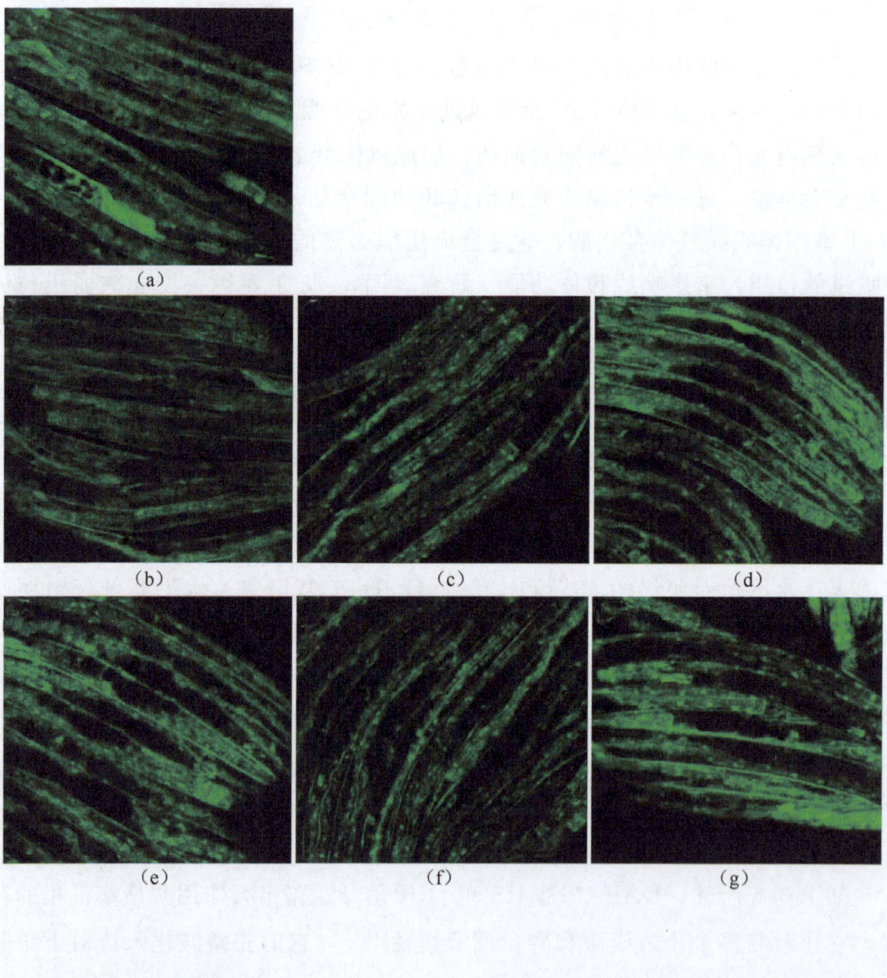

(a)

(b) (c) (d)

(e) (f) (g)

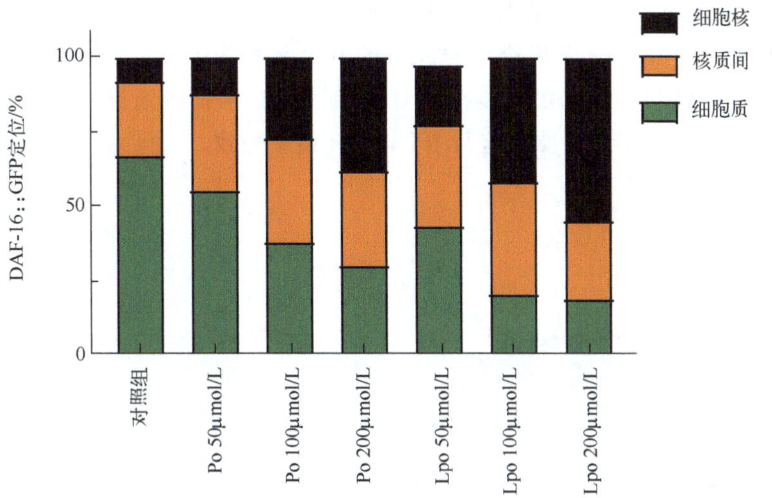

(h)

图 7-13 白藜芦醇苷和月桂酰白藜芦醇苷对 DAF-16 核定位的影响（$p<0.05$）

(a) 对照组；(b)～(d) 分别为 50μmol/L、100μmol/L 和 200μmol/L 白藜芦醇苷作用组；

(e)～(g) 分别为 50μmol/L、100μmol/L 和 200μmol/L 月桂酰白藜芦醇苷作用组；

(h) 不同作用组的 DAF-16 核定位比较

7.3.10 白藜芦醇苷和月桂酰白藜芦醇苷对 *jnk-7*（*gk7*）突变株线虫寿命的影响

如 7.3.8 所述，*jnk-1* 基因正向调节 DAF-16，能直接磷酸化激活 DAF-16 并促进其核易位，且它是一个压力（包括 ROS、炎症和 UV）响应基因，对压力抗性和寿命调节具有重要作用[371,399]。如图 7-14 和表 7-7 所示，白藜芦醇苷和月桂酰白藜芦醇苷对 *jnk-7*(*gk7*) 突变株线虫的寿命无显著影响，这表明白藜芦醇苷和月桂酰白藜芦醇苷对野生型 N_2 线虫寿命的调节需要 *jnk-1* 基因的参与，它在环境压力抵抗中发挥重要作用。

7.3.11 白藜芦醇苷和月桂酰白藜芦醇苷对 *daf-2*（*e 1370*）突变株线虫寿命的影响

如 7.3.8 所述，DAF-2 是胰岛素信号通路的起始，作为与胰岛素结合的唯一受体，它的激活或高表达负调节 DAF-16 的活性，加速线虫的衰老。如

图 7-15 和表 7-8 所示，对照组中 *daf-2*（*e1370*）突变株的平均寿命达到 35.94d，这表明 *daf-2* 基因突变株的模型成立。然而，白藜芦醇苷和月桂酰白藜芦醇苷对 *daf-2* 基因突变株线虫的寿命无显著影响，延寿作用消失。这表明白藜芦醇苷和月桂酰白藜芦醇苷激活了胰岛素信号通路，*daf-2* 基因的抑制对延寿作用十分重要，这与 RT-qPCR 结果一致。

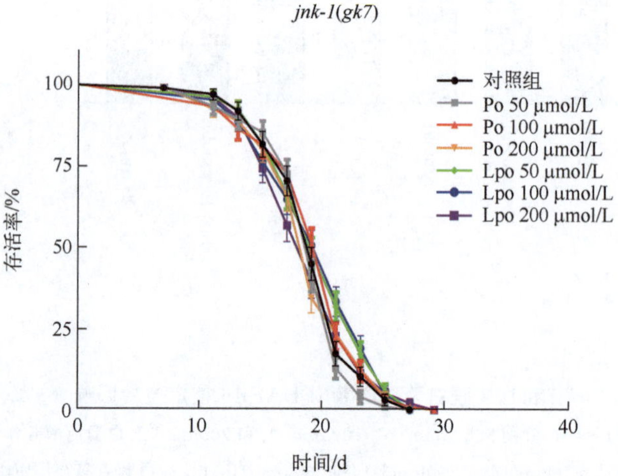

图 7-14　白藜芦醇苷和月桂酰白藜芦醇苷对 *jnk-1*（*gk7*）突变株线虫寿命的影响

表 7-7　白藜芦醇苷和月桂酰白藜芦醇苷对 *jnk-1*（*gk7*）突变株线虫寿命的影响（$p<0.05$）

组别		数量	平均寿命/d	与对照相比/%	最长寿命/d
	对照	98	19.28±0.35a	100.0	27
白藜芦醇苷/(μmol/L)	50	102	18.94±0.44a	98.2	27
	100	102	19.45±0.40a	100.9	29
	200	105	19.19±0.43a	99.5	27
月桂酰白藜芦醇苷/(μmol/L)	50	104	19.79±0.52a	102.6	27
	100	105	19.65±0.34a	101.9	27
	200	97	18.90±0.38a	98.0	29

注：每组中每列数据中的不同英文字母表示两个值之间存在显著性差异（$p<0.05$）。

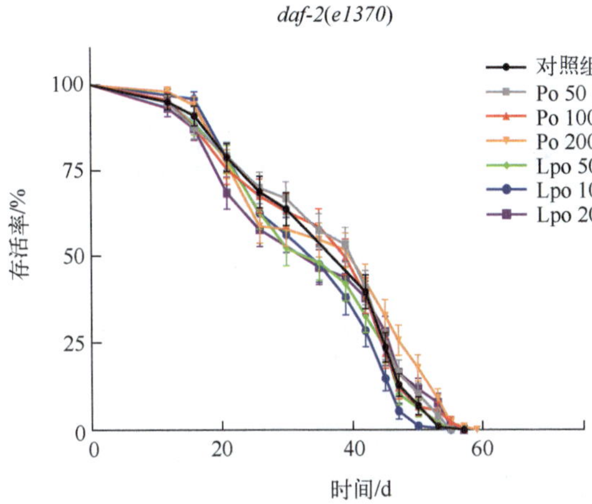

图 7-15 白藜芦醇苷和月桂酰白藜芦醇苷对 *daf-2*(*e1370*) 突变株线虫寿命的影响

表 7-8 白藜芦醇苷和月桂酰白藜芦醇苷对 *daf-2*（*e 1370*）突变株线虫寿命的影响（$p<0.05$）

组别		数量	平均寿命/d	与对照相比/%	最长寿命/d
	对照	100	35.94±0.80a	100.0	57
白藜芦醇苷/(μmol/L)	50	97	36.83±0.54a	102.5	55
	100	90	36.06±0.41a	100.3	57
	200	100	37.01±0.63a	103.0	59
月桂酰白藜芦醇苷/(μmol/L)	50	97	35.66±0.62a	99.2	55
	100	94	34.28±0.75a	95.3	55
	200	102	35.37±0.57a	98.4	57

注：每组中每列数据中的不同英文字母表示两个值之间存在显著性差异（$p<0.05$）。

7.3.12 白藜芦醇苷和月桂酰白藜芦醇苷对 age-1（hx546）突变株线虫寿命的影响

IIS 信号通路中 AGE-1 受到上游 DAF-2 磷酸化激活，进一步调控下游基因，抑制 DAF-16 进入细胞核和对下游基因的激活。如图 7-16 和表 7-9 所示，*age-1*(*hx546*) 突变株线虫平均寿命达到 32.63d，这表明 *age-1* 基因突变株的模型成立。*age-1* 基因缺失造成野生型线虫的寿命延长，然而，白藜芦醇苷和月桂酰白藜芦醇苷对 *age-1* 突变线虫的寿命没有延长作用。这表明 *age-1* 基因参与胰岛素信号通路的调控，白藜芦醇苷和月桂酰白藜芦醇苷通过下调 *age-1* 基因表达发挥延长线虫寿命的作用。

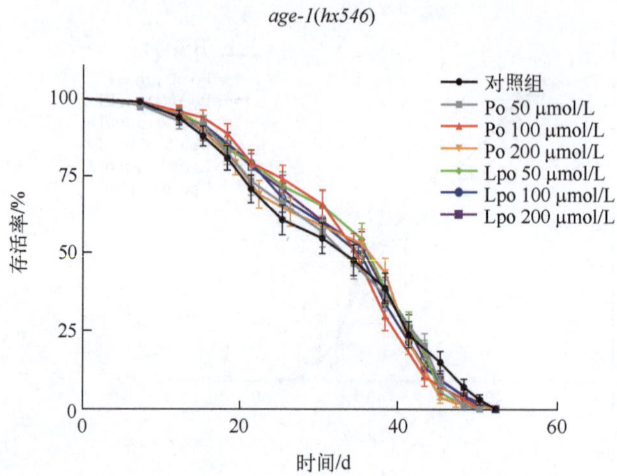

图 7-16　白藜芦醇苷和月桂酰白藜芦醇苷对 *age-1*(*hx546*) 突变株线虫寿命的影响

表 7-9　白藜芦醇苷和月桂酰白藜芦醇苷对 *age-1*（*hx546*）突变株线虫寿命的影响（$p<0.05$）

组别		数量	平均寿命/d	与对照相比/%	最长寿命/d
	对照	100	32.63±0.37a	100.0	52
白藜芦醇苷/(μmol/L)	50	98	32.85±0.60a	100.7	50
	100	97	33.87±0.40a	103.8	50
	200	107	33.20±0.70a	101.7	52
月桂酰白藜芦醇苷/(μmol/L)	50	97	34.03±0.58a	104.3	50
	100	94	33.22±0.44a	101.7	52
	200	102	33.66±0.65a	103.1	52

注：每组中每列数据中的不同英文字母表示两个值之间存在显著性差异（$p<0.05$）。

7.3.13　白藜芦醇苷和月桂酰白藜芦醇苷对 *daf-16*（*mu 86*）突变株线虫寿命的影响

RT-qPCR 检测和 DAF-16∷GFP 核定位的结果表明，DAF-16 高表达和激活后入核对线虫寿命的延长发挥重要作用，DAF-16 低表达或被抑制会显著缩短线虫的寿命[401]。如图 7-17 和表 7-10 所示，*daf-16* 基因突变株的平均寿命仅为 13.65d，这表明 *daf-16* 基因突变株的模型成立。然而，白藜芦醇苷和月桂酰白藜芦醇苷对 *daf-16* 基因突变株线虫的寿命无显著影响，这表明 *daf-16* 基因在野生型线虫的寿命延长中发挥关键作用。

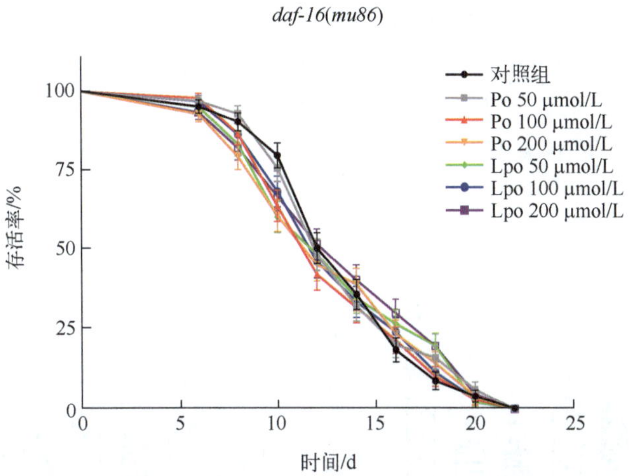

图 7-17　白藜芦醇苷和月桂酰白藜芦醇苷对 *daf-16*(*mu86*) 突变株线虫寿命的影响

表 7-10　白藜芦醇苷和月桂酰白藜芦醇苷对 *daf-16*（*mu86*）突变株线虫寿命的影响（$p<0.05$）

化合物		数量	平均寿命/d	与对照相比/%	最长寿命/d
白藜芦醇苷/(μmol/L)	对照	103	13.65±0.26a	100.0	22
	50	99	13.78±0.49a	101.0	22
	100	97	13.15±0.37a	96.3	22
	200	97	13.20±0.38a	96.7	22
月桂酰白藜芦醇苷/(μmol/L)	50	101	13.41±0.44a	98.2	22
	100	95	13.41±0.31a	98.2	22
	200	106	13.79±0.55a	101.0	22

注：每组中每列数据中的不同英文字母表示两者之间存在显著性差异（$p<0.05$）。

7.3.14　白藜芦醇苷和月桂酰白藜芦醇苷对 *daf-16* 下游基因的影响

ctl-1 和 *dod-17* 是 *daf-16* 调控的下游基因，*ctl-1* 是过氧化氢酶基因，它的激活能够阻止氧化应激损伤；*dod-17* 是功能未知的基因，*daf-16* 的激活会抑制 *dod-17* 的表达，它们都对线虫的寿命有影响[401,421]。如图 7-18 (a)、(c) 所示，白藜芦醇苷和月桂酰白藜芦醇苷作用于野生型 N2 线虫可显

著提高 *ctl-1* 基因的表达水平，并降低 *dod-17* 基因的表达水平。相比于对照组，白藜芦醇苷和月桂酰白藜芦醇苷在 200μmol/L 作用浓度下使 *ctl-1* 基因的表达水平升高至对照组的 1.42 倍和 7.94 倍，而 *dod-17* 基因的表达水平降低至对照组的 59%和 65%。然而，白藜芦醇苷和月桂酰白藜芦醇苷作用于 *daf-16*(*mu86*) 基因突变株线虫，*ctl-1* 基因的表达水平无显著提高，*dod-17* 基因的表达水平反而升高，因此，*ctl-1* 和 *dod-17* 都参与了野生型线虫寿命的调节，*daf-16* 通过调节其下游基因 *ctl-1* 和 *dod-17* 增强线虫压力抗性，从而延缓衰老。

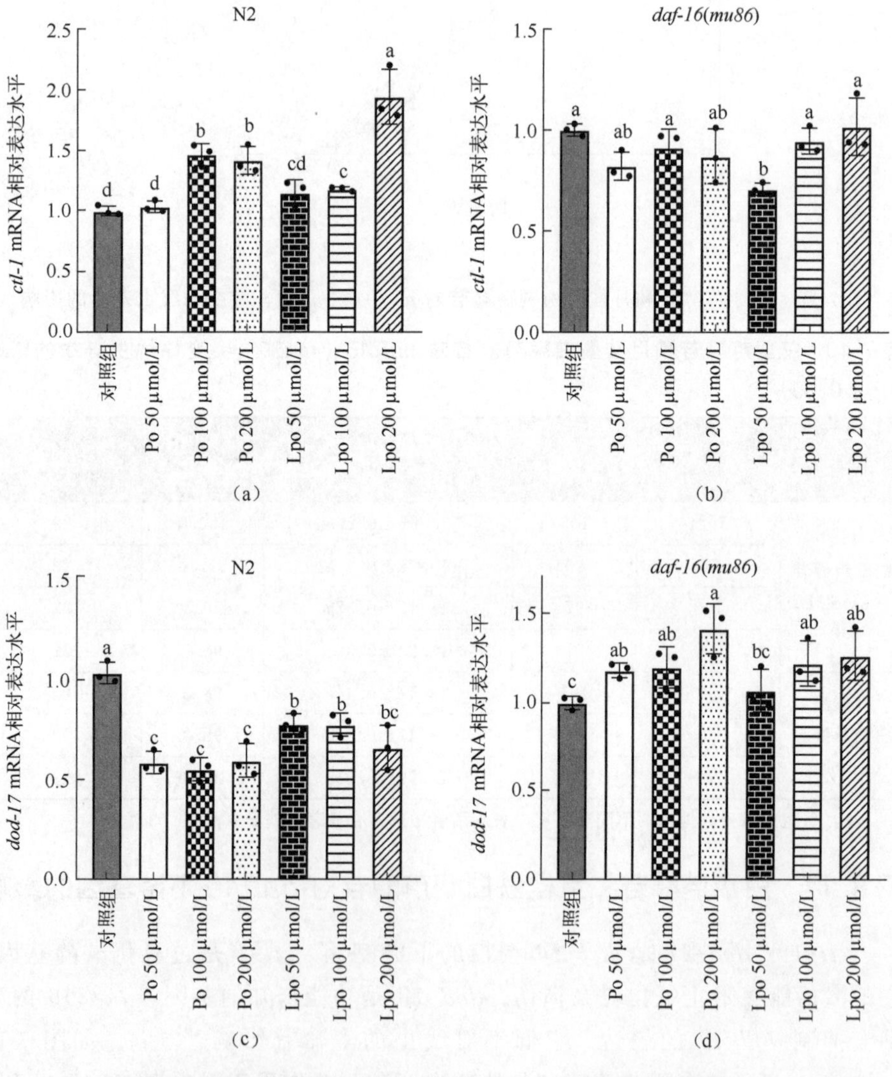

图 7-18 白藜芦醇苷和月桂酰白藜芦醇苷对线虫 *daf-16* 下游基因的影响（$p<0.05$）

7.3.15 白藜芦醇苷和月桂酰白藜芦醇苷对 skn-1（zu135）突变株线虫寿命的影响

RT-qPCR 结果显示，白藜芦醇苷和月桂酰白藜芦醇苷对野生型线虫体内 *skn-1* 基因的表达水平无显著影响。因此，探究白藜芦醇苷和月桂酰白藜芦醇苷对 *skn-1*(*zu135*) 突变株线虫寿命的影响。如图 7-19 和表 7-11 所示，对照组线虫的平均寿命为 16.89d，而白藜芦醇苷和月桂酰白藜芦醇苷能显著延长 *skn-1*(*zu135*) 突变株线虫的寿命，且呈剂量依赖性。白藜芦醇苷和月桂酰白藜芦醇苷在 200μmol/L 作用浓度下使 *skn-1*(*zu135*) 突变株线虫的寿命分别延长 9.6%和 14.5%，这表明 *skn-1* 基因不参与白藜芦醇苷和月桂酰白藜芦醇苷对野生型 N2 线虫的寿命延长作用。

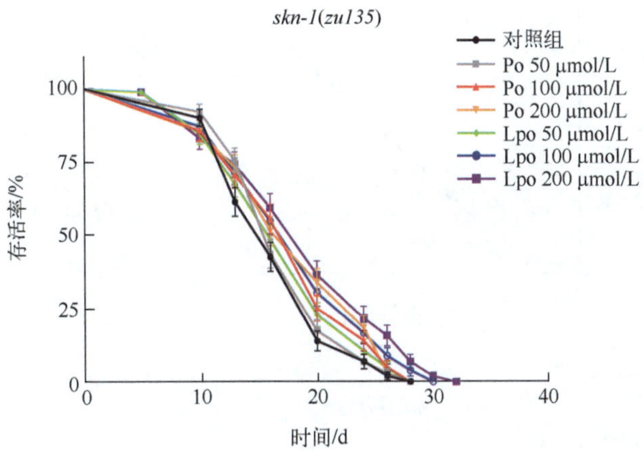

图 7-19 白藜芦醇苷和月桂酰白藜芦醇苷对 *skn-1*(*zu135*) 突变株线虫寿命的影响

表 7-11 白藜芦醇苷和月桂酰白藜芦醇苷对 skn-1（zu135）突变株线虫寿命的影响（p<0.05）

组别		数量	平均寿命/d	与对照相比/%	最长寿命/d
	对照	100	16.98±0.33a	100.0	28
白藜芦醇苷/(μmol/L)	50	98	17.68±0.37a	104.1	28
	100	97	18.31±0.25bc	107.9	28
	200	107	18.65±0.40cd	109.6	28
月桂酰白藜芦醇苷/(μmol/L)	50	97	17.57±0.36a	104.2	28
	100	94	18.76±0.49cd	110.5	30
	200	102	19.45±0.44d	114.5	32

注：每组中每列数据中的不同英文字母表示两个值之间存在显著性差异（$p<0.05$）。

7.3.16 白藜芦醇苷和月桂酰白藜芦醇苷对 skn-1（zu135）突变株线虫体内 ROS 的影响

如前所述，*skn-1* 与线虫的氧化应激密切相关，*skn-1* 的激活能上调下游靶基因 *gcs-1* 等，进而增强线虫的抗氧化应激能力，并延长寿命[408]。如图 7-20 所示，白藜芦醇苷和月桂酰白藜芦醇苷作用下，*skn-1*（*zu135*）突变株线虫体内 ROS 水平呈剂量依赖性降低，相比于对照组，白藜芦醇苷和月桂酰白藜芦醇苷在 200μmol/L 作用浓度下使 *skn-1*（*zu135*）突变株线虫体内 ROS 水平分别降至对照组的 72.0%和 44.8%，月桂酰白藜芦醇苷表现出更好的 ROS 清

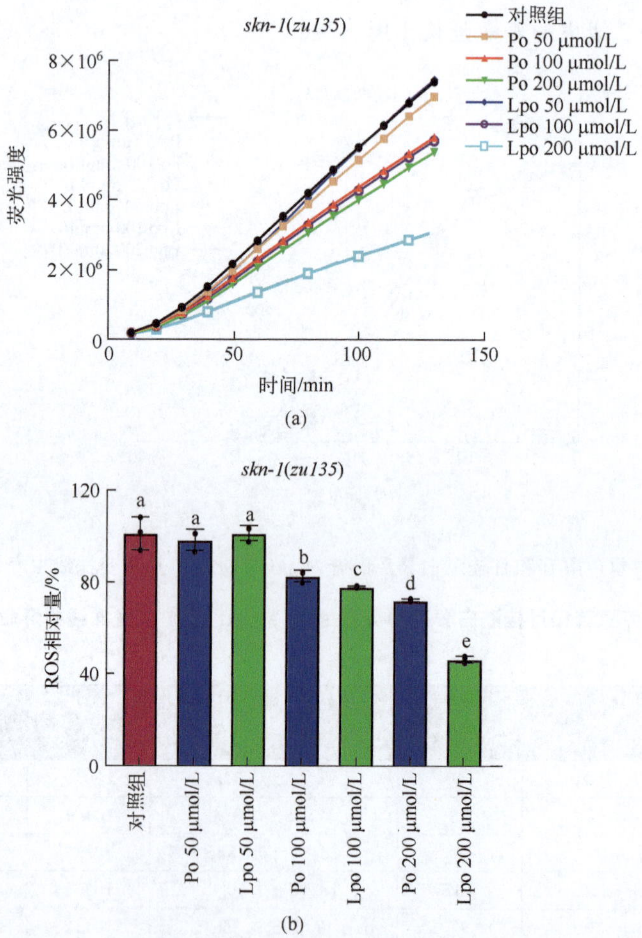

图 7-20 白藜芦醇苷和月桂酰白藜芦醇苷对 *skn-1*（*zu135*）突变株线虫体内 ROS 的影响（$p<0.05$）

除效果。因此，*skn-1* 可能不参与白藜芦醇苷和月桂酰白藜芦醇苷对线虫体内ROS的调控。综合以上结果，白藜芦醇苷和月桂酰白藜芦醇苷可能通过调节线粒体功能增强了线虫的抗应激能力，以及通过抑制胰岛素/类胰岛素生长因子信号通路（IIS），激活 c-Jun 氨基末端蛋白激酶信号通路（JNK），调控DAF-16 蛋白核易位，并激活下游基因的表达，从而发挥延长线虫寿命的作用，其作用机制如图 7-21 所示。

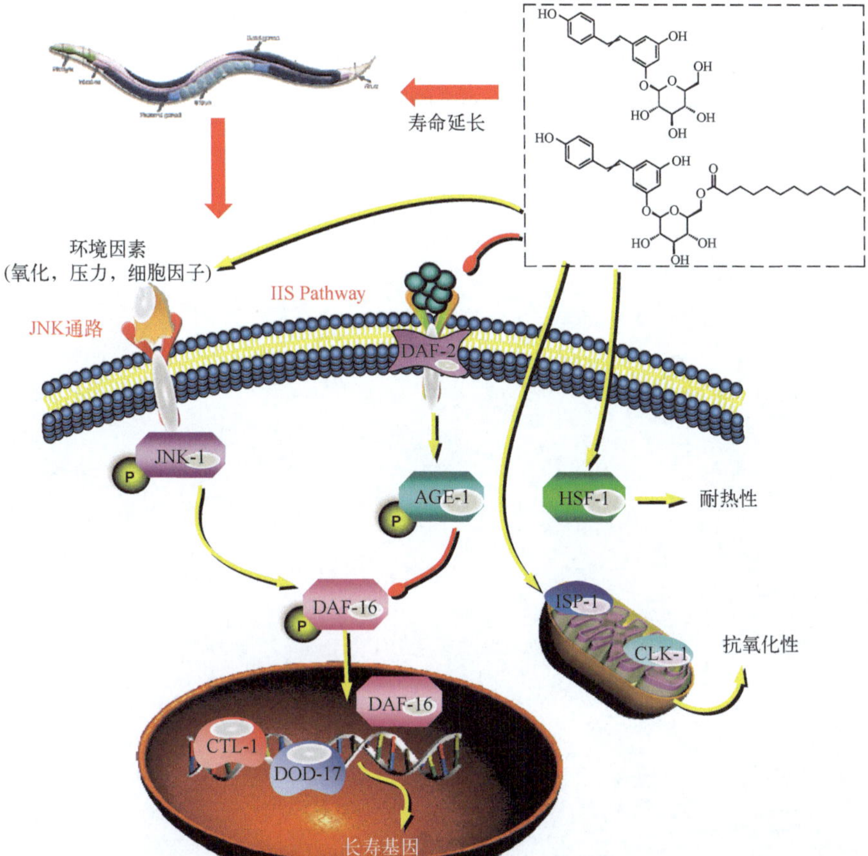

图 7-21　白藜芦醇苷和月桂酰白藜芦醇苷对线虫抗衰老的可能作用机制

7.4 小结

本章基于秀丽隐杆线虫模型，探究了酚苷化合物及其月桂酰衍生物的体内抗氧化活性，酚苷化合物及其月桂酰衍生物表现出良好的体内ROS清除活性。白藜芦醇苷和月桂酰白藜芦醇苷均能显著延长线虫的寿命，最高可延长10.5%和14.9%。白藜芦醇苷和月桂酰白藜芦醇苷延长线虫寿命的作用不以牺牲其体长和产卵量为代价，且它们能降低线虫体内脂褐素的累积。白藜芦醇苷和月桂酰白藜芦醇苷的作用能提高线虫体内SOD的酶活，降低MDA含量，并增强其对氧化应激、热激以及UV辐照损伤的抵抗力。白藜芦醇苷和月桂酰白藜芦醇苷可能通过调节线粒体功能增强线虫的抗应激能力，以及通过抑制IIS信号通路，激活JNK信号通路，调控DAF-16蛋白核易位，并激活下游基因的表达，从而发挥延长线虫寿命的作用。

第8章　结论

8.1 研究结论

利用固定化脂肪酶 Lipozyme 435 催化酚苷化合物（熊果苷、红景天苷、白藜芦醇苷和根皮苷）酰化反应，期望在不破坏酚苷化合物生物活性的前提下，提高其脂溶性和生物利用度。研究的主要结论如下：

（1）通过筛选不同来源的脂肪酶和优化反应条件，固定化脂肪酶 Lipozyme 435 在绿色溶剂 2-甲基四氢呋喃中可以高效且选择性地催化月桂酸乙烯酯和酚苷化合物的葡萄糖苷 6′/6″-OH 发生酰化反应，熊果苷、红景天苷、白藜芦醇苷和根皮苷的转化率分别高达 84.4%、99.5%、99.8% 和 89.1%，酰化衍生物分别确定为 6′-*O*-月桂酰熊果苷、6′-*O*-月桂酰红景天苷、6″-*O*-月桂酰白藜芦醇苷和 6″-*O*-月桂酰根皮苷。

（2）采用微波加热辅助固定化脂肪酶 Lipozyme 435 催化酚苷化合物和月桂酸乙烯酯的酰化反应，反应温度为 55℃，上升时间 5min，功率 500W，脂肪酶用量 20mg/mL，摩尔比 1∶50，在 2-甲基四氢呋喃中反应 240min 的转化率分别可达 96.0%、98.6%、100.0%和 97.6%。月桂酰酚苷酯衍生物的脂溶性显著增强，但抗氧化能力有所下降。月桂酰化修饰增强了酚苷化合物的细胞吸收和抗增殖活性，但也增大了其细胞毒性。

（3）白藜芦醇苷和 6″-*O*-月桂酰白藜芦醇苷展现出良好的酪氨酸酶抑制活性，熊果苷和 6′-*O*-月桂酰熊果苷仅在 10μmol/L 内表现出抑制活性，而红景天苷、根皮苷及其酰化衍生物没有表现出显著的抑制活性。白藜芦醇苷和 6″-*O*-月桂酰白藜芦醇苷分别通过可逆的非竞争性和反竞争性抑制发挥酪氨酸酶抑制作用，它们可能与酶分子的变构位点 2 非共价结合，从而诱导蛋白质的构象变化，进而抑制酪氨酸酶的催化活性。6″-*O*-月桂酰白藜芦醇苷相比白藜芦醇苷具有更好的抗褐变作用。此外，6″-*O*-月桂酰白藜芦醇苷相比白藜芦醇苷和曲酸表现出更好的胞内酪氨酸酶活性、黑色素生成和黑色素瘤细胞增殖抑制活性，这可能归因于6″-*O*-月桂酰白藜芦醇苷具有更好的细胞吸收。

(4) 白藜芦醇苷和根皮苷表现出良好的α-葡萄糖苷酶抑制活性，且6″-*O*-月桂酰白藜芦醇苷和6″-*O*-月桂酰根皮苷的抑制活性显著增强，它们的IC_{50}值分别为(70.95±1.76)μmol/L和(55.10±0.24)μmol/L，抑制能力约为阿卡波糖的35倍和45倍。6″-*O*-月桂酰白藜芦醇苷和6″-*O*-月桂酰根皮苷与α-葡萄糖苷酶有极高的亲和力，平衡解离常数(K_D)分别为7.9μmol/L和12.0μmol/L；它们通过可逆的混合型抑制发挥α-葡萄糖苷酶抑制作用，它们可能在酶分子的变构位点2与酶-底物复合物非共价结合，诱导蛋白质的构象变化，从而抑制α-葡萄糖苷酶的催化活性。此外，6″-*O*-月桂酰白藜芦醇苷和6″-*O*-月桂酰根皮苷相比根皮苷和白藜芦醇苷表现出更强的抑制葡萄糖在肠道跨膜转运的能力。

(5) 基于体外完全分化的Caco-2细胞单层转运实验，熊果苷、红景天苷和白藜芦醇苷在200μmol/L浓度下主要以主动转运方式被肠道吸收，根皮苷在跨膜转运过程中会被主动外排，跨膜转运过程与酚苷化合物的浓度有关。尽管月桂酰酚苷酯衍生物在跨膜运输中受到羧酸酯酶的大量水解，月桂酰化修饰仍提高了酚苷化合物的跨膜运输量。

(6) 基于秀丽隐杆线虫模型，酚苷化合物及其月桂酰衍生物均表现出体内抗氧化活性。白藜芦醇苷和6″-*O*-月桂酰白藜芦醇苷的作用能延长线虫寿命达10.5%和14.9%，它们能显著提高线虫对急性诱导损伤的抵抗力，降低线虫体内脂褐素的累积，且不影响线虫生理功能，如体长和繁殖力。白藜芦醇苷和6″-*O*-月桂酰白藜芦醇苷可能通过调节线粒体功能提高线虫的抗逆性，并且通过抑制IIS信号通路、激活JNK信号通路调控DAF-16蛋白核易位，从而发挥延长线虫寿命的作用。

综上所述，本研究采用一种绿色、高效且区域选择性强的脂肪酶催化酰化方法合成酚苷酯衍生物，其表现出更好的脂溶性、肠道吸收性和生物活性，这对提高酚苷化合物的生物利用度和扩大其在食品、医药和化妆品领域的应用具有重要的理论指导意义。

8.2 研究创新点

(1) 本研究提出了一种绿色、高效的微波辅助脂肪酶Lipozyme 435催化合成脂溶性的 6′-*O*-月桂酰熊果苷、6′-*O*-月桂酰红景天苷、6″-*O*-月桂酰白藜芦醇苷和 6″-*O*-月桂酰根皮苷衍生物的方法，这不仅改善了酚苷化合物在脂溶性体系的应用，也为糖苷酯类化合物的绿色合成提供了理论指导。

（2）本研究借助体外构建分化的 Caco-2 细胞单层模型探究了 6′-*O*-月桂酰熊果苷、6′-*O*-月桂酰红景天苷、6″-*O*-月桂酰白藜芦醇苷和 6″-*O*-月桂酰根皮苷衍生物的肠道渗透特性，并通过体外化学、细胞和秀丽隐杆线虫模型等实验探究了酚苷酯衍生物的生物活性，不仅揭示了酚苷化合物及其衍生物的肠道吸收机制，也证实了酚苷酯衍生物更高的体内生物利用度。

8.3 研究的不足与对未来工作的建议

基于有限的研究工作，要进一步提高活性酚苷化合物的生物利用度和扩大其实际应用场景，后续应按如下方面开展研究工作。

（1）本研究虽然通过不同链长脂肪酸乙烯酯对酚苷化合物转化率的影响筛选了月桂酸乙烯酯作为酰基供体，但是缺乏对不同类型酰基供体的研究。因此，后续可以采用芳香酸或多不饱和脂肪酸作为酰基供体，以合成新型的酚苷酯衍生物，并探究其性质。

（2）本研究虽然探究了酚苷酯衍生物基于 Caco-2 细胞单层模型的肠道渗透特性，但是缺乏体内肠道吸收和代谢的实验，后续可以采用动物模型进行酚苷酯衍生物的药代动力学研究；此外，酚苷酯衍生物在肠道经受羧酸酯酶的广泛水解，后续可以通过构建纳米递送体系实现酚苷酯化合物的靶向释放。

（3）本研究虽然探究了白藜芦醇苷、根皮苷、6″-*O*-月桂酰白藜芦醇苷和 6″-*O*-月桂酰根皮苷对 α-葡萄糖苷酶和肠道葡萄糖吸收的抑制活性，但是缺乏体内实验数据，因此，后续可以采用动物模型探究脂溶性 6″-*O*-月桂酰白藜芦醇苷和 6″-*O*-月桂酰根皮苷的降血糖作用。

参考文献

[1] 田明，王玉伟，冯军，等. 保健食品及相关食品典型案例分析. 中国食品学报，2024，24(01)：487-496.

[2] Liu R H. Health benefits of fruit and vegetables are from additive and synergistic combinations of phytochemicals23. The American Journal of Clinical Nutrition，2003，78(3)：517S-520S.

[3] Hooper L，Kroon P A，Rimm E B，et al. Flavonoids，flavonoid-rich foods，and cardiovascular risk：a meta-analysis of randomized controlled trials1. The American Journal of Clinical Nutrition，2008，88(1)：38-50.

[4] Chen H，Liu R H. Potential mechanisms of action of dietary phytochemicals for cancer prevention by targeting cellular signaling transduction pathways. Journal of Agricultural and Food Chemistry，2018，66(13)：3260-3276.

[5] Liu R H. Dietary bioactive compounds and their health implications. Journal of Food Science，2013，78(s1)：A18-A25.

[6] Nascimento A L A A，Borges L L R. Fernandes J G，et al. Exploring strategies to enhance anthocyanin bioavailability and bioaccessibility in food：A literature review. Food Bioscience，2023，56：103388.

[7] Rahimi P，Abedimanesh S，Mesbah-Namin S A，et al. Betalains，the nature-inspired pigments，in health and diseases. Critical Reviews in Food Science and Nutrition，2019，59(18)：2949-2978.

[8] Li C，Dai T，Chen J，et al. Modification of flavonoids：methods and influences on biological activities. Critical Reviews in Food Science and Nutrition，2023，63(31)：10637-10658.

[9] Liu R H. Health-promoting components of fruits and vegetables in the diet. Advances in Nutrition，2013，4(3)：384S-392S.

[10] Zhao Z，Yan H，Zheng R，et al. Anthocyanins characterization and antioxidant activities of sugarcane（*Saccharum officinarum L.*）rind extracts. Industrial Crops and Products，2018，113：38-45.

[11] Zheng R，Su S，Zhou H，et al. Antioxidant/antihyperglycemic activity of phenolics from sugarcane（*Saccharum officinarum L.*）bagasse and identification by UHPLC-HR-TOFMS. Industrial Crops and Products，2017，101：104-114.

[12] Zheng R，Su S，Li J，et al. Recovery of phenolics from the ethanolic extract of sugarcane（*Saccharum officinarum L.*）bagasse and evaluation of the antioxidant and antiproliferative activities. Industrial Crops and Products，2017，107：360-369.

[13] Vayndorf E M，Lee S S，Liu R H. Whole apple extracts increase lifespan，healthspan and resistance to stress in *Caenorhabditis elegans*. Journal of Functional Foods，2013，5(3)：1235-1243.

[14] Guan Y，Ning Y，Xu Z，et al. Chondroitin sulfate and chitosan-

coated liposomes as a novel delivery system for betanin: Preparation, characterization and in vitro digestion behavior. International Journal of Biological Macromolecules, 2024, 254:128001.

[15] Xu Z, Wang C, Yan H, et al. Influence of phenolic acids/aldehydes on color intensification of cyanidin-3-*O*-glucoside, the main anthocyanin in sugarcane(*Saccharum officinarum L.*). Food Chemistry, 2022, 373:131396.

[16] Carreón-Hidalgo J P, Franco-Vásquez D C, Gómez-Linton D R, et al. Betalain plant sources, biosynthesis, extraction, stability enhancement methods, bioactivity, and applications. Food Research International, 2022, 151:110821.

[17] Cao S-L, Deng X, Xu P, et al. Highly efficient enzymatic acylation of dihydromyricetin by the immobilized lipase with deep eutectic solvents as cosolvent. Journal of Agricultural and Food Chemistry, 2017, 65(10):2084-2088.

[18] Zhang M, Xin X, Lai F, et al. Cellular transport of esculin and its acylated derivatives in Caco-2 cell monolayers and their antioxidant properties *in vitro*. Journal of Agricultural and Food Chemistry, 2017, 65(34):7424-7432.

[19] Yan Z, Li C, Zhang L, et al. Enzymatic acylation of anthocyanin isolated from black rice with methyl aromatic acid ester as donor: stability of the acylated derivatives. Journal of Agricultural and Food Chemistry, 2016, 64(5):1137-1143.

[20] Chen Y, Liu J, Geng S, et al. Lipase-catalyzed synthesis mechanism of tri-acetylated phloridzin and its antiproliferative activity against HepG2 cancer cells. Food Chemistry, 2019, 277:186-194.

[21] Xu J, Qian J, Li S. Enzymatic acylation of isoorientin isolated from antioxidant of bamboo leaves with palmitic acid and antiradical activity of the acylated derivatives. European Food Research and Technology, 2014, 239(4):661-667.

[22] Zhang P, Liu S, Zhao Z, et al. Enzymatic acylation of cyanidin-3-glucoside with fatty acid methyl esters improves stability and antioxidant activity. Food Chemistry, 2021, 343:128482.

[23] 王俊林,张炜,尚宇欣,等.藏药肉果草中1对新的木脂素苷.中草药,2023,54(10):3049-3053.

[24] 郭娜,朱美宣,韩雪娇,等.酚苷类药物肠吸收动力学研究进展.中国生化药物杂志,2014,34(03):180-184.

[25] 张森.圆锥绣球提取物总香豆素苷治疗急慢性肾损伤的药效和作用机制研究.北京:北京协和医学院,2017.

[26] 黄致用.大黄蒽醌苷的提取纯化、降血糖及其作用机制初探.杭州:浙江中医药大学,2024.

[27] 冯尧,杨金会,郭冬冬,等.两个天然查尔酮苷的全合成.合成

化学,2014,22(05):638-642.

[28] Xie L,Deng Z,Zhang J,et al. Comparison of flavonoid *O*-glycoside,*C*-glycoside and their aglycones on antioxidant capacity and metabolism during *in vitro* digestion and *in vivo*. Foods,2022,11(6):882.

[29] Tang R,He Y,Fan K. Recent advances in stability improvement of anthocyanins by efficient methods and its application in food intelligent packaging: A review. Food Bioscience, 2023,56:103164.

[30] 田瑛,刘细桥,董俊兴.中药地锦草芹菜素糖苷类化合物.药学学报,2009,44(05):496-499.

[31] Valentová K,Vrba J,Bancířová M,et al. Isoquercitrin: pharmacology, toxicology, and metabolism. Food and Chemical Toxicology,2014,68:267-282.

[32] Katayama S,Ohno F,Mitani T,et al. Rutinosylated ferulic acid attenuates food allergic response and colitis by upregulating regulatory T cells in mouse models. Journal of Agricultural and Food Chemistry,2017,65(49):10730-10737.

[33] Katayama S,Ohno F,Yamauchi Y,et al. Enzymatic synthesis of novel phenol acid rutinosides using rutinase and their antiviral activity *in vitro*. Journal of Agricultural and Food Chemistry,2013,61(40):9617-9622.

[34] Lee H-J,Kim K-W. Anti-inflammatory effects of arbutin in lipopolysaccharide-stimulated BV2 microglial cells. Inflammation Research,2012,61(8):817-825.

[35] Li J,Zhang J,Zhu Y,et al. Natural compounds,optimal combination of brusatol and polydatin promote anti-tumor effect in breast cancer by targeting Nrf2 signaling pathway. International Journal of Molecular Sciences,2023,24(9):8265.

[36] Wang Z,Gao Z,Wang A,et al. Comparative oral and intravenous pharmacokinetics of phlorizin in rats having type 2 diabetes and in normal rats based on phase Ⅱ metabolism. Food & Function,2019,10(3):1582-1594.

[37] He H,Qiu J,Huang H,et al. Solubility behavior and polymorphism of β-arbutin in pure and binary solvent systems. Journal of Chemical & Engineering Data, 2020, 65 (9): 4523-4535.

[38] Avonto C,Wang Y-H,Avula B,et al. Comparative studies on the chemical and enzymatic stability of alpha-and beta-arbutin. International Journal of Cosmetic Science, 2016, 38(2): 187-193.

[39] Migas P,Krauze-Baranowska M. The significance of arbutin and its derivatives in therapy and cosmetics. Phytochemistry Letters,2015,13:35-40.

[40] Takebayashi J, Ishii R, Chen J, et al. Reassessment of antioxidant activity of arbutin: multifaceted evaluation using five antioxidant assay systems. Free Radical Research, 2010, 44(4): 473-478.

[41] Bonifacio M A, Cerqueni G, Cometa S, et al. Insights into arbutin effects on bone cells: towards the development of antioxidant titanium implants. Antioxidants, 2020, 9(7): 579.

[42] Dastan Z, Pouramir M, Ghasemi-Kasman M, et al. Arbutin reduces cognitive deficit and oxidative stress in animal model of Alzheimer's disease. International Journal of Neuroscience, 2019, 129: 1145-1153.

[43] Nahar L, Al-Groshi A, Kumar A, et al. Arbutin: occurrence in plants, and its potential as an anticancer agent. Molecules, 2022, 27(24): 8786.

[44] Hazman Ö, SarIova A, Bozkurt M F, et al. The anticarcinogen activity of β-arbutin on MCF-7 cells: stimulation of apoptosis through estrogen receptor-α signal pathway, inflammation and genotoxicity. Molecular and Cellular Biochemistry, 2021, 476(1): 349-360.

[45] Wang C-Q, Wang X-M, Li B-L, et al. Arbutin suppresses osteosarcoma progression via miR-338-3p/MTHFD1L and inactivation of the AKT/mTOR pathway. FEBS Open Bio, 2021, 11(1): 289-299.

[46] Luvián-Morales J, Varela-Castillo F O, Flores-Cisneros L, et al. Functional foods modulating inflammation and metabolism in chronic diseases: a systematic review. Critical Reviews in Food Science and Nutrition, 2022, 62(16): 4371-4392.

[47] Alruhaimi R S. Protective effect of arbutin against cyclophosphamide-induced oxidative stress, inflammation, and hepatotoxicity via Nrf2/HO-1 pathway in rats. Environmental Science and Pollution Research, 2023, 30(26): 68101-68110.

[48] Zhang B, Zeng M, Li B, et al. Arbutin attenuates LPS-induced acute kidney injury by inhibiting inflammation and apoptosis via the PI3K/Akt/Nrf2 pathway. Phytomedicine, 2021, 82: 153466.

[49] Demir E A, Demir S, Kazaz I O, et al. Arbutin abrogates testicular ischemia/reperfusion injury in rats through repression of inflammation and ER stress. Tissue and Cell, 2023, 82: 102056.

[50] Jurica K, Gobin I, Kremer D, et al. Arbutin and its metabolite hydroquinone as the main factors in the antimicrobial effect of strawberry tree(*Arbutus unedo L.*) leaves. Journal of Herbal Medicine, 2017, 8: 17-23.

[51] Ma C, He N, Zhao Y, et al. Antimicrobial mechanism of hydroquinone. Applied Biochemistry and Biotechnology,

2019,189(4):1291-1303.

[52] Cela-López J M,Camacho Roldán C J,Gómez-Lizarraga G,et al. A natural alternative treatment for urinary tract infections: Itxasol ©, the importance of the formulation. Molecules,2021,26(15):4564.

[53] Boo Y C. Arbutin as a skin depigmenting agent with antimelanogenic and antioxidant properties. Antioxidants, 2021, 10(7):1129.

[54] Avcil M,Akman G,Klokkers J,et al. Clinical efficacy of dissolvable microneedles armed with anti-melanogenic compounds to counter hyperpigmentation. Journal of Cosmetic Dermatology,2021,20(2):605-614.

[55] Pillaiyar T, Manickam M, Namasivayam V. Skin whitening agents: medicinal chemistry perspective of tyrosinase inhibitors. Journal of Enzyme Inhibition and Medicinal Chemistry, 2017,32(1):403-425.

[56] Wang W,Gao Y,Wang W,et al. Kojic acid showed consistent inhibitory activity on tyrosinase from mushroom and in cultured B16F10 cells compared with arbutins. Antioxidants, 2022,11(3):502.

[57] Hu Z-M,Zhou Q,Lei T-C,et al. Effects of hydroquinone and its glucoside derivatives on melanogenesis and antioxidation: biosafety as skin whitening agents. Journal of Dermatological Science,2009,55(3):179-184.

[58] 芦琳琳.红景天苷的抗衰老作用:口服红景天苷改善老龄大鼠免疫反应和增强谷氨酰半胱氨酸连接酶活性.青岛:中国海洋大学,2014.

[59] 张定然.红景天苷对小鼠脂质沉积和炎症反应的调控机制研究.武汉:华中农业大学,2023.

[60] Zhang X,Xie L,Long J,et al. Salidroside: A review of its recent advances in synthetic pathways and pharmacological properties. Chemico-Biological Interactions,2021,339:109268.

[61] Zhu Y, Zhang Y-J, Liu W-W, et al. Salidroside Suppresses HUVECs Cell Injury Induced by Oxidative Stress through Activating the Nrf2 Signaling Pathway. Molecules, 2016, 21(8):1033.

[62] Guan S,Wang W,Lu J,et al. Salidroside attenuates hydrogen peroxide-induced cell damage through a cAMP-dependent pathway. Molecules,2011,16(4):3371-3379.

[63] Xiao L,Li H,Zhang J,et al. Salidroside protects *Caenorhabditis elegans* neurons from polyglutamine-mediated toxicity by reducing oxidative stress. Molecules, 2014, 19(6): 7757-7769.

[64] Hu X,Lin S,Yu D,et al. A preliminary study: the anti-prolif-

eration effect of salidroside on different human cancer cell lines. Cell Biology and Toxicology,2010,26(6):499-507.

[65] Sun C,Wang Z,Zheng Q,et al. Salidroside inhibits migration and invasion of human fibrosarcoma HT1080 cells. Phytomedicine,2012,19(3):355-363.

[66] Wang J,Li J Z,Lu A X,et al. Anticancer effect of salidroside on A549 lung cancer cells through inhibition of oxidative stress and phospho-p38 expression. Oncol Lett,2014,7(4):1159-1164.

[67] Guan S,Feng H,Song B,et al. Salidroside attenuates LPS-induced pro-inflammatory cytokine responses and improves survival in murine endotoxemia. Int Immunopharmacol,2011,11(12):2194-2199.

[68] Li D,Fu Y,Zhang W,et al. Salidroside attenuates inflammatory responses by suppressing nuclear factor-κB and mitogen activated protein kinases activation in lipopolysaccharide-induced mastitis in mice. Inflammation Research, 2013, 62(1):9-15.

[69] Zhang J,Zhen Y-f,Pu-Bu-Ci-Ren,et al. Salidroside attenuates beta amyloid-induced cognitive deficits *via* modulating oxidative stress and inflammatory mediators in rat hippocampus. Behavioural Brain Research,2013,244:70-81.

[70] Zhang B,Wang Y,Li H,et al. Neuroprotective effects of salidroside through PI3K/Akt pathway activation in Alzheimer's disease models. Drug Des Devel Ther,2016,10:1335-43.

[71] Li Q-Y,Wang H-M,Wang Z-Q,et al. Salidroside attenuates hypoxia-induced abnormal processing of amyloid precursor protein by decreasing BACE1 expression in SH-SY5Y cells. Neuroscience Letters,2010,481(3):154-158.

[72] Zhao H-B,Qi S-N,Dong J-Z,et al. Salidroside induces neuronal differentiation of mouse mesenchymal stem cells through Notch and BMP signaling pathways. Food and Chemical Toxicology,2014,71:60-67.

[73] 黄炳旭. 虎杖苷在帕金森病大鼠模型中的神经保护作用及其机制. 长春:吉林大学,2022.

[74] Uesugi D,Hamada H,Shimoda K,et al. Synthesis,oxygen radical absorbance capacity,and tyrosinase inhibitory activity of glycosides of resveratrol, pterostilbene, and pinostilbene. Bioscience,Biotechnology,and Biochemistry,2017,81(2):226-230.

[75] Xu L-Q,Xie Y-L,Gui S-H,et al. Polydatin attenuates d-galactose-induced liver and brain damage through its anti-oxidative, anti-inflammatory and anti-apoptotic effects in mice. Food & Function,2016,7(11):4545-4555.

[76] Liu Y-H,Huang Q-H,Xu L-Q,et al. Polydatin protects against

acetaminophen-induced hepatotoxicity in mice via anti-oxidative and anti-apoptotic activities. Food & Function, 2018,9(11):5891-5902.

[77] Chen Q, Zeng Y-N, Zhang K, et al. Polydatin increases radiosensitivity by inducing apoptosis of stem cells in colorectal cancer. International Journal of Biological Sciences, 2019, 15 (2):430-440.

[78] Karami A, Fakhri S, Kooshki L, et al. Polydatin: pharmacological mechanisms, therapeutic targets, biological activities, and health benefits. Molecules, 2022, 27(19):6474.

[79] Mele L, Paino F, Papaccio F, et al. A new inhibitor of glucose-6-phosphate dehydrogenase blocks pentose phosphate pathway and suppresses malignant proliferation and metastasis in vivo. Cell Death & Disease, 2018, 9(5):572.

[80] Jiang C-q, Ma L-l, Lv Z-d, et al. Polydatin induces apoptosis and autophagy *via* STAT3 signaling in human osteosarcoma MG-63 cells. Journal of Natural Medicines, 2020, 74 (3): 533-544.

[81] Xu G, Kuang G, Jiang W, et al. Polydatin promotes apoptosis through upregulation the ratio of Bax/Bcl-2 and inhibits proliferation by attenuating the β-catenin signaling in human osteosarcoma cells. American journal of translational research, 2016. 8 2. 922-31.

[82] Furman D, Campisi J, Verdin E, et al. Chronic inflammation in the etiology of disease across the life span. Nature Medicine, 2019, 25(12):1822-1832.

[83] Zhao G, Jiang K, Wu H, et al. Polydatin reduces *Staphylococcus aureus* lipoteichoic acid-induced injury by attenuating reactive oxygen species generation and TLR2-NFκB signalling. Journal of Cellular and Molecular Medicine, 2017, 21 (11):2796-2808.

[84] Chen G, Yang Z, Wen D, et al. Polydatin has anti-inflammatory and antioxidant effects in LPS-induced macrophages and improves DSS-induced mice colitis. Immunity, Inflammation and Disease, 2021, 9(3):959-970.

[85] Chen L, Lan Z, Lin Q, et al. Polydatin ameliorates renal injury by attenuating oxidative stress-related inflammatory responses in fructose-induced urate nephropathic mice. Food and Chemical Toxicology, 2013, 52:28-35.

[86] Donath M Y, Shoelson S E. Type 2 diabetes as an inflammatory disease. Nature Reviews Immunology, 2011, 11 (2): 98-107.

[87] Zhang Q, Tan Y, Zhang N, et al. Polydatin supplementation ameliorates diet-induced development of insulin resistance and

hepatic steatosis in rats. Mol Med Rep,2015,11(1):603-610.

[88] Wang L,Huang L,Li N,et al. Ameliorative effect of polydatin on hyperglycemia and renal injury in streptozotocin-induced diabetic rats. Cell Mol Biol(Noisy-le-grand),2019,65(7):55-59.

[89] Wang Y,Ye J,Li J,et al. Polydatin ameliorates lipid and glucose metabolism in type 2 diabetes mellitus by downregulating proprotein convertase subtilisin/kexin type 9(PCSK9). Cardiovasc Diabetol,2016,15:19.

[90] Hao J,Chen C,Huang K,et al. Polydatin improves glucose and lipid metabolism in experimental diabetes through activating the Akt signaling pathway. European Journal of Pharmacology,2014,745:152-165.

[91] 张庭静. 苹果根皮素-2′-*O*-糖基转移酶酶学特性及催化机理研究. 杨凌:西北农林科技大学,2021.

[92] Zhang T,Wei X,Miao Z,et al. Screening for antioxidant and antibacterial activities of phenolics from Golden Delicious apple pomace. Chemistry Central Journal,2016,10(1):47.

[93] Bai X,Zhang H,Ren S. Antioxidant activity and HPLC analysis of polyphenol-enriched extracts from industrial apple pomace. Journal of the Science of Food and Agriculture,2013,93(10):2502-2506.

[94] Wang H,Cheng J,Wang H,et al. Protective effect of apple phlorizin on hydrogen peroxide-induced cell damage in HepG2 cells. Journal of Food Biochemistry,2019,43(12):e13052.

[95] Wang H,Sun Z,Liu D,et al. Apple phlorizin attenuates oxidative stress in Drosophila melanogaster. Journal of Food Biochemistry,2019,43(3):e12744.

[96] Liu Y,Liu Y,Guo Y,et al. Phlorizin exerts potent effects against aging induced by d-galactose in mice and PC12 cells. Food & Function,2021,12(5):2148-2160.

[97] Jia Z,Xie Y,Wu H,et al. Phlorizin from sweet tea inhibits the progress of esophageal cancer by antagonizing the JAK2/STAT3 signaling pathway. Oncol Rep,2021,46(1):137.

[98] Wang L,Li Z-W,Zhang W,et al. Synthesis,crystal structure,and biological evaluation of a series of phloretin derivatives. Molecules,2014,19(10):16447-16457.

[99] Perumal P,Arthanari U,Sanniyasi E. Phlorizin isolated from seagrass *Syringodium isoetifolium* inhibits diethylnitrosamine and carbon tetrachloride-induced hepatocellular carcinoma in BALB/c mice. South African Journal of Botany,2023,155:1-15.

[100] Shin J W,Kundu J K,Surh Y J. Phloretin inhibits phorbol ester-induced tumor promotion and expression of cyclooxy-

genase-2 in mouse skin: extracellular signal-regulated kinase and nuclear factor-κB as potential targets. J Med Food, 2012,15(3):253-257.

[101] Najafian M, Jahromi M Z. Nowroznejhad M J, et al. Phloridzin reduces blood glucose levels and improves lipids metabolism in streptozotocin-induced diabetic rats. Molecular Biology Reports, 2012, 39(5):5299-5306.

[102] Zhang W, Chen S, Fu H, et al. Hypoglycemic and hypolipidemic activities of phlorizin from *Lithocarpus polystachyus* Rehd in diabetes rats. Food Science & Nutrition, 2021, 9(4):1989-1996.

[103] Lu W D, Li B Y, Yu F, et al. Quantitative proteomics study on the protective mechanism of phlorizin on hepatic damage in diabetic db/db mice. Mol Med Rep, 2012, 5(5):1285-1294.

[104] David-Silva A, Esteves J V, Morais M, et al. Dual SGLT1/SGLT2 inhibitor phlorizin ameliorates non-alcoholic fatty liver disease and hepatic glucose production in type 2 diabetic mice. Diabetes Metab Syndr Obes, 2020, 13:739-751.

[105] Zhang J, Li M, Zhao T, et al. E Se tea alleviates acetaminophen-induced liver injury by activating the Nrf2 signaling pathway. Food & Function, 2022, 13(13):7240-7250.

[106] 王露. 废次桑叶中高纯异槲皮苷提制工艺及其过程研究. 重庆: 重庆工商大学, 2019.

[107] Li X, Jiang Q, Wang T, et al. Comparison of the antioxidant effects of quercitrin and isoquercitrin: understanding the role of the 6-OH group. Molecules, 2016, 21(9):1246.

[108] Ahmad R, Ahmad N, Naqvi A A, et al. Antioxidant and antiglycating constituents from leaves of Ziziphus oxyphylla and Cedrela serrata. Antioxidants, 2016, 5(1):9.

[109] Jung S H, Kim B J, Lee E H, et al. Isoquercitrin is the most effective antioxidant in the plant *Thuja orientalis* and able to counteract oxidative-induced damage to a transformed cell line (RGC-5 cells). Neurochemistry International, 2010, 57(7):713-721.

[110] Magalingam K B, Radhakrishnan A, Haleagrahara N, Protective effects of flavonol isoquercitrin, against 6-hydroxy dopamine (6-OHDA)-induced toxicity in PC12 cells. BMC Research Notes, 2014, 7(1):49.

[111] Li L, Zhang X-H, Liu G-R, et al. Isoquercitrin suppresses the expression of histamine and pro-inflammatory cytokines by inhibiting the activation of MAP Kinases and NF-κB in human KU812 cells. Chinese Journal of Natural Medicines, 2016, 14(6):407-412.

[112] Lee E-H, Park H-J, Jung H-Y, et al. Isoquercitrin isolated from newly bred Green ball apple peel in lipopolysaccharide-stimulated macrophage regulates NF-κB inflammatory pathways and cytokines. 3 Biotech, 2022, 12(4): 100.

[113] Li Y, Ma Y, Yao Y, et al. Protective effect of isoquercitrin on UVB-induced injury in HaCaT cells and mice skin through anti-inflammatory, antioxidant, and regulation of MAPK and JAK2-STAT3 pathways. Photochemistry and Photobiology, 2024, 100(5): 1507-1518.

[114] Orfali G, Duarte A C, Bonadio V, et al. Review of anticancer mechanisms of isoquercitin. World J Clin Oncol, 2016, 7(2): 189-199.

[115] Fan H, Xu P, Zou B, et al. Isoquercitrin inhibits lung cancer cell growth through triggering Pyroptosis and Ferroptosis. Nutrition and Cancer, 2025, 77(2): 299-310.

[116] Won Y-S, Kim J-H, Lizardo R C M, et al. The flavonol isoquercitrin promotes mitochondrial-dependent apoptosis in SK-Mel-2 melanoma cell *via* the PI3K/AKT/mTOR pathway. Nutrients, 2020, 12(12): 3683.

[117] Zhang L, Zhang S T, Yin Y C, et al. Hypoglycemic effect and mechanism of isoquercitrin as an inhibitor of dipeptidyl peptidase-4 in type 2 diabetic mice. RSC Advances, 2018, 8(27): 14967-14974.

[118] Chen L, Shen T, Zhang C P, et al. Quercetin and isoquercitrin inhibiting hepatic gluconeogenesis through LKB1-AMPKα pathway. Acta Endocrinologica-Bucharest, 2020, 16(1): 9-14.

[119] Huang X L, He Y, Ji L L, et al. Hepatoprotective potential of isoquercitrin against type 2 diabetes-induced hepatic injury in rats. Oncotarget, 2017, 8(60): 101545-101559.

[120] Jin H-L, Feng X-Y, Feng S-L, et al. Isoquercitrin attenuates the progression of non-alcoholic steatohepatitis in mice by modulating galectin-3-mediated insulin resistance and lipid metabolism. Phytomedicine, 2024, 123: 155188.

[121] Gasparotto Junior A, Gasparotto F M, Lourenco E L B, et al. Antihypertensive effects of isoquercitrin and extracts from *Tropaeolum majus* L.: Evidence for the inhibition of angiotensin converting enzyme. Journal of Ethnopharmacology, 2011, 134(2): 363-372.

[122] Kim Y, Narayanan S, Chang K-O. Inhibition of influenza virus replication by plant-derived isoquercetin. Antiviral Research, 2010, 88(2): 227-235.

[123] 张生鹏. 芦丁/羟丙基-β-环糊精包合物的制备及其在鱼明胶膜中的应用. 无锡：江南大学，2024.

[124] 杨坤.体外研究芦丁对BHBA诱导的奶牛肝细胞损伤的修复机制.呼和浩特:内蒙古农业大学,2024.

[125] 黄鹏.LncRNA Miat/miR-129-1-3p/GRIN2D在芦丁减轻吡柔比星所致心脏毒性并增敏抗乳腺癌药效中的作用.长春:吉林大学,2024.

[126] Gullón B,Lú-Chau T A,Moreira M T,et al. Rutin:A review on extraction,identification and purification methods,biological activities and approaches to enhance its bioavailability. Trends in Food Science & Technology,2017,67:220-235.

[127] Yang J,Guo J,Yuan J. *In vitro* antioxidant properties of rutin. LWT-Food Science and Technology, 2008, 41 (6): 1060-1066.

[128] Rakshit S,Shukla P,Verma A,et al. Protective role of rutin against combined exposure to lipopolysaccharide and D-galactosamine-induced dysfunctions in liver, kidney, and brain: Hematological, biochemical, and histological evidences. Journal of Food Biochemistry,2021,45(2):e13605.

[129] Lue B-M,Nielsen N S,Jacobsen C,et al. Antioxidant properties of modified rutin esters by DPPH,reducing power,iron chelation and human low density lipoprotein assays. Food Chemistry,2010,123(2):221-230.

[130] Enogieru A B,Haylett W,Hiss D C,et al. Rutin as a potent antioxidant: implications for neurodegenerative disorders. Oxidative Medicine and Cellular Longevity, 2018, 2018 (1):6241017.

[131] Choi S-S,Park H-R,Lee K-A. A comparative study of rutin and rutin glycoside: antioxidant activity, anti-inflammatory effect,effect on platelet aggregation and blood coagulation. Antioxidants,2021,10(11):1696.

[132] Liu S,Adewole D,Yu L,et al. Rutin attenuates inflammatory responses induced by lipopolysaccharide in an *in vitro* mouse muscle cell(C2C12) model. Poultry Science,2019,98 (7):2756-2764.

[133] Hou L-S,Cui Z-Y,Sun P,et al. Rutin mitigates hepatic fibrogenesis and inflammation through targeting TLR4 and P2X7 receptor signaling pathway *in vitro* and *in vivo*. Journal of Functional Foods,2020,64:103700.

[134] Hassan A S,Soliman G M,Rutin nanocrystals with enhanced anti-inflammatory activity:preparation and *ex vivo*/*in vivo* evaluation in an inflammatory rat model. Pharmaceutics,2022, 14(12):2727.

[135] Su S,Li X,Li S,et al. Rutin protects against lipopolysaccharide-induced mastitis by inhibiting the activation of the NF-κB signaling pathway and attenuating endoplasmic reticulum

stress. Inflammopharmacology,2019,27(1):77-88.

[136] Wang L M,Du X F,Yue D M,et al. Catechin,rutin and quercetin in Quercus mongolica Fisch leaves exert inhibitory effects on multiple cancer cells. Journal of Food Biochemistry, 2022,46(12):e14486.

[137] Farha A K,Gan R-Y,Li H-B,et al. The anticancer potential of the dietary polyphenol rutin: current status, challenges, and perspectives. Critical Reviews in Food Science and Nutrition,2022,62(3):832-859.

[138] Dutta A,Gupta M L,Verma S. Podophyllotoxin and rutin in combination prevents oxidative stress mediated cell death and advances revival of mice gastrointestine following lethal radiation injury. Free Radical Research, 2018, 52 (1): 103-117.

[139] Ghorbani A. Mechanisms of antidiabetic effects of flavonoid rutin. Biomedicine & Pharmacotherapy,2017,96:305-312.

[140] Jadhav R, Puchchakayala G. Hypoglycemic and antidiabetic activity of flavonoids: boswellic acid, ellagic acid, quercetin, qutin on streptozotocin-nicotinamide induced type 2 diabetic rats. International Journal of Pharmacy and Pharmaceutical Sciences,2012,4:251-256.

[141] Li Y Q,Zhou F C,Gao F,et al. Comparative evaluation of quercetin,isoquercetin and rutin as inhibitors of α-glucosidase. Journal of Agricultural and Food Chemistry,2009,57 (24):11463-11468.

[142] Jo S-H,Ka E H,Lee H S,et al. Comparison of antioxidant potential and rat intestinal α-glucosidases inhibitory activities of quercetin, rutin, and isoquercetin. International Journal of Applied Research in Natural Products,2009,2:52-60.

[143] Ahmed O,Abdel Moneim A,Yazid I,et al. Antihyperglycemic,antihyperlipidemic and antioxidant effects and the probable mechanisms of action of Ruta graveolens infusion and rutin in nicotinamide-streptozotocin-induced diabetic rats. Diabetologia Croatica,2010,39-1:15.

[144] Prince P S M, Kamalakkannan N. Rutin improves glucose homeostasis in streptozotocin diabetic tissues by altering glycolytic and gluconeogenic enzymes. Journal of Biochemical and Molecular Toxicology,2006,20(2):96-102.

[145] Niture N T,Ansari A A,Naik S R. Anti-hyperglycemic activity of rutin in streptozotocin-induced diabetic rats: an effect mediated through cytokines,antioxidants and lipid biomarkers. Indian Journal of Experimental Biology, 2014, 52 (7): 720-727.

[146] Wang Z, Ding Z, Li Z, et al. Antioxidant and antibacterial

study of 10 flavonoids revealed rutin as a potential antibiofilm agent in *Klebsiella pneumoniae* strains isolated from hospitalized patients. Microbial Pathogenesis, 2021, 159: 105121.

[147] Almuhanna Y, Alshalani A, Alsudais H, et al. Antibacterial, antibiofilm, and wound healing activities of rutin and quercetin and their interaction with gentamicin on excision wounds in diabetic mice. Biology-Basel, 2024, 13(9): 676.

[148] Ivanov M, Novović K, Malešević M, et al. Polyphenols as inhibitors of antibiotic resistant bacteria—mechanisms underlying rutin interference with bacterial virulence. Pharmaceuticals, 2022, 15(3): 385.

[149] 王心佳，于淼，李源博，等. 芦丁与奥司他韦联合对 H1N1 流感病毒神经氨酸酶的抑制作用. 中国实验诊断学，2018，22(05)：815-819.

[150] 丁玥，曹泽彧，柯志鹏，等. 芦丁对流感病毒的体外抑制作用及其机制研究. 现代药物与临床，2015，30(12)：1431-1436.

[151] Martiniakova M, Babikova M, Mondockova V, et al. The role of macronutrients, micronutrients and flavonoid polyphenols in the prevention and treatment of osteoporosis. Nutrients, 2022, 14(3): 523.

[152] Lee H H, Jang J W, Lee J K, et al. Rutin improves bone histomorphometric values by reduction of osteoclastic activity in osteoporosis mouse model induced by bilateral ovariectomy. Journal of Korean Neurosurgical Society, 2020, 63(4): 433-443.

[153] Sitia R, Braakman I. Quality control in the endoplasmic reticulum protein factory. Nature, 2003, 426 (6968): 891-894.

[154] Wang M, Kaufman R J. The impact of the endoplasmic reticulum protein-folding environment on cancer development. Nature Reviews Cancer, 2014, 14(9): 581-597.

[155] Wang J, Wang R, Li J L, et al. Rutin alleviates cardiomyocyte injury induced by high glucose through inhibiting apoptosis and endoplasmic reticulum stress. Experimental and Therapeutic Medicine, 2021, 22(3): 944.

[156] Mostafa D G, Khaleel E F, Badi R M, et al. Rutin hydrate inhibits apoptosis in the brains of cadmium chloride-treated rats via preserving the mitochondrial integrity and inhibiting endoplasmic reticulum stress. Neurological Research, 2019, 41(7): 594-608.

[157] 张枫弋，洪仕君，赵丽萍，等. 天麻素对神经系统保护作用及其机制的研究进展. 河南科技大学学报(医学版)，2019，37(03)：236-240.

[158] Zhang J S, Zhou S F, Wang Q, et al. Gastrodin suppresses

BACE1 expression under oxidative stress condition via inhibition of the PKR/eIF2α pathway in Alzheimer' s disease. Neuroscience,2016,325:1-9.

[159] Huang L Y,Shao M H,Zhu Y. Gastrodin inhibits high glucose-induced inflammation,oxidative stress and apoptosis in podocytes by activating the AMPK/Nrf2 signaling pathway. Experimental and Therapeutic Medicine,2022,23(2):168.

[160] 尹明姬,池永学,李今子. 天麻素保护过氧化氢诱导的神经元氧化损伤的研究. 中国免疫学杂志,2020,36(15):1836-1838,1843.

[161] 黄春华,韦玲芝,钟良,等. 天麻素对缺氧缺糖星形胶质细胞氧化损伤的影响. 中国老年学杂志,2019,39(09):2211-2215.

[162] Wang X S,Tian Z,Zhang N,et al. Protective effects of gastrodin against autophagy-mediated astrocyte death. Phytotherapy Research,2016,30(3):386-396.

[163] 孙新亭,孙晓静. 天麻素对脑外伤大鼠认知功能的影响及机制研究. 中国康复医学杂志,2014,29(06):517-520,527.

[164] Wu S,Huang R,Zhang R Q,et al. Gastrodin and gastrodigenin improve energy metabolism disorders and mitochondrial dysfunction to antagonize vascular dementia. Molecules,2023,28(6):2598.

[165] 张小艳. 天麻素和天麻苷元在谷氨酸诱导的兴奋性神经损伤中的作用机制研究. 昆明:昆明理工大学,2024.

[166] Wang P H,Zhao L X,Wan J Y,et al. Pharmacological characterization of a novel gastrodin derivative as a potential anti-migraine agent. Fitoterapia,2016,109:52-57.

[167] Qiu F,Liu T T,Qu Z W,et al. Gastrodin inhibits the activity of acid-sensing ion channels in rat primary sensory neurons. European Journal of Pharmacology,2014,731:50-57.

[168] Lv H M,Liu Y Y,Zhang B X,et al. The improvement effect of gastrodin on LPS/GalN-induced fulminant hepatitis via inhibiting inflammation and apoptosis and restoring autophagy. International Immunopharmacology,2020,85:106627.

[169] Wan J,Zhang Y,Yang D,et al. Gastrodin improves nonalcoholic fatty liver disease through activation of the adenosine monophosphate-activated protein kinase signaling pathway. Hepatology,2021,74(6):3074-3090.

[170] Qian L,Yan S,Li Y,et al. The effects of gastrodin injection on hypertension: a systematic review and meta-analysis. Medicine,2020,99(27):e20936.

[171] Zaks A,Klibanov A M. Enzymatic catalysis in organic media at 100℃. Science,1984,224(4654):1249-1251.

[172] Yang M,Wu H,Lian Y,et al. Influence of organic solvents

on catalytic behaviors and cell morphology of whole-cell biocatalysts for synthesis of 5′-arabinocytosine laurate. Plos One,2014,9(8):e104847.

[173] Li X-f,Lu Z-h,Zhao G-l,et al. A facile whole-cell biocatalytic approach to regioselective synthesis of monoacylated 1-β-d-arabinofuranosylcytosine: Influence of organic solvents. Bioresource Technology,2012,114:6-11.

[174] Zhang Q,Zhang S,Deng Y. Recent advances in ionic liquid catalysis. Green Chemistry,2011,13(10):2619-2637.

[175] Lu X,Luo Z,Fu X,et al. Two-step method of enzymatic synthesis of starch laurate in ionic liquids. Journal of Agricultural and Food Chemistry,2013,61(41):9882-9891.

[176] Yang M,Wu H,Lian Y,et al. Using ionic liquids in whole-cell biocatalysis for the nucleoside acylation. Microbial Cell Factories,2014,13(1):143.

[177] Zhang Q,De Oliveira Vigier K,Royer S,et al. Deep eutectic solvents: syntheses, properties and applications. Chemical Society Reviews,2012,41(21):7108-7146.

[178] Gorke J T,Srienc F,Kazlauskas R J. Hydrolase-catalyzed biotransformations in deep eutectic solvents. Chemical Communications,2008(10):1235-1237.

[179] Zhao H,Zhang C,Crittle T D. Choline-based deep eutectic solvents for enzymatic preparation of biodiesel from soybean oil. Journal of Molecular Catalysis B: Enzymatic,2013,85-86:243-247.

[180] Durand E,Lecomte J,Baréa B,et al. Evaluation of deep eutectic solvents as new media for *Candida antarctica* B lipase catalyzed reactions. Process Biochemistry,2012,47(12):2081-2089.

[181] Gu Y,Jérôme F. Bio-based solvents:an emerging generation of fluids for the design of eco-efficient processes in catalysis and organic chemistry. Chemical Society Reviews,2013,42(24):9550-9570.

[182] Yang J,Tan J-N,Gu Y. Lactic acid as an invaluable bio-based solvent for organic reactions. Green chemistry,2012,14(12):3304-3317.

[183] Díaz-Álvarez A E,Francos J,Lastra-Barreira B,et al. Glycerol and derived solvents:new sustainable reaction media for organic synthesis. Chemical Communications,2011,47(22):6208-6227.

[184] Liaw E-T,Liu K-J. Synthesis of terpinyl acetate by lipase-catalyzed esterification in supercritical carbon dioxide. Bioresource Technology,2010,101(10):3320-3324.

[185] 陈玉峰. 7,8-DHF 吸收转运机制研究及基于纳米化技术的

生物利用度提升. 杭州：浙江大学，2022.

[186] 王波. 酪蛋白抗氧化肽结构特征对其生物利用度的影响及其跨膜转运机制的研究. 北京：中国农业大学，2017.

[187] Mendes C, Meirelles G C, Silva M A S, et al. Intestinal permeability determinants of norfloxacin in Ussing chamber model. European Journal of Pharmaceutical Sciences, 2018, 121: 236-242.

[188] Chabane M N, Al Ahmad A, Peluso J, et al. Quercetin and naringenin transport across human intestinal Caco-2 cells. Journal of Pharmacy and Pharmacology, 2009, 61(11): 1473-1483.

[189] Wu H, Long X, Yuan F, et al. Combined use of phospholipid complexes and self-emulsifying microemulsions for improving the oral absorption of a BCS class Ⅳ compound, baicalin. Acta Pharmaceutica Sinica B, 2014, 4(3): 217-226.

[190] Yee S. *In vitro* permeability across Caco-2 cells(colonic) can predict *in vivo*(Small Intestinal) absorption in man—fact or myth. Pharmaceutical Research, 1997, 14(6): 763-766.

[191] Antunes-Ricardo M, Rodríguez-Rodríguez C, Gutiérrez-Uribe J A, et al. Bioaccessibility, intestinal permeability and plasma stability of isorhamnetin glycosides from *Opuntia ficus-indica*(L.). International Journal of Molecular Sciences, 2017, 18(8): 1816.

[192] Yasuda M T, Fujita K, Hosoya T, et al. Absorption and metabolism of luteolin and its glycosides from the extract of *Chrysanthemum morifolium* Flowers in rats and Caco-2 cells. Journal of Agricultural and Food Chemistry, 2015, 63(35): 7693-7699.

[193] Chabane N M, Al Ahmad A, Peluso J, et al. Quercetin and naringenin transport across human intestinal Caco-2 cells. J Pharm Pharmacol, 2009, 61(11): 1473-1483.

[194] Tian X-J, Yang X-W, Yang X, et al. Studies of intestinal permeability of 36 flavonoids using Caco-2 cell monolayer model. International Journal of Pharmaceutics, 2009, 367(1): 58-64.

[195] Fernández-García E, Carvajal-Lérida I, Pérez-Gálvez A. *In vitro* bioaccessibility assessment as a prediction tool of nutritional efficiency. Nutrition Research, 2009, 29(11): 751-760.

[196] Meng Y, Qiu C, Li X, et al. Polysaccharide-based nano-delivery systems for encapsulation, delivery, and pH-responsive release of bioactive ingredients. Critical Reviews in Food Science and Nutrition, 2024, 64(1): 187-201.

[197] Akhtar A, Aslam S, Khan S, et al. Utilization of diverse pro-

tein sources for the development of protein-based nanostructures as bioactive carrier systems: A review of recent research findings(2010-2021). Critical Reviews in Food Science and Nutrition,2023,63(16):2719-2737.

[198] Guo R X,Fu X,Chen J,et al. Preparation and characterization of microemulsions of myricetin for improving its antiproliferative and antioxidative activities and oral bioavailability. Journal of Agricultural and Food Chemistry,2016,64(32):6286-6294.

[199] Ma J-J,Huang X-N,Yin S-W,et al. Bioavailability of quercetin in zein-based colloidal particles-stabilized Pickering emulsions investigated by the *in vitro* digestion coupled with Caco-2 cell monolayer model. Food Chemistry, 2021, 360:130152.

[200] Hao J,Wang F,Wang X,et al. Development and optimization of baicalin-loaded solid lipid nanoparticles prepared by coacervation method using central composite design. European Journal of Pharmaceutical Sciences, 2012, 47 (2): 497-505.

[201] Tang X-Y,Wang Z-M,Yu D,et al. Fabrication of ultrastable water-in-oil high internal phase emulsion as versatile delivery vehicle through synergetic stabilization. Food Hydrocolloids,2022,126:107455.

[202] de Araújo M E,Franco Y E,Messias M C,et al. Biocatalytic synthesis of flavonoid esters by lipases and their biological benefits. Planta Med,2017,83(1-02):7-22.

[203] Xin X,Zhang M M,Li X F,et al. Biocatalytic synthesis of acylated derivatives of troxerutin: their bioavailability and antioxidant properties *in vitro*. Microbial Cell Factories, 2018,17:130.

[204] Xiao C,Li J,Dong X,et al. Anti-oxidative and TNF-α suppressive activities of puerarin derivative(4AC) in RAW264.7 cells and collagen-induced arthritic rats. European Journal of Pharmacology,2011,666(1):242-250.

[205] Amidon G L,Lennernäs H,Shah V P,et al. A theoretical basis for a biopharmaceutic drug classification: the correlation of *in vitro* drug product dissolution and *in vivo* bioavailability. Pharm Res,1995,12(3):413-420.

[206] Mo L,Zhao G-l,Li X-f,et al. Evaluation of the digestion and transport profiles and potential immunocompetence of puerarin and its acylated derivatives. Food & Function,2021,12(13):5949-5958.

[207] Li X,Zhao Y,Lai X,et al. One-pot biocatalytic synthesis and antioxidant activities of highly lipophilic naringin derivatives

by using bi-functional whole-cells. Food Research International, 2020, 136: 109291.

[208] Zhang M, Xin X, Zhao G, et al. *In vitro* absorption and lipid-lowering activity of baicalin esters synthesized by whole-cell catalyzed esterification. Bioorganic Chemistry, 2022, 120: 105628.

[209] Hu J-n, Zou X-g, He Y, et al. Esterification of quercetin increases its transport across human Caco-2 cells. Journal of Food Science, 2016, 81(7): H1825-H1832.

[210] Xu M, Lao Q-C, Zhao P, et al. 6′-*O*-Caffeoylarbutin inhibits melanogenesis in zebrafish. Natural Product Research, 2014, 28(12): 932-934.

[211] Yu H-L, Xu J-H, Su J-H, et al. Synthesis of novel salidroside esters by lipase-mediated acylation with various functional acyl groups. Journal of Bioscience and Bioengineering, 2008, 106(1): 65-68.

[212] Salem J H, Humeau C, Chevalot I, et al. Effect of acyl donor chain length on isoquercitrin acylation and biological activities of corresponding esters. Process Biochemistry, 2010, 45(3): 382-389.

[213] Xin X, Zhang M, Li X-F, et al. Biocatalytic synthesis of lipophilic baicalin derivatives as antimicrobial agents. Journal of Agricultural and Food Chemistry, 2019, 67(42): 11684-11693.

[214] Zhang T, Zhang Y, Deng C, et al. Green and efficient synthesis of highly liposoluble and antioxidant L-ascorbyl esters by immobilized lipases. Journal of Cleaner Production, 2022, 379: 134772.

[215] Ardhaoui M, Falcimaigne A, Ognier S, et al. Effect of acyl donor chain length and substitutions pattern on the enzymatic acylation of flavonoids. Journal of Biotechnology, 2004, 110(3): 265-272.

[216] Zhu S, Li Y, Li Z, et al. Lipase-catalyzed synthesis of acetylated EGCG and antioxidant properties of the acetylated derivatives. Food Research International, 2014, 56: 279-286.

[217] Yang W, Kortesniemi M, Yang B, et al. Enzymatic acylation of anthocyanins isolated from Alpine Bearberry (*Arctostaphylos alpina*) and lipophilic properties, thermostability, and antioxidant capacity of the derivatives. Journal of Agricultural and Food Chemistry, 2018, 66(11): 2909-2916.

[218] He W-S, Sun Y, Li Z, et al. Enhanced antioxidant capacity of lipoic acid in different food systems through lipase-mediated esterification with phytosterols. Journal of the Science of Food and Agriculture, 2022, 102(15): 7115-7125.

[219] Pleiss J, Fischer M, Schmid R D. Anatomy of lipase binding

sites: the scissile fatty acid binding site. Chemistry and Physics of Lipids, 1998, 93(1): 67-80.

[220] Chen M, Yu S. Lipophilized grape seed proanthocyanidin derivatives as novel antioxidants. Journal of Agricultural and Food Chemistry, 2017, 65(8): 1598-1605.

[221] Li W, Wu H, Liu B, et al. Highly efficient and regioselective synthesis of dihydromyricetin esters by immobilized lipase. Journal of Biotechnology, 2015, 199: 31-37.

[222] Gedye R, Smith F, Westaway K, et al. The use of microwave ovens for rapid organic synthesis. Tetrahedron Letters, 1986, 27(3): 279-282.

[223] Yuan Y, Zhang J, Fan J, et al. Microwave assisted extraction of phenolic compounds from four economic brown macroalgae species and evaluation of their antioxidant activities and inhibitory effects on α-amylase, α-glucosidase, pancreatic lipase and tyrosinase. Food Research International, 2018, 113: 288-297.

[224] Appukkuttan P, Mehta V P, Van der Eycken E V. Microwave-assisted cycloaddition reactions. Chemical Society Reviews, 2010, 39(5): 1467-1477.

[225] Horchani H, Chaâbouni M, Gargouri Y, et al. Solvent-free lipase-catalyzed synthesis of long-chain starch esters using microwave heating: Optimization by response surface methodology. Carbohydrate Polymers, 2010, 79(2): 466-474.

[226] de la Hoz A, Díaz-Ortiz Á, Moreno A. Microwaves in organic synthesis. Thermal and non-thermal microwave effects. Chemical Society Reviews, 2005, 34(2): 164-178.

[227] Happe M, Grand P, Farquet S, et al. Microwave barrel reactor use in trimethylolpropane oleate synthesis by *Candida antarctica* lipase in a biphasic non-solvent process. Green Chemistry, 2012, 14(8): 2337-2345.

[228] Shinde S D, Yadav G D. Microwave irradiated immobilized lipase catalyzed synthesis of alkyl benzoate esters by transesterification: nechanism and kinetic modeling. Industrial & Engineering Chemistry Research, 2014, 53(21): 8706-8713.

[229] Wang Z, Zhang Y, Zheng L, et al. Regioselective acylation of resveratrol catalyzed by lipase under microwave. Green Chemistry Letters and Reviews, 2018, 11(3): 312-317.

[230] Chen M, Yu S J. Characterization of lipophilized monomeric and oligomeric grape seed flavan-3-ol derivatives. Journal of Agricultural & Food Chemistry, 2017, 65(40): 8875-8883.

[231] Kajiya K, Kumazawa S, Nakayama T. Steric effects on interaction of tea catechins with lipid bilayers. Bioscience, Biotechnology, and Biochemistry, 2001, 65(12): 2638-2643.

[232] Adom K K, Liu R H. Rapid peroxyl radical scavenging capacity (PSC) assay for assessing both hydrophilic and lipophilic antioxidants. Journal of Agricultural and Food Chemistry, 2005, 53(17): 6572-6580.

[233] Liu C-S, Glahn R P, Liu R H. Assessment of carotenoid bioavailability of whole foods using a Caco-2 cell culture model coupled with an *in vitro* digestion. Journal of Agricultural and Food Chemistry, 2004, 52(13): 4330-4337.

[234] Guo R, Chang X, Guo X, et al. Phenolic compounds, antioxidant activity, antiproliferative activity and bioaccessibility of Sea buckthorn (*Hippophaë rhamnoides* L.) berries as affected by *in vitro* digestion. Food & Function, 2017, 8(11): 4229-4240.

[235] Felice D L, Sun J, Liu R H. A modified methylene blue assay for accurate cell counting. Journal of Functional Foods, 2009, 1(1): 109-118.

[236] Rosana M R, Tao Y, Stiegman A E, et al. On the rational design of microwave-actuated organic reactions. Chemical Science, 2012, 3(4): 1240-1244.

[237] Panunzio M, Campana E, Martelli G, et al. Microwave in organic synthesis: myth or reality? Materials Research Innovations, 2004, 8(1): 27-31.

[238] Rothwell J A, Day A J, Morgan M R A. Experimental determination of octanol-water partition coefficients of quercetin and related flavonoids. Journal of Agricultural and Food Chemistry, 2005, 53(11): 4355-4360.

[239] Shahidi F, Zhong Y. Revisiting the polar paradox theory: a critical overview. Journal of Agricultural and Food Chemistry, 2011, 59(8): 3499-3504.

[240] Viskupicova J, Danihelova M, Ondrejovic M, et al. Lipophilic rutin derivatives for antioxidant protection of oil-based foods. Food Chemistry, 2010, 123(1): 45-50.

[241] Lee H J, Cha K H, Kim C Y, et al. Bioavailability of hydroxycinnamic acids from *Crepidiastrum denticulatum* using simulated digestion and Caco-2 intestinal cells. Journal of Agricultural and Food Chemistry, 2014, 62(23): 5290-5295.

[242] Lipinski C A, Lombardo F, Dominy B W, et al. Experimental and computational approaches to estimate solubility and permeability in drug discovery and development settings. Advanced Drug Delivery Reviews, 1997, 23(1): 3-25.

[243] Ohura K, Sakamoto H, Ninomiya S-i, et al. Development of a novel system for estimating human intestinal absorption using Caco-2 cells in the absence of esterase activity. Drug Metabolism and Disposition, 2010, 38(2): 323-331.

[244] Hakamata W, Tamura S, Hirano T, et al. Multicolor imaging of endoplasmic reticulum-located esterase as a prodrug activation enzyme. ACS Medicinal Chemistry Letters, 2014, 5(4): 321-325.

[245] Siegel R L, Miller K D, Wagle N S, et al. Cancer statistics, 2023. CA: A Cancer Journal for Clinicians, 2023, 73(1): 17-48.

[246] Parvez S, Kang M, Chung H-S, et al. Naturally occurring tyrosinase inhibitors: mechanism and applications in skin health, cosmetics and agriculture industries. Phytotherapy Research, 2007, 21(9): 805-816.

[247] Peng L-H, Liu S, Xu S-Y, et al. Inhibitory effects of salidroside and paeonol on tyrosinase activity and melanin synthesis in mouse B16F10 melanoma cells and ultraviolet B-induced pigmentation in guinea pig skin. Phytomedicine, 2013, 20(12): 1082-1087.

[248] Ziaullah, Bhullar K S, Warnakulasuriya S N, et al. Biocatalytic synthesis, structural elucidation, antioxidant capacity and tyrosinase inhibition activity of long chain fatty acid acylated derivatives of phloridzin and isoquercitrin. Bioorganic & Medicinal Chemistry, 2013, 21(3): 684-692.

[249] Li X, Li S, Liang X, et al. Applications of oxidases in modification of food molecules and colloidal systems: Laccase, peroxidase and tyrosinase. Trends in Food Science & Technology, 2020, 103: 78-93.

[250] Fairhead M, Thöny-Meyer L. Bacterial tyrosinases: old enzymes with new relevance to biotechnology. New Biotechnology, 2012, 29(2): 183-191.

[251] Yamaguchi Y, Takahashi K, Zmudzka B Z, et al. Human skin responses to UV radiation: pigment in the upper epidermis protects against DNA damage in the lower epidermis and facilitates apoptosis. The FASEB Journal, 2005, 20: E630-E639.

[252] Loizzo M R, Tundis R, Menichini F. Natural and synthetic tyrosinase inhibitors as antibrowning agents: An update. Comprehensive Reviews in Food Science and Food Safety, 2012, 11(4): 378-398.

[253] Lee S Y, Baek N, Nam T-g. Natural, semisynthetic and synthetic tyrosinase inhibitors. Journal of Enzyme Inhibition and Medicinal Chemistry, 2016, 31(1): 1-13.

[254] Karimian S, Kazemi F, Attarroshan M, et al. Design, synthesis, and biological evaluation of symmetrical azine derivatives as novel tyrosinase inhibitors. BMC Chemistry, 2021, 15(1): 54.

[255] Saeedi M, Eslamifar M, Khezri K. Kojic acid applications in cosmetic and pharmaceutical preparations. Biomedicine & Pharmacotherapy, 2019, 110: 582-593.

[256] Yang X, Du Z, Pu J, et al. Classification of difference between inhibition constants of an inhibitor to facilitate identifying the inhibition type. Journal of Enzyme Inhibition and Medicinal Chemistry, 2013, 28(1): 205-213.

[257] Cornish-Bowden A. Why is uncompetitive inhibition so rare?: A possible explanation, with implications for the design of drugs and pesticides. FEBS Letters, 1986, 203(1): 3-6.

[258] Fan M, Zhang G, Hu X, et al. Quercetin as a tyrosinase inhibitor: Inhibitory activity, conformational change and mechanism. Food Research International, 2017, 100: 226-233.

[259] Fan M, Zhang G, Pan J, et al. An inhibition mechanism of dihydromyricetin on tyrosinase and the joint effects of vitamins B6, D3 or E. Food & Function, 2017, 8(7): 2601-2610.

[260] Şöhretoğlu D, Sari S, Barut B, et al. Tyrosinase inhibition by some flavonoids: Inhibitory activity, mechanism by in vitro and in silico studies. Bioorganic Chemistry, 2018, 81: 168-174.

[261] Yu Q, Fan L, Duan Z. Five individual polyphenols as tyrosinase inhibitors: Inhibitory activity, synergistic effect, action mechanism, and molecular docking. Food Chemistry, 2019, 297: 124910.

[262] Chai W-M, Liu X, Hu Y-H, et al. Antityrosinase and antimicrobial activities of furfuryl alcohol, furfural and furoic acid. International Journal of Biological Macromolecules, 2013, 57: 151-155.

[263] Hridya H, Amrita A, Mohan S, et al. Functionality study of santalin as tyrosinase inhibitor: A potential depigmentation agent. International Journal of Biological Macromolecules, 2016, 86: 383-389.

[264] Zhao L, Su J, Li L, et al. Mechanistic elucidation of apoptosis and cell cycle arrest induced by 5-hydroxymethylfurfural, the important role of ROS-mediated signaling pathways. Food Research International, 2014, 66: 186-196.

[265] Livak K J, Schmittgen T D. Analysis of relative gene expression data using Real-Time Quantitative PCR and the $2^{-\Delta\Delta CT}$ Method. Methods, 2001, 25(4): 402-408.

[266] Molina F G, Muñoz J L, Varón R, et al. An approximate analytical solution to the lag period of monophenolase activity of tyrosinase. The International Journal of Biochemistry & Cell Biology, 2007, 39(1): 238-252.

[267] Fujieda N, Umakoshi K, Ochi Y, et al. Copper-oxygen dynamics

in the tyrosinase mechanism. Angewandte Chemie International Edition, 2020, 59(32): 13385-13390.

[268] 于群.芦笋多酚结合热加工抑制酪氨酸酶活性的研究.无锡:江南大学,2022.

[269] Kubo I, Kinst-Hori I, Chaudhuri S K, et al. Flavonols from *Heterotheca inuloides*: Tyrosinase inhibitory activity and structural criteria. Bioorganic & Medicinal Chemistry, 2000, 8(7): 1749-1755.

[270] Ros J R, Rodríguez-López J N, García-Cánovas F. Effect of lascorbic acid on the monophenolase activity of tyrosinase. Biochemical Journal, 1993, 295(1): 309-312.

[271] Ortiz-Ruiz C V, Garcia-Molina M d M, Serrano J T, et al. Discrimination between alternative substrates and inhibitors of tyrosinase. Journal of Agricultural and Food Chemistry, 2015, 63(8): 2162-2171.

[272] GarcÍA-Molina M o t S, MuÑOz-MuÑOz J L, Berna J, et al. Hydrogen peroxide helps in the identification of monophenols as possible substrates of tyrosinase. Bioscience, Biotechnology, and Biochemistry, 2013, 77(12): 2383-2388.

[273] Süntar İ, Akkol E K, Şenol F S, et al. Investigating wound healing, tyrosinase inhibitory and antioxidant activities of the ethanol extracts of *Salvia cryptantha* and *Salvia cyanescens* using *in vivo* and *in vitro* experimental models. Journal of Ethnopharmacology, 2011, 135(1): 71-77.

[274] Karakaya G, Türe A, Ercan A, et al. Synthesis, computational molecular docking analysis and effectiveness on tyrosinase inhibition of kojic acid derivatives. Bioorganic Chemistry, 2019, 88: 102950.

[275] Xiong Z, Liu W, Zhou L, et al. Mushroom (*Agaricus bisporus*) polyphenoloxidase inhibited by apigenin: Multi-spectroscopic analyses and computational docking simulation. Food Chemistry, 2016, 203: 430-439.

[276] Mu Y, Li L, Hu S-Q. Molecular inhibitory mechanism of tricin on tyrosinase. Spectrochimica Acta Part A: Molecular and Biomolecular Spectroscopy, 2013, 107: 235-240.

[277] Xu D, Wang Q, Zhang W, et al. Inhibitory Activities of caffeoylquinic acid derivatives from *Ilex kudingcha* C. J. Tseng on α-glucosidase from *Saccharomyces cerevisiae*. Journal of Agricultural and Food Chemistry, 2015, 63(14): 3694-3703.

[278] Yi W, Wu X, Cao R, et al. Biological evaluations of novel vitamin C esters as mushroom tyrosinase inhibitors and antioxidants. Food Chemistry, 2009, 117(3): 381-386.

[279] Wang Y, Zhang G, Pan J, et al. Novel insights into the inhibitory mechanism of kaempferol on xanthine oxidase. Journal

of Agricultural and Food Chemistry, 2015, 63(2): 526-534.

[280] Huang Y, Wu P, Ying J, et al. Mechanistic study on inhibition of porcine pancreatic α-amylase using the flavonoids from dandelion. Food Chemistry, 2021, 344: 128610.

[281] Kang S-M, Heo S-J, Kim K-N, et al. Molecular docking studies of a phlorotannin, dieckol isolated from *Ecklonia cava* with tyrosinase inhibitory activity. Bioorganic & Medicinal Chemistry, 2012, 20(1): 311-316.

[282] Yan J, Zhang G, Hu Y, et al. Effect of luteolin on xanthine oxidase: Inhibition kinetics and interaction mechanism merging with docking simulation. Food Chemistry, 2013, 141(4): 3766-3773.

[283] Cornish-Bowden A. A simple graphical method for determining the inhibition constants of mixed, uncompetitive and non-competitive inhibitors. The Biochemical Journal, 1974, 137(1): 143-144.

[284] Song Y H, Kim D W, Curtis-Long M J, et al. Cinnamic acid amides from *Tribulus terrestris* displaying uncompetitive α-glucosidase inhibition. European Journal of Medicinal Chemistry, 2016, 114: 201-208.

[285] Wang L, Zhang Y, Johnpaul I A, et al. Exploring two types of prenylated bitter compounds from hop plant (*Humulus lupulus* L.) against α-glucosidase *in vitro* and in silico. Food Chemistry, 2022, 370: 130979.

[286] Deri B, Kanteev M, Goldfeder M, et al. The unravelling of the complex pattern of tyrosinase inhibition. Scientific Reports, 2016, 6(1): 34993.

[287] Bochot C, Gouron A, Bubacco L, et al. Probing kojic acid binding to tyrosinase enzyme: insights from a model complex and QM/MM calculations. Chemical Communications, 2014, 50(3): 308-310.

[288] Cai Z-N, Li W, Mehmood S, et al. Effect of polysaccharide FMP-1 from *Morchella esculenta* on melanogenesis in B16F10 cells and zebrafish. Food & Function, 2018, 9(9): 5007-5015.

[289] Chang C-J, Tsai T-Y. Antimelanogenic effects of the novel melanogenic inhibitors daidzein and equol, derived from soymilk fermented with *Lactobacillus plantarum* strain TWK10, in B16F0 mouse melanoma cells. Journal of Functional Foods, 2016, 22: 211-223.

[290] Gorrini C, Harris I S, Mak T W. Modulation of oxidative stress as an anticancer strategy. Nature Reviews Drug Discovery, 2013, 12(12): 931-947.

[291] Wu P, Liu S, Su J, et al. Apoptosis triggered by isoquercitrin

in bladder cancer cells by activating the AMPK-activated protein kinase pathway. Food & Function, 2017, 8(10): 3707-3722.

[292] Chen J, Li L, Su J, et al. Natural borneol enhances bisdemethoxycurcumin-induced cell cycle arrest in the G2/M phase through up-regulation of intracellular ROS in HepG2 cells. Food & Function, 2015, 6(3): 740-748.

[293] Fernando W, Coombs M R P, Hoskin D W, et al. Docosahexaenoic acid-acylated phloridzin, a novel polyphenol fatty acid ester derivative, is cytotoxic to breast cancer cells. Carcinogenesis, 2016, 37(10): 1004-1013.

[294] 赵玲. 5-羟甲基糠醛抗氧化活性及其抑制肿瘤细胞增殖的作用机制. 广州:华南理工大学, 2014.

[295] W H O. World health statistics 2023: monitoring health for the SDGs, sustainable development goals. Geneva: World Health Organization, 2023.

[296] Sun H, Saeedi P, Karuranga S, et al. IDF Diabetes Atlas: Global, regional and country-level diabetes prevalence estimates for 2021 and projections for 2045. Diabetes Research and Clinical Practice, 2022, 183: 109119.

[297] 杨玉娇. 凤眼果壳酚类化合物的鉴定及抑制淀粉消化酶和调控肠道葡萄糖吸收的机制研究. 广州:华南理工大学, 2022.

[298] Avogaro A, Fadini G P. The effects of dipeptidyl peptidase-4 inhibition on microvascular diabetes complications. Diabetes Care, 2014, 37(10): 2884-2894.

[299] Gupta A, Behl T, Sachdeva M. Key milestones in the diabetes research: A comprehensive update. Obesity Medicine, 2020, 17: 100183.

[300] Dirir A M, Daou M, Yousef A F, et al. A review of alpha-glucosidase inhibitors from plants as potential candidates for the treatment of type-2 diabetes. Phytochemistry Reviews, 2022, 21(4): 1049-1079.

[301] Chen J-g, Wu S-f, Zhang Q-f, et al. α-Glucosidase inhibitory effect of anthocyanins from *Cinnamomum camphora* fruit: Inhibition kinetics and mechanistic insights through *in vitro* and *in silico* studies. International Journal of Biological Macromolecules, 2020, 143: 696-703.

[302] Şöhretoğlu D, Sari S, Özel A, et al. α-Glucosidase inhibitory effect of *Potentilla astracanica* and some isoflavones: Inhibition kinetics and mechanistic insights through *in vitro* and *in silico* studies. International Journal of Biological Macromolecules, 2017, 105: 1062-1070.

[303] Nguyen T H, Kim S M. α-Glucosidase inhibitory activities of

fatty acids purified from the Internal Organ of Sea Cucumber *Stichopus japonicas*. Journal of Food Science,2015,80(4):H841-H847.

[304] 朱月霞,邵仲柏,吴小小,等. 海洋天然产物中α-葡萄糖苷酶抑制剂研究进展. 南京中医药大学学报,2021,37(02):311-320.

[305] Ali L,Khan A L,Al-Kharusi L,et al. New α-glucosidase inhibitory triterpenic acid from marine macro green alga *Codium dwarkense* boergs. Marine Drugs, 2015, 13 (7):4344-4356.

[306] Zhao X,Tao J,Zhang T,et al. Resveratroloside alleviates postprandial hyperglycemia in diabetic mice by competitively inhibiting α-glucosidase. Journal of Agricultural and Food Chemistry,2019,67(10):2886-2893.

[307] Xu Y,Zhang Z,Li L,et al. Catechins play key role in green tea extract-induced postprandial hypoglycemic potential *in vitro*. European Food Research and Technology,2013,237(2):89-99.

[308] Li Q,Ren C,Yan S,et al. Extract of Unifloral Camellia sinensis L. pollen collected by *Apis mellifera* L. honeybees exerted inhibitory effects on glucose uptake and transport by interacting with glucose transporters in human intestinal cells. Journal of Agricultural and Food Chemistry,2021,69(6):1877-1887.

[309] Manzano S,Williamson G. Polyphenols and phenolic acids from strawberry and apple decrease glucose uptake and transport by human intestinal Caco-2 cells. Molecular Nutrition & Food Research,2010,54(12):1773-1780.

[310] Yang J,Wang X,Zhang C,et al. Comparative study of inhibition mechanisms of structurally different flavonoid compounds on α-glucosidase and synergistic effect with acarbose. Food Chemistry,2021,347:129056.

[311] He M,Zhai Y,Zhang Y,et al. Inhibition of α-glucosidase by trilobatin and its mechanism:kinetics,interaction mechanism and molecular docking. Food & Function,2022,13(2):857-866.

[312] Ni M,Hu X,Gong D,et al. Inhibitory mechanism of vitexin on α-glucosidase and its synergy with acarbose. Food Hydrocolloids,2020,105:105824.

[313] Cardullo N,Muccilli V,Pulvirenti L,et al. C-glucosidic ellagitannins and galloylated glucoses as potential functional food ingredients with anti-diabetic properties:a study of α-glucosidase and α-amylase inhibition. Food Chemistry,2020,313:126099.

[314] Fang Q, Andrews J, Sharma N, et al. Stability and sub-cellular localization of DNA polymerase β is regulated by interactions with NQO1 and XRCC1 in response to oxidative stress. Nucleic Acids Research, 2019, 47(12): 6269-6286.

[315] Xie X, Chen C, Huang Q, et al. Investigation into the mechanisms of quercetin-3-*O*-glucuronide inhibiting α-glucosidase activity and non-enzymatic glycation by spectroscopy and molecular docking. Food & Function, 2021, 12(17): 7825-7835.

[316] Kerem Z, Bilkis I, Flaishman M A, et al. Antioxidant activity and inhibition of α-glucosidase by *trans*-resveratrol, piceid, and a novel *trans*-stilbene from the roots of Israeli *Rumex bucephalophorus* L. Journal of Agricultural and Food Chemistry, 2006, 54(4): 1243-1247.

[317] Lv Q, Lin Y, Tan Z, et al. Dihydrochalcone-derived polyphenols from tea crab apple(*Malus hupehensis*) and their inhibitory effects on α-glucosidase *in vitro*. Food & Function, 2019, 10(5): 2881-2887.

[318] 陶俊淇，何舒悦，孔令朋，等. 6′-*O*-咖啡酰基熊果苷对Ⅰ型糖尿病的保护作用. 中国食品学报，2022，22(06)：168-176.

[319] 袁硕，王科斯. 红景天苷改善糖尿病相关作用机制研究进展. 大连大学学报，2020，41(03)：67-71.

[320] Peng X, Zhang G, Liao Y, et al. Inhibitory kinetics and mechanism of kaempferol on α-glucosidase. Food Chemistry, 2016, 190: 207-215.

[321] Zeng L, Zhang G, Lin S, et al. Inhibitory mechanism of apigenin on α-glucosidase and synergy analysis of flavonoids. Journal of Agricultural and Food Chemistry, 2016, 64(37): 6939-6949.

[322] Su H, Ruan Y-T, Li Y, et al. *In vitro* and *in vivo* inhibitory activity of taxifolin on three digestive enzymes. International Journal of Biological Macromolecules, 2020, 150: 31-37.

[323] Zheng Y, Tian J, Yang W, et al. Inhibition mechanism of ferulic acid against α-amylase and α-glucosidase. Food Chemistry, 2020, 317: 126346.

[324] Xie L, Zhang T, Karrar E, et al. Insights into an α-glucosidase inhibitory profile of 4,4-Dimethylsterols by multispectral techniques and molecular docking. Journal of Agricultural and Food Chemistry, 2021, 69(50): 15252-15260.

[325] Zeng L, Ding H, Hu X, et al. Galangin inhibits α-glucosidase activity and formation of non-enzymatic glycation products. Food Chemistry, 2019, 271: 70-79.

[326] Huang Y, Richardson S J, Brennan C S, et al. Mechanistic insights into α-amylase inhibition, binding affinity and struc-

tural changes upon interaction with gallic acid. Food Hydrocolloids,2024,148:109467.

[327] Hu Y-J,Liu Y,Xiao X-H. Investigation of the interaction between berberine and human serum albumin. Biomacromolecules,2009,10(3):517-521.

[328] Gong T,Yang X,Bai F,et al. Young apple polyphenols as natural α-glucosidase inhibitors:*In vitro* and *in silico* studies. Bioorganic Chemistry,2020,96:103625.

[329] 谭平. 光谱法研究白藜芦醇与白藜芦醇苷的异构化及其与蛋白质的作用. 长沙:湖南师范大学,2009.

[330] Ferrer-Gallego R,Gonçalves R,Rivas-Gonzalo J C,et al. Interaction of phenolic compounds with bovine serum albumin (BSA) and α-amylase and their relationship to astringency perception. Food Chemistry,2012,135(2):651-658.

[331] Zhang J,Sun L,Dong Y,et al. Chemical compositions and α-glucosidase inhibitory effects of anthocyanidins from blueberry,blackcurrant and blue honeysuckle fruits. Food Chemistry,2019,299:125102.

[332] Gray C J,Weissenborn M J,Eyers C E,et al. Enzymatic reactions on immobilised substrates. Chemical Society Reviews,2013,42(15):6378-6405.

[333] Ma Y-Y,Zhao D-G,Zhang R,et al. Identification of bioactive compounds that contribute to the α-glucosidase inhibitory activity of rosemary. Food & Function, 2020, 11 (2): 1692-1701.

[334] Zhang B-w,Xing Y,Wen C,et al. Pentacyclic triterpenes as α-glucosidase and α-amylase inhibitors:Structure-activity relationships and the synergism with acarbose. Bioorganic & Medicinal Chemistry Letters,2017,27(22):5065-5070.

[335] Tang H,Huang L,Sun C,et al. Exploring the structure-activity relationship and interaction mechanism of flavonoids and α-glucosidase based on experimental analysis and molecular docking studies. Food & Function, 2020, 11 (4): 3332-3350.

[336] Han L,Fang C,Zhu R,et al. Inhibitory effect of phloretin on α-glucosidase:Kinetics,interaction mechanism and molecular docking. International Journal of Biological Macromolecules, 2017,95:520-527.

[337] 王波. 酪蛋白抗氧化肽结构特征对其生物利用度的影响及其跨膜转运机制的研究. 北京:中国农业大学,2016.

[338] Konsoula R,Barile F A. Correlation of *in vitro* cytotoxicity with paracellular permeability in Caco-2 cells. Toxicology in Vitro,2005,19(5):675-684.

[339] Goto T,Horita M,Nagai H,et al. Tiliroside,a glycosidic fla-

vonoid, inhibits carbohydrate digestion and glucose absorption in the gastrointestinal tract. Molecular Nutrition & Food Research, 2012, 56(3): 435-445.

[340] Liu S, Ai Z, Meng Y, et al. Comparative studies on the physicochemical profile and potential hypoglycemic activity of different tea extracts: Effect on sucrase-isomaltase activity and glucose transport in Caco-2 cells. Food Research International, 2021, 148: 110604.

[341] Li B, Terazono Y, Hirasaki N, et al. Inhibition of glucose transport by tomatoside A, a tomato seed steroidal saponin, through the suppression of GLUT2 expression in Caco-2 Cells. Journal of Agricultural and Food Chemistry, 2018, 66(6): 1428-1434.

[342] Thorens B. GLUT2, glucose sensing and glucose homeostasis. Diabetologia, 2015, 58(2): 221-232.

[343] Han L, Qu Q, Aydin D, et al. Structure and mechanism of the SGLT family of glucose transporters. Nature, 2022, 601(7892): 274-279.

[344] Subramanian S, Glitz P, Kipp H, et al. Protein kinase-A affects sorting and conformation of the sodium-dependent glucose co-transporter SGLT1. Journal of Cellular Biochemistry, 2009, 106(3): 444-452.

[345] Soty M, Chilloux J, Delalande F, et al. Post-translational regulation of the glucose-6-phosphatase complex by cyclic adenosine monophosphate is a crucial determinant of endogenous glucose production and is controlled by the glucose-6-phosphate transporter. Journal of Proteome Research, 2016, 15(4): 1342-1349.

[346] 曲凤凤. 基于 Caco-2 细胞模型的茶黄素转运和代谢机制研究. 武汉: 华中农业大学, 2019.

[347] Hubatsch I, Ragnarsson E, Artursson P. Determination of drug permeability and prediction of drug absorption in Caco-2 monolayers. Nature Protocol, 2007, 2(9): 2111-2119.

[348] Duan J, Xie Y, Luo H, et al. Transport characteristics of isorhamnetin across intestinal Caco-2 cell monolayers and the effects of transporters on it. Food and Chemical Toxicology, 2014, 66: 313-320.

[349] Artursson P, Karlsson J. Correlation between oral drug absorption in humans and apparent drug permeability coefficients in human intestinal epithelial (Caco-2) cells. Biochemical and Biophysical Research Communications, 1991, 175(3): 880-885.

[350] Walle T, Walle U K. The β-D-glucoside and sodium-dependent glucose transporter 1 (SGLT1)-inhibitor phloridzin is

transported by both SGLT1 and multidrug resistance-associated proteins 1/2. Drug Metabolism & Disposition, 2003,31(11):1288-1291.

[351] Zhou F, Huang W, Li M, et al. Bioaccessibility and absorption mechanism of phenylethanoid glycosides using simulated digestion/Caco-2 intestinal cell models. Journal of Agricultural and Food Chemistry, 2018, 66(18):4630-4637.

[352] Chabane M N, Ahmad A A, Peluso J, et al. Quercetin and naringenin transport across human intestinal Caco-2 cells. Journal of Pharmacy and Pharmacology, 2010, 61(11):1473-1483.

[353] Ohura K, Nozawa T, Murakami K, et al. Evaluation of transport mechanism of prodrugs and parent drugs formed by intracellular metabolism in Caco-2 cells with modified carboxylesterase activity: Temocapril as a model case. Journal of Pharmaceutical Sciences, 2011, 100(9):3985-3994.

[354] 于周龙，高艳，张成岗．研究肠道菌群的模式生物——秀丽隐杆线虫．军事医学，2015，39(10)：794-796，801.

[355] 姜丽艳．乙酰化熊果苷的酶法制备及其生物活性的研究．长春：吉林大学，2017.

[356] Friedman D B, Johnson T E. A mutation in the age-1 gene in *Caenorhabditis elegans* lengthens life and reduces hermaphrodite fertility. Genetics, 1988, 118(1):75-86.

[357] The C. elegans Sequencing Consortium. Genome sequence of the nematode *C. elegans*: A platform for investigating biology. Science, 1998, 282(5396):2012-2018.

[358] Baumeister R, Ge L, The worm in us—*Caenorhabditis elegans* as a model of human disease. Trends in Biotechnology, 2002, 20(4):147-148.

[359] 王怀玲．蓝莓多酚化合物抗衰老活性及作用机制研究．广州：华南理工大学，2018.

[360] Jiang S, Deng N, Zheng B, et al. *Rhodiola* extract promotes longevity and stress resistance of *Caenorhabditis elegans via* DAF-16 and SKN-1. Food & Function, 2021, 12(10): 4471-4483.

[361] Xiong L, Deng N, Zheng B, et al. HSF-1 and SIR-2.1 linked insulin-like signaling is involved in goji berry(*Lycium spp.*) extracts promoting lifespan extension of *Caenorhabditis elegans*. Food & Function, 2021, 12(17):7851-7866.

[362] 葛月．柚皮素对秀丽隐杆线虫抗衰老作用的研究．天津：天津科技大学，2022.

[363] Yang X, Wang H, Li T, et al. Nobiletin delays aging and enhances stress resistance of *Caenorhabditis elegans*. International Journal of Molecular Sciences, 2020, 21(1):341.

[364] Li N, Li X, Shi Y-L, et al. Trilobatin, a component from *Lithocarpus polystachyrus* Rehd., increases longevity in *C. elegans* through activating SKN1/SIRT3/DAF16 signaling pathway. Frontiers in Pharmacology, 2021, 12: 655045.

[365] Finkel T, Holbrook N J. Oxidants, oxidative stress and the biology of ageing. Nature, 2000, 408(6809): 239-247.

[366] Blagosklonny M V. Aging: ROS or TOR. Cell Cycle, 2008, 7(21): 3344-3354.

[367] Song B, Zheng B, Li T, et al. SKN-1 is involved in combination of apple peels and blueberry extracts synergistically protecting against oxidative stress in *Caenorhabditis elegans*. Food & Function, 2020, 11(6): 5409-5419.

[368] Yang W, Xia W, Zheng B, et al. DAF-16 is involved in colonic metabolites of ferulic acid-promoted longevity and stress resistance of *Caenorhabditis elegans*. Journal of the Science of Food and Agriculture, 2022, 102(15): 7017-7029.

[369] Morton E A, Lamitina T. *Caenorhabditis elegans* HSF-1 is an essential nuclear protein that forms stress granule-like structures following heat shock. Aging Cell, 2013, 12(1): 112-120.

[370] Gami M S, Wolkow C A, Studies of *Caenorhabditis elegans* DAF-2/insulin signaling reveal targets for pharmacological manipulation of lifespan. Aging Cell, 2006, 5(1): 31-37.

[371] Oh S W, Mukhopadhyay A, Svrzikapa N, et al. JNK regulates lifespan in *Caenorhabditis elegans* by modulating nuclear translocation of forkhead transcription factor/DAF-16. Proceedings of the National Academy of Sciences, 2005, 102(12): 4494-4499.

[372] Peng Y, Sun Q, Gao R, et al. AAK-2 and SKN-1 are involved in chicoric-acid-induced lifespan extension in *Caenorhabditis elegans*. Journal of Agricultural and Food Chemistry, 2019, 67(33): 9178-9186.

[373] 宋兵兵.蓝莓和苹果皮提取物联合抗衰老活性及作用机制研究.广州:华南理工大学,2020.

[374] 杨文涵.阿魏酸及其结肠代谢物抗增殖和抗衰老活性研究.广州:华南理工大学,2022.

[375] Zhang J, Lu L, Zhou L. Oleanolic acid activates daf-16 to increase lifespan in *Caenorhabditis elegans*. Biochemical and Biophysical Research Communications, 2015, 468(4): 843-849.

[376] Wang H, Liu J, Li T, et al. Blueberry extract promotes longevity and stress tolerance *via* DAF-16 in *Caenorhabditis elegans*. Food & Function, 2018, 9(10): 5273-5282.

[377] Song B, Zheng B, Li T, et al. Raspberry extract ameliorates

oxidative stress in *Caenorhabditis elegans via* the SKN-1/Nrf2 pathway. Journal of Functional Foods, 2020, 70:103977.

[378] Wu J Z, Huang J H, Khanabdali R, et al. Pyrroloquinoline quinone enhances the resistance to oxidative stress and extends lifespan upon DAF-16 and SKN-1 activities in *C. elegans*. Experimental Gerontology, 2016, 80:43-50.

[379] Bai S, Yu Y, An L, et al. Ellagic acid increases stress resistance *via* Insulin/IGF-1 signaling pathway in *Caenorhabditis elegans*. Molecules, 2022, 27(19):6168.

[380] Lu L, Zhao X, Zhang J, et al. Calycosin promotes lifespan in *Caenorhabditis elegans* through insulin signaling pathway *via* daf-16, age-1 and daf-2. Journal of Bioscience and Bioengineering, 2017, 124(1):1-7.

[381] 张晓寒,赵江,韩英,等.根皮素对秀丽隐杆线虫寿命的影响.食品科学,2021,42(01):187-196.

[382] Kirkwood T B L. Evolution of ageing. Nature, 1977, 270(5635):301-304.

[383] Kirkwood T B L, Austad S N. Why do we age? Nature, 2000, 408(6809):233-238.

[384] Wang J, Deng N, Wang H, et al. Effects of orange extracts on longevity, healthspan, and stress resistance in *Caenorhabditis elegans*. Molecules, 2020, 25(2):351.

[385] Mukhopadhyay A, Tissenbaum H A. Reproduction and longevity: secrets revealed by *C. elegans*. Trends in Cell Biology, 2007, 17(2):65-71.

[386] Clokey G V, Jacobson L A. The autofluorescent "lipofuscin granules" in the intestinal cells of *Caenorhabditis elegans* are secondary lysosomes. Mechanisms of Ageing and Development, 1986, 35(1):79-94.

[387] Lithgow G J, White T M, Melov S, et al. Thermotolerance and extended life-span conferred by single-gene mutations and induced by thermal stress. Proceedings of the National Academy of Sciences, 1995, 92(16):7540-7544.

[388] Baird N A, Douglas P M, Simic M S, et al. HSF-1-mediated cytoskeletal integrity determines thermotolerance and life span. Science, 2014, 346(6207):360-363.

[389] Rastogi R P, Richa Kumar A, et al. Molecular mechanisms of ultraviolet radiation-induced DNA damage and repair. Journal of Nucleic Acids, 2010:592980.

[390] Hiraku Y, Ito K, Hirakawa K, et al. Photosensitized DNA damage and its protection *via* a novel mechanism. Photochemistry and Photobiology, 2007, 83(1):205-212.

[391] 蔡金玲,杜丽,崔玉芳,等.紫外线照射对秀丽隐杆线虫形

态、寿命和 ROS 含量的影响. 中国体视学与图像分析,2012,17(03):273-277.

[392] Fukushima T,Yamada K,Isobe A,et al. Mechanism of cytotoxicity of paraquat:I. NADH oxidation and paraquat radical formation *via* complex I. Experimental and Toxicologic Pathology,1993,45(5):345-349.

[393] Bora S,Vardhan G S H,Deka N,et al. Paraquat exposure over generation affects lifespan and reproduction through mitochondrial disruption in *C. elegans*. Toxicology,2021,447:152632.

[394] Postnikoff S D L,Malo M E,Wong B,et al. The yeast forkhead transcription factors Fkh1 and Fkh2 regulate lifespan and stress response together with the anaphase-promoting complex. PLOS Genetics,2012,8(3):e1002583.

[395] Giannakou M E,Goss M,Jünger M A,et al. Long-lived *Drosophila* with overexpressed dFOXO in adult fat body. Science,2004,305(5682):361.

[396] Barzilai N,Huffman D M,Muzumdar R H,et al. The critical role of metabolic pathways in aging. Diabetes,2012,61(6):1315-1322.

[397] Lin K,Hsin H,Libina N,et al. Regulation of the *Caenorhabditis elegans* longevity protein DAF-16 by insulin/IGF-1 and germline signaling. Nature Genetics,2001,28(2):139-145.

[398] Ogg S,Paradis S,Gottlieb S,et al. The Fork head transcription factor DAF-16 transduces insulin-like metabolic and longevity signals in *C. elegans*. Nature,1997,389(6654):994-999.

[399] Karpac J,Jasper H. Insulin and JNK:optimizing metabolic homeostasis and lifespan. Trends in Endocrinology & Metabolism,2009,20(3):100-106.

[400] Kenyon C,Chang J,Gensch E,et al. A *C. elegans* mutant that lives twice as long as wild type. Nature,1993,366(6454):461-464.

[401] Zhang P,Judy M,Lee S-J,et al. Direct and indirect gene regulation by a life-extending FOXO protein in *C. elegans*:roles for GATA factors and lipid gene regulators. Cell Metabolism,2013,17(1):85-100.

[402] Henderson S T,Johnson T E. Daf-16 integrates developmental and environmental inputs to mediate aging in the nematode *Caenorhabditis elegans*. Current Biology,2001,11(24):1975-1980.

[403] Matsumoto M,Accili D. All roads lead to FoxO. Cell Metabolism,2005,1(4):215-216.

[404] Sural S,Lu T-C,Jung S A,et al. HSB-1 Inhibition and HSF-

1 overexpression trigger overlapping transcriptional changes to promote longevity in *Caenorhabditis elegans*. G3 Genes|Genomes|Genetics,2019,9(5):1679-1692.

[405] Blackwell T K,Steinbaugh M J,Hourihan J M,et al. SKN-1/Nrf,stress responses,and aging in *Caenorhabditis elegans*. Free Radical Biology and Medicine,2015,88:290-301.

[406] Oliveira R P,Abate J P,Dilks K,et al. Condition-adapted stress and longevity gene regulation by Caenorhabditis elegans SKN-1/Nrf. Aging Cell,2009,8(5):524-541.

[407] Pang S,Lynn D A,Lo J Y,et al. SKN-1 and Nrf2 couples proline catabolism with lipid metabolism during nutrient deprivation. Nature Communications,2014,5(1):5048.

[408] Tullet J M A,Hertweck M,An J H,et al. Direct inhibition of the longevity-promoting factor SKN-1 by insulin-like signaling in *C. elegans*. Cell,2008,132(6):1025-1038.

[409] An J H,Blackwell T K. SKN-1 links *C. elegans* mesendodermal specification to a conserved oxidative stress response. Genes Dev,2003,17(15):1882-1893.

[410] Walker A K,See R,Batchelder C,et al. A conserved transcription motif suggesting functional parallels between *Caenorhabditis elegans* SKN-1 and Cap′n′Collar-related basic leucine zipper proteins. Journal of Biological Chemistry,2000,275(29):22166-22171.

[411] Bratic I,Trifunovic A. Mitochondrial energy metabolism and ageing. Biochimica et Biophysica Acta(BBA)-Bioenergetics,2010,1797(6):961-967.

[412] Liu Y,Samuel B S,Breen P C,et al. *Caenorhabditis elegans* pathways that surveil and defend mitochondria. Nature,2014,508(7496):406-410.

[413] Harman D. Aging:A theory based on free radical and radiation chemistry. Science of Aging Knowledge Environment,2002,2002(37):cp14.

[414] Senchuk M M,Dues D J,Schaar C E,et al. Activation of DAF-16/FOXO by reactive oxygen species contributes to longevity in long-lived mitochondrial mutants in *Caenorhabditis elegans*. PLOS Genetics,2018,14(3):e1007268.

[415] Jonassen T,Larsen P L,Clarke C F. A dietary source of coenzyme Q is essential for growth of long-lived *Caenorhabditis elegans* clk-1 mutants. Proceedings of the National Academy of Sciences,2001,98(2):421-426.

[416] Peixoto H,Roxo M,Krstin S,et al. An anthocyanin-rich extract of Acai(*Euterpe precatoria* Mart.) increases stress resistance and retards aging-related markers in *Caenorhabditis elegans*. Journal of Agricultural and Food Chemistry,

2016,64(6):1283-1290.

[417] Murakami S,Johnson T E. A genetic pathway conferring life extension and resistance to UV stress in *Caenorhabditis elegans*. Genetics,1996,143(3):1207-1218.

[418] Dues D J,Schaar C E,Johnson B K,et al. Uncoupling of oxidative stress resistance and lifespan in long-lived isp-1 mitochondrial mutants in *Caenorhabditis elegans*. Free Radical Biology and Medicine,2017,108:362-373.

[419] Felkai S,Ewbank J J,Lemieux J,et al. CLK-1 controls respiration,behavior and aging in the nematode *Caenorhabditis elegans*. The EMBO Journal,1999,18(7):1783-1792.

[420] Burgess J,Hihi A K,Bénard CY,et al. Molecular mechanism of maternal rescue in the clk-1 mutants of *Caenorhabditis elegans*. Journal of Biological Chemistry, 2003, 278(49): 49555-49562.

[421] Murphy C T,McCarroll S A,Bargmann C I,et al. Genes that act downstream of DAF-16 to influence the lifespan of *Caenorhabditis elegans*. Nature,2003,424(6946):277-283.

附录　主要缩略词中英文对照

英文缩写	英文全称	中文全称
ABAP	2,2′-azobis-amidinopropane	偶氮二异丁脒盐酸盐
CES	carboxylesterase	羧酸酯酶
DAPI	4′,6-diamidino-2-phenylindole	4′,6-二脒基-2-苯基吲哚
DCFH-DA	dichlorofluorescein diacetate	2′,7′-二氯荧光素二乙酸酯
DPPH	1,1-diphenyl-2-picrylhydrazyl	1,1-二苯基-2-三硝基苯肼
EDTA	ethylene diamine tetraacetic acid	乙二胺四乙酸
FITC	fluorescein isothiocyanate	异硫氰酸酯
FUDR	floxuridine	5-氟-2′-脱氧尿嘧啶核苷
HBSS	hank's Balanced Salt Solution	Hank's 平衡盐缓冲液
LB	lysogeny broth	溶菌肉汤
MDA	malondialdehyde	丙二醛
NGM	nematode growth medium	线虫生长培养基
PI	propidium iodine	碘化丙啶
pNPG	*p*-Nitrophenyl-*α*-D-glucopyranoside	对硝基苯基-*α*-D-吡喃葡萄糖苷
PS	phosphatidylserine	磷脂酰丝氨酸
ROS	reactive oxygen species	活性氧
RT-qPCR	Real-Time quantitative polymerase chain reaction	实时荧光定量聚合酶链式反应
SOD	superoxide dismutase	超氧化物歧化酶

作者简介

许争明，广州工商学院专任教师，讲师，博士毕业于华南理工大学食品科学与工程专业，主要从事天然产物的绿色开发、结构修饰及其生物活性的研究。参与国家自然科学基金面上项目 1 项，广东省自然科学基金 1 项，参与广东省重点建设学科科研能力提升项目 1 项，发表 SCI 论文 9 篇，获得授权发明专利 2 项。目前承担本科生《功能性食品学》《食品安全监督管理》等课程的讲授。